MÉTODOS INSTRUMENTAIS DE ANÁLISE QUÍMICA

Volume II

Blucher

GALEN W. EWING
Professor de Química da Universidade de Seton Hall,
Nova Jersey, EUA

MÉTODOS INSTRUMENTAIS
DE ANÁLISE QUÍMICA
Volume II

Tradução:
AURORA GIORA ALBANESE
Professora da Universidade Mackenzie, Prof.ª colaboradora
da Universidade Estadual de Campinas e Coordenadora
da Faculdade de Tecnologia da Universidade Mackenzie

JOAQUIM TEODORO DE SOUZA CAMPOS
Professor assistente de Química Analítica da Faculdade
de Filosofia, Ciências e Letras de Araraquara

Instrumental Methods of Chemical Analysis
© 1969 by McGraw-Hill, Inc.
A edição em língua inglesa foi publicada
pela McGRAW-HILL BOOK COMPANY

Métodos instrumentais de análise química – vol. 2
© 1972 Editora Edgard Blücher Ltda.
13ª reimpressão – 2017

Blucher

Rua Pedroso Alvarenga, 1245, 4º andar
04531-934 – São Paulo – SP – Brasil
Tel.: 55 11 3078-5366
contato@blucher.com.br
www.blucher.com.br

É proibida a reprodução total ou parcial
por quaisquer meios sem autorização
escrita da editora.

Todos os direitos reservados pela Editora
Edgard Blücher Ltda.

FICHA CATALOGRÁFICA

	Ewing, Galen Wood
E95m	Métodos instrumentais de análise química /
2 v. ilust.	Galen Wood Ewing; tradução Aurora Giora
	Albanese, Joaquim Teodoro de Souza Campos
	– São Paulo: Blucher, 1972.

Título original: Instrumental Methods
of Chemical Analysis

Bibliografia.
ISBN 978-85-212-0125-0

1. Calor – Transmissão I. Título

77-0212   CDD-543.08

Índices para catálogo sistemático:
1. Análise instrumental: Química analítica   543.08
2. Métodos instrumentais: Química analítica   543.08

Índice

16 *Radiatividade como ferramenta analítica* **295**
Introdução aos processos nucleares, **295**. Radiatividade, **295**. Detecção das radiações, **298**. Contadores de cintilação, **299**. Detectores de ionização de gás, **302**. Detectores semicondutores, **304**. Radiação de fundo, **305**. Instrumentação auxiliar, **305**. Erros de contagem, **305**. Análise da altura de pulsação, **307**. Contador de nêutrons, **308**. Aplicações analíticas das fontes radiativas, **309**. Traçadores radiativos, **310**. Análise por ativação, **310**. Diluição isotópica, **312**. Análises radiométricas, **313**. Espectroscopia Mössbauer, **314**. Medidas de segurança, **314**. Problemas, **315**. Referências, **316**

17 *Espectrometria de massa* **317**
Espectrômetros de focalização eletromagnética, **318**. Espectrômetros de tempo de trânsito, **323**. Espectrômetros de massa quadrupolar, **325**. Espectrômetros de radiofreqüência, **327**. Comparação entre espectrômetros de massa, **328**. Aplicações, **329**. Análise com traçadores, **334**. Problemas, **335**. Referências, **336**

18 *Espectroscopia de ressonância magnética* **337**
RMN de alta resolução, **339**. O deslocamento químico, **340**. Acoplamento *SPIN-SPIN*, **342**. Instrumentação para a RMN, **342**. Aplicações da RMN, **344**. Ressonância de *SPIN* de elétron, **346**. Instrumentação para RSE, **346**. Aplicações da RSE, **347**. Problemas, **349**. Referências, **349**

19 *Métodos termométricos* **351**
Análise termogravimétrica, **351**. Termobalanças, **353**. Análise térmica diferencial, **354**. Aparelho de ATD, **357**. ATD calorimétrico, **358**. Titulações termométricas, **359**. Problemas, **363**. Referências, **363**

20 *Introdução às separações de interfases* **364**
Separações por corrente reversa, **365**. Separação em contracorrente, **366**. Separação em contracorrente contínua, **370**. Teoria da migração cromatográfica, **371**. Comparação entre a cromatografia de gás e a de líquido, **373**. Referências, **375**

21 *Cromatografia de gás* **376**
A fase estacionária, **376**. A fase líquida, **377**. Gás de arraste, **379**. Injeção de amostra, **379**. Detectores, **381**. Programação de temperatura, **389**. Análises qualitativas, **391**. Análise quantitativa, **393**. CG como membro de uma equipe, **394**. Problemas, **396**. Referências, **396**

22 *Cromatografia de líquido* **398**
Cromatografia em coluna, **398**. Cromatografia de partição, **401**. Peneiras moleculares e cromatografia de permeação em gel, **403**. Cromatografia de troca iônica, **405**. Cromatografia em papel, **409**. Cromatografia em camada delgada, **412**. Referências, **413**

23 *Extração por solventes e métodos relacionados* **414**
Extração por contracorrente, **417**. Métodos de separação por borbulhamento, **420**. Problemas, **422**. Referências, **422**

24 *Métodos elétricos de separação* **423**
Eletroforese sem suporte, **423**. Eletroforese com suporte, **423**. Eletrocromatografia, **425**. Cromatografia por eletrodeposição, **428**. Referências, **428**

25 *Considerações gerais nas análises* **430**
Sensibilidade, **430**. Precisão, **434**. Comparação com padrões, **435**. Adição-padrão, **436**. Problemas, **436**. Referências, **437**

26 *Circuitos eletrônicos para instrumentos analíticos* **438**
Componentes eletrônicos ativos, **439**. Semicondutores, **444**. Circuitos eletrônicos, **451**. Amplificadores operacionais, **459**. Dispositivos especiais, **469**. Referências, **473**

Experiências de laboratório **475**

Índice alfabético **507**

16 Radiatividade como ferramenta analítica

INTRODUÇÃO AOS PROCESSOS NUCLEARES

Até esse instante consideramos os processos analíticos relacionados de uma maneira ou de outra aos *elétrons* das substâncias examinadas. Não fizemos consideração alguma sobre os núcleos atômicos em si.

Examinaremos agora várias técnicas que, baseadas em propriedades *nucleares*, podem fornecer informações analíticas e estruturais. As únicas propriedades desse tipo geralmente consideradas em trabalhos elementares são massa e carga, porque apenas essas se relacionam diretamente ao número e distribuição espacial dos elétrons orbitais e, portanto, à química dos elementos. Contudo os físicos sabem, há tempo, que existe uma série complexa de níveis de energia dentro dos núcleos. Isso foi percebido no fim do século XIX por observação das radiações de conteúdo de energia definido provenientes dos núcleos atômicos.

As propriedades que se podem atribuir aos núcleos incluem as seguintes de interesse no presente contexto: massa, carga, *spin*, momento magnético, níveis de energia em relação a nêutrons e prótons, estabilidade em relação a processos de decaimento radiativo e capacidade de se combinarem com nêutrons ou outras partículas.

Os químicos analíticos podem estudar com proveito cada uma dessas propriedades ou a combinação de algumas delas. Neste e nos capítulos seguintes nos interessaremos pela radiatividade, natural ou induzida, onde a emissão de partículas ou radiação pelos núcleos fornece várias ferramentas analíticas poderosas; a espectroscopia de Mössbauer, baseada na absorção de ressonância de raios gama; a espectroscopia de massa, onde se podem classificar, identificar e medir elementos ou moléculas em forma ionizada de acordo com sua relação massa-carga; e a ressonância magnética nuclear, que depende da interação do *spin* nuclear quantizado com um campo magnético aplicado. (A ressonância de *spin* do elétron está incluída nesta seção devido a sua estreita ligação com a ressonância magnética nuclear.)

RADIATIVIDADE

Apesar de podermos admitir que o leitor tenha um conhecimento dos rudimentos dos fenômenos radiativos, faremos um resumo desses princípios para efeito de referência.

Quase todos os elementos conhecidos existem em várias formas isotópicas. Muitos desses isótopos não existem na natureza, mas se podem obter artificialmente por vários processos a partir de isótopos convenientes do mesmo ou de outros elementos. A maior parte dos isótopos preparados artificialmente e muitos dos de ocorrência natural são instáveis e seus núcleos tendem a se desintegrar espontaneamente por ejeção de partículas energéticas ou, em alguns casos, por emissão de energia radiante. O outro produto da desintegração é um núcleo residual um pouco mais leve em massa. Esse fenômeno chama-se radiatividade.

296　　Métodos instrumentais de análise química

As substâncias radiativas ejetam vários tipos diferentes de partículas. As que são de importância para nossos interesses (ver Tab. 16.1) são o elétron (negativo), o posítron (elétron positivo), a partícula alfa e o nêutron. A emissão dessas partículas é freqüentemente, mas não sempre, acompanhada por radiação de energia como raios gama. Outro modo de decomposição radiativa encontrado algumas vezes é a captura espontânea, pelo núcleo, de um elétron do nível K (ou, menos freqüentemente, dos níveis L ou mais elevados). Esse processo, conhecido como *captura de elétron*, evidencia-se mais comumente pela emissão de raios X característicos que são produzidos por elétrons de níveis quânticos mais elevados quando caem para preencher a lacuna criada pela captura.

Tabela 16.1 — Partículas produzidas por decaimento radiativo

Partícula	Símbolo	Massa*	Carga**	Poder de concentração	Poder de ionização
Mégatron***	β^-	$5,439 \times 10^{-4}$	-1	médio	médio
Pósitron***	β^+	$5,439 \times 10^{-4}$	$+1$	médio	médio
Partícula alfa	α	$3,9948$	$+2$	baixo	alto
Nêutron	n	$1,0000$	0	muito alto	muito baixo
Fóton (raio gama)	γ	0	0	muito alto	muito baixo

*Em unidades de $1,675 \times 10^{-24}$ g.

**Em unidades de $4,80298 \times 10^{-10}$ unidades de carga eletrostática CGS.

***Consideram-se tanto os mégatrons quanto os pósitrons como partículas beta e, freqüentemente, chamam-se elétrons.

As partículas e radiações de diferentes núcleos radiativos variam bastante em conteúdo de energia e freqüência com que são produzidas. Ambas as propriedades são características do isótopo particular que se desintegra e assim sua medida em determinadas condições padronizadas servirá para provar a presença desse isótopo.

A freqüência de ocorrência de desintegrações atômicas é relacionada a uma constante característica de cada isótopo ativo, isto é, a sua *meia-vida*, que é o tempo necessário para qualquer amostra dada do isótopo reduzir-se à metade de sua quantidade inicial. Isso varia entre as substâncias ativas conhecidas desde milionésimos de segundo até milhões de anos. Naturalmente não se podem medir diretamente as meias-vidas nos dois extremos, mas são deduzidas por outras evidências. Os isótopos de vida muito breve não podem ser úteis para fins analíticos simplesmente porque qualquer experiência consome uma quantidade de tempo considerável e esses isótopos desaparecem muito rapidamente. Por outro lado, os isótopos de vida muito longa são difíceis de aplicar porque as desintegrações são pouco freqüentes. Os isótopos úteis em aplicações analíticas são aqueles cuja meia-vida varia aproximadamente entre algumas horas e algumas centenas de anos. Se se pode executar a experiência rapidamente no mesmo laboratório onde se prepara o material radiativo, pode-se reduzir o limite inferior a talvez 10 min. A duração de cada experiência geralmente não pode exceder de umas dez vezes a meia-vida do isótopo usado.

Radiatividade como ferramenta analítica

Tabela 16.2 — Radioisótopos usados em análises*

| Isótopo | Tipo de decaimento** | Meia-vida | Energia da radiação, MeV | |
			Partículas	Transições gama
^{3}H	β^-	12,26 anos	0,0186	nenhuma
^{14}C	β^-	5720 anos	0,155	nenhuma
^{22}Na	β^+ (90%) CE (10%)	2,58 anos	0,545	1,27
^{32}P	β^-	14,3 dias	1,71	nenhuma
^{35}S	β^-	87 dias	0,167	nenhuma
^{36}Cl	β^-	$3,0 \times 10^5$ anos	0,714	nenhuma
^{40}K	β^- (89%) CE (11%)	$1,27 \times 10^9$ anos	1,32	1,46
^{42}K	β^-	12,36 horas	3,55 (75%) 1,98 (25%)	1,52 (25%)
^{45}Ca	β^-	165 dias	0,255	0,32
^{51}Cr	CE	27,8 dias	. . . .	0,32 (8%)
^{55}Fe	CE	2,60 anos	. . . .	nenhuma
^{59}Fe	β^-	45 dias	0,460 (50%) 0,27 (50%)	1,29, 1,10
^{57}Co	CE	270 dias	. . . .	0,122, 0,0144, 0,136
^{60}Co	β^-	5,26 anos	0,32	1,333, 1,173
^{65}Zn	CE (97,5%) β^+ (2,5%)	245 dias	0,33	1,11
^{85}Kr	β^-	10,6 anos	0,67	(γ)
^{90}Sr	β^-	29 anos	0,54	nenhuma
^{90}Y	β^-	64 horas	2,27	(γ)
^{95}Zr	β^-	65 dias	0,36, 0,40	0,72, 0,76
^{95}Nb	β^-	35,1 dias	0,16	0,77
^{110}Ag	β^-	253 dias	0,085 (58%)	0,44, 2,46
^{119m}Sn	TI	250 dias	. . . .	0,065, 0,024
^{131}I	β^-	8,06 dias	0,60 (87,2%) (outros)	0,364 (80,9%) (outros)
^{137}Cs	β^-	30 anos	0,51 (92%) 1,17 (8%)	0,662 (do filtro de ^{137m}Ba)
^{133}Ba	CE	7,2 anos	. . . .	0,360, 0,292, 0,081, 0,070
^{140}La	β^-	40,2 horas	1,34 (70%) (outros)	0,49, 0,82, 1,60 (outros)
^{147}Pm	β^-	2,65 anos	0,225	(γ)
^{170}Tm	β^-	127 dias	0,97 (76%) 0,88 (24%)	0,084
^{203}Hg	β^-	47 dias	0,21	0,28
^{198}Au	β^-	2,70 dias	0,96 (outros)	0,412 (outros)
^{204}Tl	β^- (98%) CE (2%)	3,80 anos	0,76	nenhuma
^{210}Pb	β^-	22 anos	0,015, 0,061	0,046

*Dados selecionados das extensas tabelas de Friedlander, Kennedy e Miller (ref. 8).
**CE = Captura de elétrons; TI = Transição interna.

Uma seleção de radioisótopos que se mostraram úteis em aplicações analíticas é fornecida na Tab.16.2. Os radioisótopos podem ser úteis como fontes de radiações ou como traçadores para seguir alguma reação ou processo e auxiliar na determinação de sua amplitude. Antes de considerarmos essas aplicações, vejamos os métodos de detecção e medida.

DETECÇÃO DAS RADIAÇÕES

Os principais processos de detecção de importância analítica são: 1) a observação da luz visível produzida pela radiação (cintilações), 2) a medida elétrica da ionização de um gás, 3) o deslocamento de elétrons em cristais semicondutores e 4) a polarografia. A ação direta das radiações nucleares nos materiais fotográficos é especialmente útil para localizar a distribuição de uma substância radiativa nas camadas da superfície de uma substância sólida, como um espécimen mineral ou biológico. Conhece-se esse procedimento como *radioautografia* ou *auto-radiografia* (Fig. 16.1). A outra, e única, aplicação comum do método fotográfico direto é nos filmes-insígnia* usados pelos pesquisadores nucleares a fim de determinar excessiva exposição à radiação.

Figura 16.1 — Radioautografia das folhas de um arbusto que foram submetidas à precipitação radiativa, recolhidas perto do local de teste da bomba A em Nevada (cortesia do dr. Lora M. Shields)

*N. do T. O autor está se referindo ao dosímetro portátil que se usa preso ao avental.

CONTADORES DE CINTILAÇÃO

A determinação quantitativa da radiatividade por meio de cintilações é conhecida há muito, mas apenas na última década foi modernizada para fornecer um método com alto grau de conveniência e exatidão. Quando um raio ou partícula se choca na superfície de um cristal conveniente, ocorre a emissão de um tênue relampejo de luz. Um modo de contar esses relampejos fornece, pois, um meio de contar as partículas. Nos primórdios, um observador com um microscópio contava os relampejos diretamente. Modernamente, detecta-se a luz do alvo cristalino com uma válvula fotomultiplicadora que converte a energia radiante em um sinal elétrico que alimenta um amplificador para a medida. A Fig. 16.2 mostra um detector típico e a caixa de instalação.

Figura 16.2 – Blindagem de ferro e recipiente da amostra para o contador de prancheta. Pode-se instalar qualquer tipo de detector de janela terminal. A altura total é ao redor de 40 cm, o peso, 90 kg (Radiation Counter Laboratories, Inc., Skokie, Illinois)

Entre as substâncias mais úteis como cristais cintiladores estão antraceno, estilbeno, terfenilo e iodeto de sódio. Esse último deve ser ativado, isto é, tornado mais sensível, por mistura com vestígios de iodeto taloso. Esses detectores respondem a radiações alfa, beta ou gama. O cristal de iodeto é particularmente conveniente para raios gama porque sua densidade garante absorção de uma fração relativamente alta da radiação incidente.

A geometria da válvula fotomultiplicadora e dos elementos ópticos que a acoplam ao cintilador é importante para a eficiência da montagem. Idealmente, as dimensões do cintilador devem ser suficientemente grandes para compreender todo o intervalo das partículas beta mais energéticas e o dos elétrons produzidos foteletricamente pelos raios gama. Deve-se envolver o cintilador com uma superfície refletora para tornar a perda de luz mínima. Um contador bem planejado fornece uma resposta linear em relação à energia da radiação.

Pode-se obter uma eficiência bem maior com um *contador de poço* (em relação a um contador de janela como o da Fig. 16.2). Essa variedade consiste de um bloco cintilador cristalino ou de plástico com uma cavidade que permite colocar um tubo de ensaio (Figs. 16.3 e 16.4). Para se obter resultados reproduzíveis, deve-se usar sempre um volume fixo de solução para a contagem de poço.

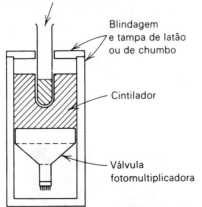

Figura 16.3 — Esquema de contador de cintilação de poço

Figura 16.4 — Conjunto contador de laboratório. A unidade eletrônica é um contador decimal. À direita, mostra-se uma blindagem de chumbo que encerra um contador de cintilação do tipo de poço; inserem-se as amostras pelo topo (Technical Associates, Burbank, Califórnia)

Também são disponíveis unidades de grande eficiência em que um par de cintiladores envolve a amostra relativamente pequena como em um sanduíche, de modo que, essencialmente, toda a radiação emitida penetra no detector. Chamam-se esses detectores 4-π.

Para medidas quantitativas de isótopos, que emitem partículas beta de baixa energia, como ^{14}C, ^{35}S e especialmente ^{3}H (trítio, às vezes, simbolizado como T), deve-se preferir um *cintilador líquido* onde se pode incorporar diretamente o composto ativo. Isso garante eficiência máxima na produção de cintilações quando dissolvidos em solventes convenientes. Aqueles incluem antraceno, *p*-terfenilo, 2,5-difeniloxazol (FFO), α-naftilfeniloxazol (NFO) e fenilbifeniloxadiazol (FBD). Entre esses, o FFO é o mais eficiente, mas a radiação emitida é ultravioleta. É hábito misturar ao FFO um *cintilador secundário*, que transforma, através de um mecanismo fluorescente, as cintilações no ultravioleta para o intervalo visível. O cintilador secundário mais usado é o 1,4-bis-2-(5-feniloxazolil)-benzeno (FOFOF) ou seu dimetil derivado (dimetil-FOFOF). Uma solução recomendada contém 5 g de FFO por litro e 0,3 g de dimetil-FOFOF por litro em tolueno.

Quando se trabalha com baixos níveis de atividade, devem-se tomar cuidados especiais para diferenciar essas pulsações produzidas por cintilações das espúrias que se originam no fotomultiplicador, causadas quer por radiação cósmica ou radiação inútil quer pelo ruído do efeito de shot. Pode-se conseguir isso usando-se dois fotomultiplicadores idênticos voltados para o mesmo cintilador e ligados a um *circuito de coincidência* (Fig. 16.5). Esse consiste de uma unidade eletrônica chamada bloco E, que transmite um sinal ao equipamento contador apenas quando ele recebe pulsações *simultâneas* dos dois fotomultiplicadores. O ruído de *shot*, sendo desordenado, produzirá ocasionalmente sinais simultâneos e, se necessário, pode-se reduzir essa fonte de contagem indesejada ainda mais tanto por um circuito de tripla coincidência com três fotomultiplicadores ou por uma redução do movimento térmico dos elétrons por meio de refrigeração.

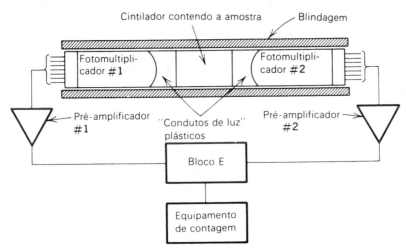

Figura 16.5 — Esquema de conjunto de contador de cintilações líquido. Podem-se refrigerar a amostra, os fotomultiplicadores e os pré-amplificadores, a fim de diminuir o ruído elétrico

A contagem da cintilação é inerentemente proporcional uma vez que a energia em cada relampejo é determinada pela energia da partícula que a origina. Pode-se manter essa proporcionalidade através do detector e do amplificador até o registro definitivo.

DETECTORES DE IONIZAÇÃO DE GÁS

Como se indica na Tab. 16.1, todos os tipos de radiação nuclear (menos nêutrons) produzem ionização significativa em materiais nos quais ou através dos quais penetram. (Essa ionização é a causa direta do perigo da radiação para a matéria viva. A ionização devida à radiação é mais facilmente medida nos gases.

Consideremos o fenômeno que ocorre em um recipiente de vidro cheio de gás, munido de dois elétrodos, um dos quais é um tubo de metal de uns 2 cm de diâmetro por 10 cm de comprimento e o outro, um fio que passa ao longo do eixo do cilindro (Fig. 16.6). Liga-se o fio central através de uma resistência R elevada ao terminal positivo de uma fonte de c.c. de voltagem variável enquanto se mantém o elétrodo externo no potencial da terra como se faz com o terminal negativo da fonte de energia. O elétrodo positivo também é ligado, normalmente através do capacitor C, à saída de um amplificador (indicado na Fig. 16.6 como a grade de uma válvula eletrônica). A saída do amplificador, não mostrada, opera um medidor por deflexão ou um registrador eletromecânico. Submetamos a válvula a uma pequena fonte constante de partículas beta energéticas, que admitiremos serem poucas por segundo para causar pulsações de ionização individuais. Vamos agora aumentar o potencial aplicado gradualmente de zero até vários milhares de volts. Os íons produzidos a baixas voltagens [região A da Fig. 16.7 (ref. 12)] são acelerados apenas lentamente pelo campo elétrico e muitos deles se recombinam para formar moléculas neutras antes de atingirem os elétrodos. À proporção que aumentamos o potencial, o número de íons por pulsação que atinge os elétrodos também aumenta até atingir uma condição de saturação onde essencialmente *todos* os íons formados são descarregados nos elétrodos e o tamanho das pulsações observadas é constante numa região de 100 V ou mais (região B da Fig. 16.7). Essa é a chamada região da *câmara de ionização*.

Após aumentar a voltagem além dessa região, em C, o tamanho da pulsação cresce novamente, pois os íons são acelerados a tal grau que causam ionização

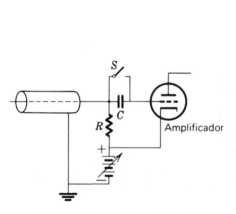

Figura 16.6 — Circuito elementar para uma câmara de ionização

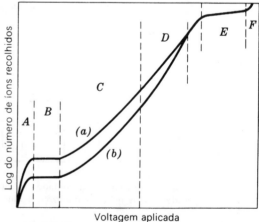

Figura 16.7 — Número de íons recolhidos em função da voltagem aplicada: curva a, partícula alfa; curva b, partícula beta (D. Van Nostrand Company, Inc., Princeton, Nova Jérsei)

Radiatividade como ferramenta analítica

secundária por colisão com outras moléculas do gás. A altura da pulsação nessa parte da curva ainda depende da energia do acontecimento ionizante original. Ela é agora um *múltiplo* daquela causada pela ionização primária; por isso essa parte da curva é chamada região proporcional e um dispositivo operando nessas condições é um *contador proporcional*. A curva da Fig. 16.7 inclina-se bruscamente na região proporcional, o que significa que se deve controlar a voltagem precisamente para se obterem respostas verdadeiramente proporcionais.

Aumentando a voltagem na região D, provoca-se ionização secundária bem aumentada, perdendo-se a proporcionalidade. Em E, obtém-se um platô, onde numa faixa de 100 ou 200 V todas as pulsações têm igual valor independentemente da energia da partícula ionizante. Essa é a região Geiger e o contador usado dessa maneira é um *contador Geiger* (também chamado contador Geiger-Müller ou G-M). Além desse platô (em F), a válvula emite uma descarga luminosa contínua.

Assim, a detecção e contagem das pulsações são possíveis em três modos correspondentes às áreas B, C e E. As vantagens e desvantagens relativas de cada um serão sumarizadas a seguir.

A câmara de ionização apresenta a vantagem de exigir uma baixa voltagem (100 a 200 V), mas a corrente que passa é muito pequena (talvez 10^{-8} A) e requer um amplificador de alto ganho ou um eletrômetro altamente sensível. Na prática, ela é mais útil para trabalho de pulsação com a partícula alfa altamente ionizante. O uso com partículas beta e gama comumente restringe-se à medida de feixes de radiação relativamente intensos, em que a corrente é contínua em vez de pulsante. Para essa aplicação, coloca-se em curto-ciruito o capacitor C da Fig. 16.6 através do interruptor S e o amplificador deve ser do tipo diretamente acoplado ou equivalente que pode responder a variações lentas em uma corrente contínua mínima.

O contador proporcional opera com um potencial muito maior, talvez 1.000 a 2.000 V. A altura das pulsações, como em uma câmara de ionização, é proporcional ao número de íons produzidos pela partícula primária, mas o processo de multiplicação de íons resulta em uma amplificação interna que pode ser da ordem de 10^4. Logo, o amplificador externo não precisa costumeiramente ter alto ganho, mas deve ser linear (isto é, livre de distorção, com saída proporcional à entrada), se as alturas das pulsações observadas devem refletir a energia da partícula original. Um contador que opera nessa região tem um tempo de recuperação extremamente curto e pode contar mais que 10^5 pulsos por minuto. Deve-se fornecer uma fonte de voltagem bem regulada.

O contador Geiger trabalha com uma voltagem um pouco maior (mas ainda no intervalo de 1.000 a 2.000 V), mas as pulsações são tão grandes que se requer pouca ou nenhuma amplificação. Essa situação favorável é muitas vezes mais que compensada pelo fato de as pulsações serem uniformes em altura e portanto não darem informação sobre a energia das partículas ionizantes. Outra desvantagem é a baixa velocidade que limita as velocidades de contagem a uns 10^4 por minuto. O contador Geiger, que inicialmente monopolizou o campo, está agora cedendo lugar rapidamente ao contador proporcional e ao contador de cintilações. A voltagem necessária para os contadores proporcionais ou Geiger-Müller depende da geometria da válvula e da natureza e pressão do gás de enchimento.

Determinam-se as regiões de trabalho para os contadores Geiger e proporcional colocando-se em um gráfico a velocidade de contagem em contagens por

304

Métodos instrumentais de análise química

minuto para uma determinada fonte de radiação em função dos volts aplicados. Em ambos os tipos de contadores deve-se tomar cuidado para evitar que os íons positivos, que são acelerados na direção do elétrodo externo (negativo), sejam a causa da emissão de elétrons secundários. Esses elétrons se movimentariam na direção do fio central, produzindo ionização secundária do gás, e resultaria uma descarga contínua. O método aprovado para evitar essa dificuldade consiste em adicionar ao gás de enchimento uma pequena porcentagem de um composto orgânico (álcool ou metano) ou um halogênio. Os íons positivos transferem seu excesso de energia às moléculas do aditivo, em vez de ao elétrodo.

Uma modificação do contador proporcional que é particularmente conveniente, especialmente para radiações de baixa penetração, é o *contador de escoamento*, no qual se deixa escoar lentamente o gás (freqüentemente argônio-10% de metano) através da válvula durante o uso. Isso evita a deterioração do aditivo e também permite colocar uma amostra diretamente dentro do contador, muitas vezes uma vantagem importante.

DETECTORES SEMICONDUTORES

Pode-se conseguir uma excelente detecção proporcional com detectores de silício ou germânio (refs. 1 e 14). Prepararam-se os cristais desses elementos por uma das duas técnicas (apresentadas a seguir) de modo a ter um volume sensível no interior do qual a radiação absorvida deslocará elétrons de sua posição normal.

Uma dessas técnicas exige preparação de uma junção *p-n* (ou *n-p*)* sobre ou diretamente sob a superfície descoberta do cristal. Tornam-se condutoras as superfícies superiores e inferiores com uma delgada película de metal depositado. O díodo resultante é ligado eletricamente com polarização reversa, fazendo-se com que se removam os elétrons da junção pelo lado *n*, enquanto se removem as lacunas positivas pelo lado *p*. Esse procedimento causa a formação de uma *região de exaustão*, cuja espessura varia com a alteração da voltagem aplicada de zero até mais ou menos 1 mm.

De acordo com a segunda técnica, sob influência de um campo elétrico, difunde-se ou impurifica-se o cristal com íons de lítio, o lítio possui o efeito de "limpar" ou compensar os transportadores de carga natural, de modo que quando se aplica um campo através do cristal tratado, a camada de exaustão será muitas vezes mais extensa, talvez com 1 cm.

É necessário que os detectores de germânio impurificado com lítio sejam operados à temperatura do nitrogênio líquido (77°K), devido ao fato de os íons de lítio serem suficientemente móveis à temperatura ambiente para destruírem a geometria da camada de exaustão. Esse resfriamento não é necessário para os detectores de silício ou germânio que não contenham lítio.

Usam-se esses detectores de modo bem semelhante em câmaras de ionização cheias de gás. A radiação absorvida na região de exaustão produz pares de elétrons e lacunas que são acelerados em direção dos respectivos elétrodos, formando uma corrente proporcional à energia da partícula ionizante ou fóton. É necessário um

---

*A natureza e as propriedades das junções semicondutoras serão discutidas com mais detalhes no Cap. 26.

Radiatividade como ferramenta analítica

eletrômetro amplificador livre de ruído e sensível porque as correntes são de apenas poucos microampères.

As delgadas camadas de exaustão dos detectores de junção de superfície mais baratos são suficientes para detectar partículas beta ou mais pesadas, que não podem penetrar profundamente, mas a camada mais espessa de um detector impurificado com lítio, aliado a um maior coeficiente de absorção do germânio quando comparado ao silício, torna o detector de germânio-lítio, muito superior para a espectroscopia gama. Mencionou-se no Cap. 9 o uso desse detector com raios X.

RADIAÇÃO DE FUNDO

Há uma quantidade significativa de radiação sempre presente na atmosfera, de modo que, mesmo na ausência de uma amostra, qualquer detector de radiatividade mostrará uma resposta finita. Essa radiação se deve em parte à radiatividade natural dos arredores e em parte aos raios cósmicos. Blindando o contador com 5,1 a 7,6 cm de chumbo, podemos reduzi-la acentuadamente a talvez 10 a 15 cpm (contagens por minuto). Uma contagem da radiação de fundo muito maior ou um aumento súbito pode indicar contaminação acidental dos arredores imediatos com substância radiativa ou falha incipiente do próprio contador. Devem-se corrigir todas as medidas de atividade com a contagem da radiação de fundo antes que se possa tentar qualquer uso ou interpretação.

INSTRUMENTAÇÃO AUXILIAR

Uma vez que os contadores de cintilação, proporcional e Geiger, forneçam suas informações através de pulsações dever-se-á fornecer facilidade para se contar essas pulsações. Um contador eletromecânico é satisfatório para contagens lentas menores que 10 a 100 cps (contagens por segundo), mas possui demasiada inércia mecânica para permitir uma operação mais rápida. Para contagens mais rápidas podemos usar uma *válvula de transferência luminosa*, uma válvula de descarga luminosa cheia de gás, onde pulsações sucessivas transferem a luminosidade sucessivamente para 10 posições na válvula. A contagem mais rápida, contudo, deve usar um circuito eletrônico contador, que é um amplificador ligado de tal modo que transmitirá aos seus terminais de saída apenas cada *segunda* pulsação que chega às suas conexões de entrada. Podem-se usar alguns desses estágios em sucessão para dar uma contagem de saída para cada 2, 4, 8, 16, etc. pulsações da válvula contadora. São comuns unidades com fatores escalares de 64 ou 128. Pode-se modificar um contador eletrônico dezesseis vezes maior por meio de um circuito eletrônico conveniente para reduzir seu fator a 10, o que permite a conveniência da escala decimal.

ERROS DE CONTAGEM

O decaimento radiativo é de natureza estatística, o que significa que o número exato de átomos, que desintegrará e emitirá partículas em qualquer segundo particular, é regido pelas leis da probabilidade. As contagens observadas são signifi-

306 Métodos instrumentais de análise química

cativas apenas quando se acumula um número suficientemente grande a fim de permitir análises estatísticas válidas. O critério mais conveniente é o *desvio-padrão* σ algumas vezes chamado *desvio da raiz quadrática média*. Pode-se demonstrar que nas medidas radiativas, o desvio-padrão é simplesmente a raiz quadrada de h, o número total de contagens, quando a meia-vida do isótopo em decaimento é longa comparada à duração da experiência. Um dos meios mais corretos para expressar os resultados da experiência é $n \pm \sqrt{n}$.

A contagem da radiação de fundo é também de natureza estatística. Se considerarmos σ_s o desvio-padrão da contagem da amostra; σ_b, o da radiação de fundo; e σ_t, o da amostra junto com a radiação de fundo (total), então pode-se mostrar que

$$\sigma_s = (\sigma_t^2 + \sigma_b^2)^{1/2} \tag{16-1}$$

Há dois meios de se trabalhar com isso: a contagem da radiação de fundo pode ser tão longa que $\sigma_b \quad \sigma_t$ e assim pode-se desprezá-lo, ou pode-se avaliar a razão dos tempos de contagem t_t para a amostra e t_b para a radiação de fundo que fornecerá a melhor precisão no menor tempo pela relação

$$\frac{t_t}{t_b} = \left(\frac{R_t}{R_b}\right)^{1/2} \tag{16-2}$$

onde R se refere às respectivas velocidades de contagens, que se deve conhecer apenas grosseiramente através de medidas prévias (ref. 5).

Como exemplo, suponhamos uma experiência em que as atividades aproximadas para a amostra e para a radiação de fundo sejam $R_t = 1.000$ cpm e $R_b = 40$ cpm. A razão do tempo será $t_t/t_b = (1.000/40)^{1/2} = 5$. Se se deseja uma precisão de 1% no desvio-padrão, a contagem total deve ser 10.000, $R_t = 10.000 \pm \sqrt{10\,000} = = 10.000 \pm 100$, o que significa uma contagem durante 10 min. Assim se deve realizar a contagem da radiação de fundo durante pelo menos $1/5$ de 10 min, ou seja, 2 min. O valor de σ_s é dado por $(10^4 + 80)^{1/2} = 100,4$ contagens durante 10 min, de modo que o resultado final será

$$R_s = (1.000 - 40) \pm 10 \text{ cpm} = 960 \pm 10 \text{ cpm}$$

A duração de uma experiência de contagem portanto deve depender do nível de atividade e da precisão desejada. Alguns contadores eletrônicos têm dispositivos para interrupção automática quando a contagem atingir determinado valor. Se se desejarem, por exemplo, 2% de desvio-padrão, que correspondem a uma contagem de 2.500, o contador eletrônico deverá estar predeterminado para se desligar quando se atingir esse valor. Uma leitura do cronômetro dará a informação necessária para calcular as contagens por minuto. Pode-se encontrar num trabalho de Kuyper (ref. 11) uma interessante discussão sobre a estatística da contagem.

Outra fonte de erro se deve à ocorrência de *coincidências*, definidas como duas pulsações vindas tão próximas que o contador não tem tempo suficiente para se recuperar de uma pulsação em tempo para responder à próxima. O tempo de recuperação varia consideravelmente de um tipo de detector para outro. Se se representar o tempo de recuperação por τ, a velocidade de contagem observada por R e a velocidade de pulsação real por R', a expressão governante será

$$R' = R + R^2\tau \tag{16-3}$$

Deve-se compreender que, em geral, apenas uma fração da radiação de qualquer amostra pode entrar no contador (a menos, é claro, que a amostra esteja *dentro* do contador). A eficiência geométrica com uma única válvula de contagem de janela terminal deve ser inferior a 50% e pode ser muito menor. Com contadores de paredes delgadas e de imersão, deve-se da mesma forma esperar baixas eficiências. Podem-se aumentar os valores muito mais que 50% usando-se a geometria 4π, previamente mencionada. Contudo, freqüentemente, tolera-se uma eficiência de menos de 50% porque o desenho do equipamento pode ser muito simples. É sempre importante manter a geometria constante para determinações que se devam comparar entre si. Isso é facilitado por um planejamento conveniente do equipamento que contém a amostra, como o mostrado na Fig. 16.2.

Devem-se tomar precauções contra os efeitos de absorção parcial das radiações pela própria amostra ou por outros materiais que possam estar presentes, como solvente ou papel de filtro. As amostras de sólidos são melhor preparadas com películas delgadas depositadas em um suporte firme e polido (*planchet*). Procedem-se mais convenientemente as contagens em líquidos com um cintilador de poço.

ANÁLISE DA ALTURA DE PULSAÇÃO

As partículas ionizantes e fótons variam muito em conteúdo de energia, como se ilustra na Tab. 16.2. Freqüentemente, podem-se identificar as espécies ativas individuais por observação desses valores de energia. Um método consiste no uso de *absorventes-padrão* — espessura conhecida de alumínio ou cobre para partículas menos energéticas e chumbo para raios gama. A *meia-espessura*, isto é, a espessura do metal que reduz a atividade à metade de seu valor, pode ser transformada em energia através de curvas de calibração predeterminadas.

Um processo mais elegante consiste na observação das alturas das pulsações por um contador semicondutor, proporcional a gás ou de cintilação (ref. 14). O detector semicondutor é especialmente valioso nesse uso devido à alta resolução intrínseca e ao curto tempo de recuperação. Um aparelho para essa finalidade é um *espectrômetro*; ele classifica a radiação de acordo com seu conteúdo de energia, exatamente como ocorre com um espectrômetro óptico. O espectrômetro consiste de um circuito discriminador de voltagem junto com os necessários amplificadores e registros de contagem. O discriminador é um tipo de bloco eletrônico que só permite a passagem de pulsações com um intervalo específico de altura. O instrumento conta primeiro as pulsações com altura entre zero e 1 V (por exemplo), depois as no intervalo de 1 a 2 V, depois de 2 a 3 V, etc. e coloca esses dados em um registrador. O resultado é uma curva espectral como a mostrada na Fig. 16.8.

Vários fabricantes constroem aparelhos complicados que executam tal contagem e colocação em gráfico automaticamente. São chamados *analisadores multicanais* e sua resolução varia de 100 a 500 ou até mesmo mais canais. A detecção opera simultaneamente em todos os níveis, de modo que a contagem em cada canal aumenta à proporção que se continua a experiência. Em alguns analisadores, faz-se a previsão para a impressão em uma fita de papel da contagem total em canais sucessivos no término da experiência. A Fig. 16.9 mostra o espectro de uma

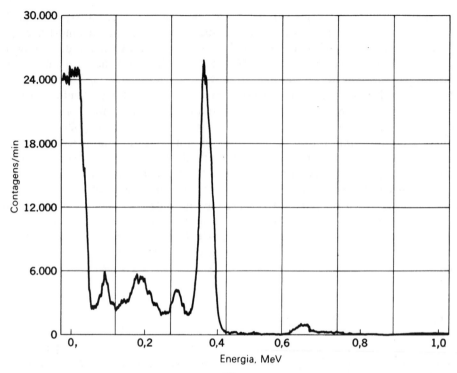

Figura 16.8 — Espectro de radiação do ^{131}I (Nuclear-Chicago Corporation, Chicago)

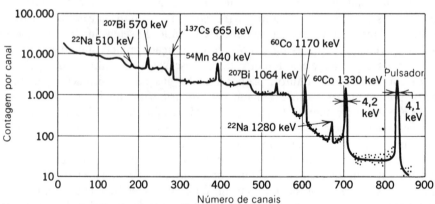

Figura 16.9 — Espectro de raios gama obtido com um analisador multicanal com detector de germânio impurificado com lítio (Isotopes, Inc., Westwood, Nova Jérsei)

mistura de emissores gama obtido com um analisador multicanal equipado com um detector de germânio impurificado com lítio.

CONTADOR DE NÊUTRONS

Como os nêutrons não têm carga, não produzem ionização em um gás por qualquer processo direto. Entretanto podem-se detectá-los com um contador enchido com

Radiatividade como ferramenta analítica **309**

BF_3 gasoso, pois os nêutrons reagem muito facilmente com o núcleo ^{10}B para produzir ^7Li e partículas alfa. Essas disparam o contador no modo usual. Podem-se detectar nêutrons de maneira análoga com um contador de cintilações; adiciona-se um composto de boro a um cintilador alfa sensível.

Planejaram-se vários tipos de espectrômetros de nêutrons. Podem-se difratar nêutrons de baixa energia em um expectrômetro de cristal tão bem quanto o são os raios X, pois seu comprimento de onda de de Broglie ($\lambda = h/mv$) está no intervalo dos raios X. Outros métodos envolvem seleção de acordo com as velocidades, pelo que se observam todos os nêutrons que passam por um curso medido numa válvula a vácuo em um determinado intervalo de tempo. Então a varredura do tempo para uma distância fixa fornecerá o espectro. Os detalhes sobre este instrumento não podem ser descritos no espaço aqui disponível.

A absorção seletiva de nêutrons de vários conteúdos de energia é um poderoso instrumento analítico, mas, infelizmente, para aplicações gerais, exige uma fonte com fluxo de nêutrons tão grande que pode ser fornecida apenas por um reator nuclear. Pode-se aplicar uma fonte menos poderosa na determinação absorciométrica de uns poucos elementos que têm poder de absorção anormalmente elevado (seção de choque), particularmente B, Cd, Li, Hg, Ir, In, Au, Ag e vários lantanídeos. Taylor, Anderson e Havens (ref. 17) publicaram uma extensa discussão sobre o assunto. São disponíveis valores mais recentes sobre seções de choque nucleares (ref. 8).

APLICAÇÕES ANALÍTICAS DAS FONTES RADIATIVAS

Os raios gama são fisicamente indistinguíveis dos raios X de comprimento de onda semelhante e assim, em princípio, as fontes de raios gama podem substituir a válvula de raios X mais complicada em várias de suas aplicações discutidas no Cap. 9.

A absorção de raios alfa e beta também é potencialmente útil para fins analíticos. Os raios alfa são mais indicados para a análise de gases devido ao baixo poder de penetração. Deisler, McHenry e Wilhelm (ref. 7) estudaram esse processo; montaram uma fonte de raios alfa (polônio, ^{210}Po, em uma preparação velha de rádio-D, ^{210}Pb) dentro de uma câmara de ionização que também serviu como recipiente da amostra. A corrente através da câmara é uma função apenas da composição do gás sob condições constantes de potencial aplicado e pressão do gás. Podem-se analisar, nos casos favoráveis, misturas binárias de gás com uma precisão de $\pm$ 0,2 a 0,3 mol% por referência a uma curva de calibração construída a partir de medidas com misturas conhecidas. A Mine Safety Appliances Co., Pittsburgh, Pensilvânia, constrói um instrumento baseado nesse princípio, o *Billion-Aire*, para detecção de gases tóxicos como $Ni(CO)_4$ e TEC no ar no intervalo de partes por bilhão.

Também aplicou-se a absorção de raios beta em análises (refs. 10 e 16), principalmente com líquidos, apesar de o princípio também ser aplicável a sólidos e gases. Pode-se mostrar com base teórica que a absorção de raios beta pela matéria é praticamente devida a colisões elétron-elétron. Considerações elementares mostram que o hidrogênio tem maior número de elétrons por unidade de massa que qualquer outro elemento, por um fator de pelo menos 2. Isso torna o método particularmente sensível à presença de hidrogênio.

310 Métodos instrumentais de análise química

TRAÇADORES RADIATIVOS

A facilidade com que se pode detectar a presença de isótopos ativos e a precisão com que se pode medi-los, mesmo em pequenas quantidades, conduzem a uma variedade de procedimentos analíticos de grande versatilidade. As técnicas gerais mais importantes são análise por ativação, diluição isotópica e análise radiométrica.

ANÁLISE POR ATIVAÇÃO

Muitos elementos se tornam radiativos quando bombardeados por partículas energéticas como prótons, dêuterons, partículas alfa ou nêutrons. A atividade resultante pode fornecer dados para análises quantitativas (ref. 12). Como um exemplo, consideremos a ativação por exposição a nêutrons de velocidades *térmicas*.

Pode-se considerar que o nêutron é capturado pelo núcleo atômico para dar um núcleo maior com a mesma carga positiva, que é portanto um isótopo do mesmo elemento. Em muitos casos, esse novo núcleo é instável e se decompõe espontaneamente por emissão de uma partícula ou raio gama, em outra palavra, é radiativo. Os isótopos ativos formados dessa maneira a partir de vários elementos apresentam meia-vida muito variável e, muitas vezes, podem-se identificá-los por determinação dessa constante aliada à outra informação pertinente, como o espectro de raios gama descrito anteriormente.

Pode-se usar esse fenômeno para análise submetendo uma amostra a bombardeamento por nêutrons, tanto em um reator nuclear (pilha), onde o urânio èstá sofrendo fissão, como por outros meios. A radiatividade será induzida em cada um dos elementos presentes que são capazes de serem ativados por nêutrons. Constrói-se um gráfico da intensidade da radiatividade da amostra em função do tempo, obtendo-se a assim chamada *curva de atividade*. Ela é geralmente de natureza complexa, sendo a soma das atividades de todos os elementos ativos presentes. Pode-se determinar a meia-vida do componente de maior vida pela última parte da curva depois que as substâncias mais transitórias praticamente desapareceram. Então se pode subtrair a atividade devida a esse elemento das leituras para os tempos mais curtos. Então se pode identificar da mesma forma a substância seguinte de maior vida e subtrair o seu efeito; agora a seguinte e assim por diante.

Por exemplo, analisou-se uma liga de manganês e alumínio por esse processo (ref. 2). Submeteu-se uma pequena amostra de uma lâmina da liga cuidadosamente limpa e pesada (ao redor de 25 mg) a ação de nêutrons em um reator atômico, durante 5 min. Segue-se a radiatividade subseqüente da amostra com um contador Geiger por um período de cerca de 60 h. Os resultados estão na Fig. 16.10. A atividade devida ao alumínio (o principal constituinte da liga) foi muito intensa, mas de pequena duração (2,3 min de meia-vida). Como não foi necessário analisar o alumínio, foi conveniente esperar meia hora após a irradiação antes de começar as medidas com o contador, de modo que praticamente todo o alumínio ativo teve tempo suficiente para decair e não interferiu nas medidas posteriores.

Olhando para a figura, vemos que a atividade (em uma escala logarítmica) é função linear do tempo após ao redor de 40 h. Extrapola-se para trás a parte reta da linha e obtém-se a atividade em qualquer tempo devida a um isótopo com uma meia-vida que se pode acompanhar nesse gráfico até umas 15 h. Esta é iden-

Radiatividade como ferramenta analítica

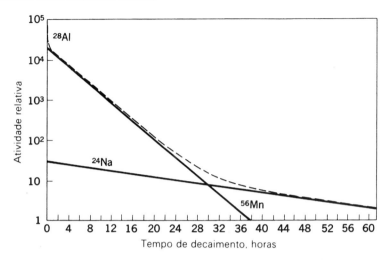

Figura 16.10 — Análise de uma liga de manganês e alumínio por ativação por nêutron (Analytical Chemistry)

tificada através de tabelas de isótopos como ^{24}Na, com meia-vida conhecida de 15 h. Além disso, o gráfico mostra uma região linear que se estende de 1 a 18 h e que se deve atribuir a um isótopo de meia-vida próxima a 2,5 h. Verifica-se que corresponde ao ^{56}Mn (meia-vida 2,58 h. Como se indica acima, a parte da curva para os tempos mais curtos que 1 h é incompleta e é devida ao ^{28}Al com meia-vida de 2,3 min.

A sensibilidade da análise por meio de ativação por nêutrons depende da intensidade da fonte ativante, da capacidade do elemento pesquisado em capturar nêutrons (chamada *seção de choque para captura de nêutrons*) e da meia-vida da atividade induzida. A relação governante (ref. 12) é

$$A = N\sigma\phi \left[1 - \exp\left(-\frac{0.693t}{T_{1/2}} \right) \right] \qquad (16\text{-}4)$$

onde A = atividade induzida no fim do período de irradiação, desintegrações s^{-1}
N = número de átomos presentes no isótopo sendo ativado
σ = seção de choque para captura de nêutrons, cm^2
ϕ = fluxo de nêutrons, cm^{-2} s^{-1}
t = tempo de duração da irradiação
$T_{1/2}$ = meia-vida do produto

(t e $T_{1/2}$ devem estar nas mesmas unidades.) Dificilmente as análises quantitativas são baseadas em cálculos provenientes dessa equação, pois raramente dispõe-se de valores suficientemente seguros para σ, ϕ e $T_{1/2}$; e, como complicação posterior, temos que ϕ pode não ser homogêneo e variar com o tempo. Para fins práticos, irradiam-se amostras-padrão simultaneamente com as amostras desconhecidas e a análise é conduzida por simples comparação.

Se dispusermos de um reator nuclear para ativação, em casos favoráveis, podem-se identificar uns 10^{-10} g de um elemento. Para fontes de nêutrons menos poderosas, o método limita-se àqueles elementos que têm propriedades nucleares

312 Métodos instrumentais de análise química

particularmente favoráveis. Por exemplo, uma fonte de nêutrons consistindo de 25 mg de rádio misturados com 250 mg de berílio, que produz um fluxo usável ao redor de 100 nêutrons por cm^2 por s, ativará apenas Rh, Ag, In, Ir e Dy, mas pode constituir um método exato e conveniente para a determinação desses elementos, mesmo em quantidade de traços. Uma fonte de ^{124}Sb-Be com um fluxo de 10^3 a 10^4 nêutrons ativará perto de 19 elementos. Um reator nuclear pode ter um fluxo da ordem de 10^{14} e ativará praticamente todos os elementos mais pesados que o oxigênio, mas com sensibilidades muito diferentes. Para alguns elementos (In, Re, Ir, Sm, Eu, Dy, Ho, Lu, V, As, Sb), a análise de ativação parece ser capaz de maior sensibilidade que a estrita análise química, enquanto que para outros (Fe, Ca, Pb, Bi, Zn, Cd, Na, K, etc.) a ativação não é melhor ou é claramente inferior aos métodos químicos (ref. 13).

Também pode-se produzir a ativação por bombardeamento com prótons, núcleos de ^3He e fótons gama. As dificuldades experimentais com os dois primeiros e a aplicação limitada de todos os três militam contra seu uso.

DILUIÇÃO ISOTÓPICA

Esta é uma técnica que é conveniente onde se pode isolar um composto em estado puro, mas somente com baixo rendimento. Adiciona-se uma quantidade conhecida da mesma substância contendo um isótopo ativo à amostra desconhecida e mistura-se bem com ela. Então se isola uma amostra da substância pura a partir da mistura e se determina sua atividade. Então um cálculo simples fornece a quantidade da substância no material original.

Consideremos uma solução que contém W g de um composto a ser determinado. Adiciona-se à solução certa quantidade do mesmo composto que é "marcado" com um átomo radiativo; a parte adicionada pesa w g e tem a atividade de A cpm e uma atividade específica $S_0 = A/w$. Após misturar completamente, isolam-se g g desse composto no estado puro e estas mostram atividade de B cpm e atividade específica $S = B/g$. A quantidade total de atividade (admitindo que a perda por decaimento seja desprezível) deve ser a mesma antes e depois de misturar, ou

$$S_0 w = (W + w)S \qquad (16\text{-}5)$$

da qual segue-se que

$$W = g\,\frac{A}{B} - w \qquad (16\text{-}6)$$

Se a substância adicionada é altamente ativa, a quantidade adicionada w pode ser bem pequena em relação a W e a Eq. (16-6) se reduz a

$$W = g\,\frac{A}{B} \qquad (16\text{-}7)$$

Suponha que queremos determinar a quantidade de glicina misturada a outros aminoácidos. Pode-se isolar quimicamente a glicina, mas apenas com baixo rendimento, o que torna a diluição isotópica uma técnica apropriada. Começamos

Radiatividade como ferramenta analítica   **313**

sintetizando ou obtendo comercialmente uma amostra de glicina que contém um átomo de ^{14}C em talvez uma em cada milhão de moléculas. Mistura-se uma amostra de 0,500 g dessa preparação ativa (a atividade específica, corrigida para a radiação de fundo, é 25.000 cpm por g) com a amostra desconhecida. Dessa mistura se obtém 0,200 g de glicina pura com uma atividade de 1.250 contagens em 10 min. A radiação de fundo é 100 contagens por 5 min. Podem-se resumir os valores como se segue:

$$w = 0,500 \text{ g}$$
$$S_0 = 25.000 \text{ cpm por g}$$
$$A = wS_0 = 12\,500 \text{ cpm}$$
$$g = 0,200 \text{ g}$$
$$B = \frac{1.250}{10} - \frac{100}{5} = 105 \text{ cpm}$$

dos quais

$$W = g\,\frac{A}{B} - w = 0,200\,\frac{12,500}{105} - 0.500 = 28.3 \text{ g}$$

que é a massa procurada de glicina na amostra. Se w for desprezado [como na Eq. (16-7)], o erro resultante nesse exemplo particular será ao redor de 2%, enquanto o erro de contagem, calculado como detalhado no parágrafo anterior, estará ao redor de 3,5%.

Como uma ilustração posterior, examinemos o trabalho de Salyer e Sweet (ref. 15) sobre a determinação eletrogravimétrica de cobalto em aço ou outras ligas. A razão do uso da diluição isotópica foi que o cobalto, depositado *anodicamente* como Co_2O_3, forma uma camada pouco aderente; isso impede a determinação gravimétrica convencional, mas a perda de algumas partículas de óxido durante a lavagem e secagem não é objetada na diluição isotópica. São permissíveis outras simplificações como a substituição da lavagem e filtração quantitativas pela centrifugação. Construiu-se uma curva-padrão por adição de alíquotas iguais de ^{60}Co a amostras contendo várias quantidades de cobalto puro, depois eletrodepositando Co_2O_3 de uma maneira padronizada. Reforçou-se a amostra desconhecida com uma alíquota de ^{60}Co imediatamente após a dissolução da amostra. Foi necessário um tratamento químico a fim de remover elementos que pudessem interferir com a eletrólise. Então depositou-se o cobalto, o depósito foi pesado e contado, e determinou-se o cobalto na amostra original por referência à curva-padrão. Os desvios-padrão variaram de 0,005 a 0,025%.

O uso de uma curva-padrão dessa maneira tende a eliminar algumas fontes de erro, como ocorre com um branco em vários tipos de análises. Entretanto, em muitas aplicações, pode-se dispensar a curva e obter-se a resposta diretamente da Eq. (16-6) ou (16-7).

ANÁLISES RADIOMÉTRICAS (ref. 3)

Esse termo foi aplicado aos procedimentos analíticos em que uma substância radiativa é usada indiretamente para determinar a quantidade de uma substância inativa. Um exemplo excelente (ref. 9) é a determinação do íon-cloreto por pre-

314 Métodos instrumentais de análise química

cipitação com prata radiativa, ^{110}Ag. Pela diminuição da atividade de uma solução de nitrato de prata em seguida à remoção do cloreto de prata precipitado pela amostra desconhecida, calcula-se facilmente o conteúdo em cloreto. Um cálculo de amostra é fornecido no trabalho original. Podem-se determinar quantidades de cloreto extremamente pequenas com grande precisão através da medida da atividade do precipitado formado.

ESPECTROSCOPIA MÖSSBAUER (refs. 8, 18 e 19)

Essa expressão indica o estudo do fenômeno da fluorescência de ressonância de raios gama. É comparável à fluorescência de ressonância em regiões ópticas, mas envolve níveis de energia *intranucleares* e não eletrônicos. Uma característica importante dessa radiação, em condições ótimas para medida, é as linhas extremamente agudas. A ressonância dos raios gama do ^{67}Zn, por exemplo, tem uma largura na meia-altura de apenas $4,8 \times 10^{-11}$ eV, mas com um fóton de energia de aproximadamente 93 keV, menos que 1 parte em 10^{15}. Pode-se comparar isto com os raios X, Zn$K\alpha$, que têm uma largura na meia-altura de $4,7 \times 10^{-8}$ eV para um fóton de $1,2 \times 10^{-4}$ eV ou ao redor de 2,5 partes em 1.000.

Como as bandas de freqüência são tão estreitas, variações extremamente pequenas nos estados de energia dos núcleos absorventes podem deslocar a freqüência onde ocorre absorção de mais que a largura da linha da radiação primária, de modo que não ocorrerá absorção. O efeito do estado de combinação química nos níveis nucleares pode ser justamente dessa ordem de grandeza. Pode-se observar e medir esse *deslocamento químico* impondo um movimento de translação do emitente ou absorvente, de modo que o deslocamento Doppler resultante compensa exatamente o deslocamento químico. O movimento exigido chega a ser da ordem de alguns milímetros por segundo, e assim é facilmente realizável na prática.

Parece provável que a espectroscopia Mössbauer ocupe seu lugar entre outros métodos físicos, especialmente em estudos estruturais detalhados. O estudante deve procurar a extensa literatura já existente para um tratamento mais minucioso.

MEDIDAS DE SEGURANÇA

As pequenas quantidades de substâncias radiativas necessárias às experiências analíticas com traçadores em geral não apresentam os perigos da radiação, dos quais é difícil proteger-se. Isótopos beta ativos são seguros quando guardados em recipientes de metal ou vidro comum; quando fora desses recipientes, devem ser manejados com pinças e o operador deve usar luvas de borracha ou plástico. Emissores gama exigem maior proteção, talvez 2,5 cm de chumbo ou equivalente, dependendo da energia do fóton do isótopo específico. Nunca se permite pipetar essas soluções com a boca.

Sempre deverá se dispor de um medidor para inspeção radiométrica de modo que se possa conferir a limpeza de um derramamento acidental. Geralmente o perigo para o experimentador é menos real que a chance de contaminar o laboratório de modo que a contagem da radiação de fundo aumente excessivamente. A maior parte das substâncias traçadoras ativas é tão segura no uso no laboratório

Radiatividade como ferramenta analítica **315**

como substâncias muito mais familiares, por exemplo, benzeno e nitrato de prata. As medidas de segurança não são mais rigorosas, apenas de tipos diferentes.

As substâncias ativas em quantidades maiores que quantidades de traços, naturalmente, exigem medidas de segurança mais aperfeiçoadas cuja descrição é facilmente encontrada em outras obras.

PROBLEMAS

16-1   Deve-se ensaiar uma mistura de penicilina pelo método da diluição isotópica. Adiciona-se à amostra dada uma porção de 10,0 mg de penicilina radiativa pura que tem uma atividade de 4 500 cpm por mg, medida com um·determinado aparelho contador. É possível isolar da mistura apenas 0,35 mg de penicilina cristalina pura. Determina-se sua atividade no mesmo aparelho e é 390 cpm por mg. (Aplicaram-se correções para a radiação de fundo.) Qual é o conteúdo em penicilina da amostra original, em gramas?

16-2   De acordo com o método denominado de *diluição isotópica inversa*, adiciona-se uma massa w de um composto inativo a um preparado contendo uma quantidade desconhecida W de uma forma ativa do mesmo composto, que tem uma atividade específica S_0 conhecida. Isola-se então uma amostra em forma pura, pesa-se e conta-se exatamente como na diluição isotópica normal. Mostre matematicamente que a Eq. (16-6) se aplica igualmente a esse caso.

16-3   Um método para determinação simultânea de urânio e tório em minerais (ref. 4) exige: 1) medida combinada de U e Th por radiatividade e 2) determinação da razão Th/U por espectroscopia de emissão de raios X. Exprime-se a radiatividade combinada como "porcentagem equivalente em urânio", isto é, a quantidade de urânio na pechblenda necessária para dar uma atividade igual. Toma-se a razão Th/U como a razão das alturas dos picos das linhas de raios X: Th$L\alpha$ e U$L\alpha$. Os conteúdos em urânio e tório são dados pela relação $x + 0,2xy$ = porcentagem equivalente em U, onde x é o peso por cento em urânio; y, a razão dos pesos Th/U. Para um determinado contador 1% equivalente em urânio correspondem a 2.100 cpm acima da radiação de fundo. Uma amostra de 1,000 g de areia monazítica, quando preparada e contada de acordo com o procedimento-padrão, deu 2.780 cpm (corrigida em relação à radiação de fundo). Um Exame por raios X deu alturas de picos de 72,3 divisões de escala para Th$L\alpha$ e 1,58 divisão para U$L\alpha$. Calcule o conteúdo em urânio e tório da amostra, em termos de porcentagem em peso.

16-4   Em um estudo sobre a solubilidade de sais pouco solúveis é necessário determinar as concentrações de soluções de oxalato no intervalo de partes por milhão. Deve-se realizar esta análise radiometricamente por precipitação de $^{45}CaC_2O_4$. Calcule a concentração de oxalato (em partes por milhão) em uma amostra através do seguinte: prepara-se uma solução-padrão que é 0,680 F em $CaCl_2$ e que apresenta uma atividade de 20.000 cpm por ml (corrigida). A uma amostra de 100,0 ml da solução contendo traços de oxalato adicionam-se 5,00 ml da solução-padrão de cálcio. Não se forma precipitado visível, apenas uma leve turvação. Adicionam-se algumas gotas de uma solução de $FeCl_3$ e alcaliniza-se a solução com amônia para precipitar $Fe(OH)_3$. O precipitado é recolhido por sucção num pequeno papel de filtro, lavado, seco e contado. Através de uma experiência prévia, sabe-se que o aparelho contador apresenta 30% de eficiência para raios beta de ^{45}Ca. O tempo exigido para uma contagem predeterminada de 6.000 é 19,00 min. A radiação de fundo é 150 contagens em 5 min. (Não é necessário aplicar uma correção de eficiência à solução-padrão.)

16-5   Descreveu-se um método (ref. 6) para a determinação dos produtos de oxidação do propano pelo método de diluição isotópica inversa. A amostra a oxidar-se é o propano-2-^{14}C. Encontrou-se entre os produtos uma considerável quantidade de 2-propanol-^{14}C. Adicionou-se à mistura dos produtos uma quantidade medida de 2-propanol inativo e isolou-se uma porção por fracionamento convencional. Obtiveram-se os seguintes valores. (O símbolo μc significa *microcuries*, outra unidade para atividade.)

Quantidade de 2-propano-^{14}C	10 mmol
Atividade específica do propano	72,8 μc/mmol
Propanol inativo adicionado	16 mmol
Atividade específica do propanol	5,8 μc/mmol

Calcule a porcentagem de propano que foi convertida em propanol.

316 Métodos instrumentais de análise química

16-6 Deve-se medir a radiação beta de uma fonte ativa com um contador Geiger. O máximo de incerteza permitido é de $\pm 1\%$. As contagens registradas para a amostra e para a radiação de fundo ao fim de sucessivos períodos de 5 min são:

Tempo, min	0	5	10	15	20	25	30
Radiação de fundo/min	0	127	249	377	502	672	793
Amostra, contagem/min	0	2.155	4.297	6.451	8.602	10.749	12.907

a) Qual é o tempo mínimo em que se devem fazer as contagens para dar a precisão exigida? b) Por quanto tempo deveria se contar a radiação de fundo? c) Qual é a contagem corrigida real em contagens por minuto, com limites de precisão?

REFERÊNCIAS

1. "Guide to the Use of Ge(Li) Detectors". Princenton Gamma-Tech. Inc.. Princenton. Nova Jérsei, 1967.
2. Boyd, G. E.: *Anal. Chem.*, **21**: 335 (1949).
3. Braun, T. e J. Tölgyessy: *Talanta*, **11**: 1277 (1964).
4. Campbell, W. J. e H. F. Carl: *Anal. Chem.*, **27**: 1884 (1955).
5. Choppin, G. R.: "Experimental Nuclear Chemistry", Prentice-Hall, Inc., Englewood Cliffs, Nova Jérsei, 1961.
6. Clingman, Jr., W. H. e H. H. Hammen: *Anal. Chem.*, **32**: 323 (196^d).
7. Deisler, Jr., P. F., K. W. McHenry, Jr. e R. H. Wilhelm: *Anal. Chem.*, **27**: 1366 (1955).
8. Friedlander. G.: J. W. Kennedy e J. M. Miller: "Nuclear and Radiochemistry", 2.ª ed.. John Wiley & Sons. Inc.. New York, 1964.
9. Hein, R. E. e R. H. McFarland: *J. Chem. Educ.*, **33**: 33 (1956).
10. Jacobs, R. B.; L. G. Lewis e F. J. Piehl: *Anal. Chem.*, **28**: 324 (1956).
11. Kuyper, A. C.: *J. Chem. Educ.*, **36**: 128 (1959).
12. Lyon, W. S., Jr., (ed.): "Guide to Activation Analysis", D. Van Nostrand Company, Inc., Princeton, Nova Jérsei, 1964.
13. Meinke, W. W.: *Science*, **121**: 177 (1955); *Anal. Chem.*, **30**: 686 (1958).
14. Prussin, S. G.; J. A. Harris e J. M. Hollander: *Anal. Chem.*, **37**: 1127 (1965).
15. Salyer, D. e T. R. Sweet: *Anal. Chem.*, **28**: 61 (1956); **29**: 2 (1957).
16. Smith, V. N. e J. W. Otvos: *Anal. Chem.*, **26**: 359 (1954).
17. Taylor, T. I.; R. H. Anderson e W. W. Havens, Jr.: *Science*, **114**: 341 (1951).
18. Wertheim, G. K.: *Science*, **144**: 253 (1964).
19. Wertheim, G. K.: "Mössbauer Effect: Principles and Applications", Academic Press Inc., New York, 964.

17 Espectrometria de massa

O espectrômetro de massa é um instrumento que seleciona moléculas de gás carregadas (íons) de acordo com suas massas. Não há ligação real com a espectroscopia óptica, mas escolheram-se os nomes *espectrômetro de massa* e *espectrógrafo de massa* por analogia porque os primeiros instrumentos produziam um registro fotográfico que parecia um espectro óptico de linha.

Planejaram-se vários métodos distintos para produzirem espectros de massa. Em todos, os íons são produzidos por colisão de elétrons, que se movem rapidamente com as moléculas do gás a ser analisado (ref. 5). As colisões entre elétrons e moléculas produzem quase sempre íons positivos em vez de negativos; com moléculas orgânicas, a razão dos íons positivos para negativos é da ordem de 1.000:1; dessa forma, nossa discussão se restringirá apenas à análise dos íons positivos.

Se a amostra a se analisar apresentar pressão de vapor apreciável, ela é introduzida no instrumento por difusão através de um pequeníssimo orifício chamado *escape*. Se não for volátil, se vaporizará uma pequena porção com um arco elétrico ou faísca por aquecimento com *laser* ou outros processos.

A Fig. 17.1 mostra uma fonte típica de impacto eletrônico. Um feixe de elétrons emitido pelo filamento aquecido de tungstênio ou de rênio penetra através de um orifício em uma região central que contém a amostra gasosa. Aqueles elétrons que não colidem com as moléculas são capturados por meio de uma armadilha para elétrons. As moléculas que não se ionizam são removidas com uma bomba de alto vácuo que trabalha continuamente.

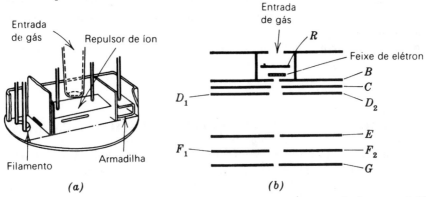

Figura 17.1 — Fonte de íons do tipo de impacto de elétron para espectrometria de massa. *a*) Câmara de ionização; *b*) diagrama esquemático da fonte, mostrando o repulsor de íons R, a placa C expulsora, as meias-placas focalizadoras D, as placas colimadoras E e G, as meias-placas centradoras do feixe F (McGraw-Hill Book Company, N. Y.)

Os íons e aqueles elétrons que foram retardados pela colisão encontram-se num campo elétrico aplicado entre o *repelente* R (positivo) e a placa de *remoção* C (negativa). As outras placas (B, D, F e G) servem para centrar o feixe de íons e limitar sua divergência. Chama-se o conjunto de *canhão iônico*.

Até esse ponto, todos os tipos de espectrômetros de massa são essencialmente os mesmos. A escolha do planejamento do resto do instrumento se relacionará às exigências 1) do intervalo de massas que se deve abranger, 2) da resolução e 3) da sensibilidade.

Infelizmente o termo *resolução* não é usado sempre com o mesmo sentido. Seguiremos a definição mais ampla: define-se a resolução como a razão $M/\Delta M$, onde ΔM é a diferença nos números de massa, que dará um vale de 10% entre os picos de números de massa M e $(M + \Delta M)$ (Fig. 17.2), onde os dois picos são de igual altura. Considera-se a resolução satisfatória se $\Delta M \not> 1$. Assim, se esse critério for usado para massas até 600 e 601, a *unidade de resolução* é 600.

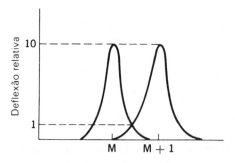

Figura 17.2 — Ilustrando a definição de resolução em espectrometria de massa

Geralmente, a resolução não é uniforme em toda a escala de massa que se pode detectar, tornando-se mais pobre para números de massas maiores. Em alguns instrumentos, especifica-se a unidade de resolução como a massa máxima observável e pode-se esperar que seja melhor para massas menores. Em outros, o valor da unidade de resolução pode ser muito maior que a massa máxima observável, o que torna possível diferenciar espécies em que a diferença de massa é correspondentemente menor que uma unidade de massa.

Consideremos agora individualmente os vários tipos de espectrômetros de massa.

ESPECTRÔMETROS DE FOCALIZAÇÃO ELETROMAGNÉTICA (ref. 6)

No tipo mais conhecido do instrumento, conduz-se o feixe de íons no interior de uma câmara evacuada através de um poderoso campo magnético que força os íons a seguirem trajetórias circulares. A Fig. 17.3 mostra um exemplo desse tipo de espectrômetro.

Os íons durante sua aceleração pelo campo elétrico no canhão iônico adquirem energia E dada pela equação

$$E = eV \tag{17-1}$$

onde e representa a carga do íon e V, o potencial aplicado. E será igual à energia cinética dos íons emergentes do canhão, de modo que

$$E = eV = 1/2\, mv^2 \tag{17-2}$$

Espectrometria de massa

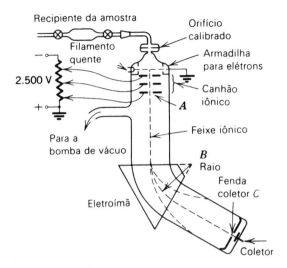

Figura 17.3 — Diagrama esquemático do setor magnético de um espectrômetro de massa de setor magnético

onde m representa a massa do íon e v, sua velocidade. O rearranjo algébrico fornece

$$v = \sqrt{2V\frac{e}{m}} \qquad (17\text{-}3)$$

que mostra que os íons se movem com velocidades determinadas pela razão carga-massa, e/m.

Como esses íons se movem dentro de um campo magnético (com incidência perpendicular ao limite do campo), eles são espalhados numa série de trajetórias circulares. A força magnética (centrípeta) agindo sobre o íon é

$$F = Hev \qquad (17\text{-}4)$$

onde H é a força do campo magnético. Essa força é igual à força centrífuga

$$F = Hev = \frac{mv^2}{r} \qquad (17\text{-}5)$$

sendo r o raio de curvatura da trajetória. Como os íons penetram no campo magnético com velocidades dadas pela Eq. (17-3), podemos escrever para o raio

$$r = \frac{mv}{He} = \frac{v}{He}\sqrt{2V\frac{e}{m}} = \frac{1}{H}\sqrt{2V\frac{m}{e}} \qquad (17\text{-}6)$$

A construção do aparelho (Fig. 17.3) é tal que apenas os íons cujas trajetórias têm determinados raios de curvatura podem penetrar no elétrodo coletor. A Eq. (12-6) mostra que, para determinados valores de V e H, serão coletados aqueles íons que têm um valor determinado para a razão m/e.

Como se produzem os íons por remoção de elétrons de espécies neutras, a carga de qualquer íons deve ser um pequeno múltiplo inteiro da carga eletrônica unitária. Na prática, a carga mais comum é 1; menos freqüentemente, 2 e raramente, maior que duas unidades de elétrons, de modo que se pode considerar unitária a quantidade e na Eq. (17-6). Isso significa que se podem recolher os íons de qualquer massa desejada por ajuste apropriado da voltagem de aceleração V ou do campo magnético H.

Não há um processo conveniente pelo qual o feixe de íons possa ser verdadeiramente colimado, mas é possível limitar seu ângulo de divergência com um diafragma circular ou de fenda. Pode-se mostrar que esse feixe divergente será conduzido a um foco no diafragma ou anteparo em frente ao coletor, desde que se situem em linha reta a fonte do íon A, o ápice do setor magnético B e a fenda do coletor C, como se indica na Fig. 17.3.

No instrumento da Fig. 17.3, mostra-se um ângulo setorial de 60° para o campo magnético. Usa-se essa forma em vários espectrômetros de massa comerciais, mas outros ângulos fornecem focalização igualmente boa e vários fabricantes usam ângulos de 90° ou 180°. Pode-se varrer o intervalo de massa por variação progressiva de V com H constante, ou o inverso; os dois processos são quase igualmente efetivos. O sinal recebido pelo coletor é amplificado eletronicamente e usado para operar um registrador automático. A Fig. 17.4 mostra uma válvula de um espectrômetro de 60° antes da instalação.

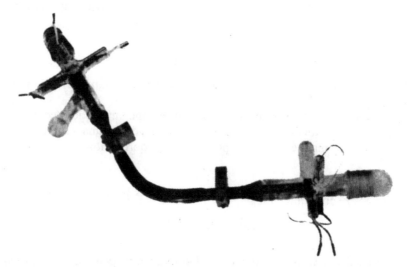

Figura 17.4 — Um tubo de espectrômetro de massa de 60°. O canhão de elétrons e as ligações do acelerador, junto com o braço lateral para ligar na bomba, aparecem à esquerda, e o elétrodo coletor em baixo, à direita (General Electric Co., Schenectady, N. Y.)

Mostra-se na Fig. 17.5 um espectro típico de vapor mercúrio, como se determina em um instrumento de focalização magnética a 60°. Observar que a resolução é suficientemente grande para mostrar os isótopos individuais presentes. De fato, quase todas as informações que temos sobre os isótopos estáveis foram obtidas por meio do espectrômetro de massa.

O poder de resolução do instrumento descrito acima é bem adequado para uma grande proporção das aplicações analíticas, mas não para todas. Ele pode

Espectrometria de massa

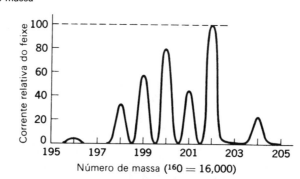

Figura 17.5 − Espectro de massa do vapor de mercúrio, mostrando os isótopos, como se determina com o espectrômetro de massa de setor magnético (General Electric Co., Schenectady, N. Y.)

diferenciar entre números de massa sucessivos da ordem de 1.500 em instrumentos particularmente bem planejados apesar de que 500 é um valor mais realista para muitos instrumentos. A aplicação à química orgânica quase nunca exige massas acima de 500 porque moléculas com essa massa não se podem volatilizar sem decomposição em fragmentos menores.

Todavia existem aplicações importantes que exigem uma resolução bem mais elevada, se bem que não necessariamente com números de massa maiores. Um exemplo é a necessidade de se distinguir entre fragmentos que possuem igual massa nominal mas que contêm diferentes elementos de modo que as massas reais diferem por uma pequena fração de uma unidade de massa. Pode-se obter um poder de resolução maior usando dois analisadores de massa em série. O primeiro analisador geralmente é eletrostático; o segundo, magnético. O analisador eletrostático consiste de um par de placas metálicas curvadas com um potencial de c.c. aplicado a elas. O feixe de íons passa entre as placas através do campo radial V e sofre deflexão em uma órbita circular com raio r dada por

$$r = \frac{mv^2}{eV} \qquad (17\text{-}7)$$

de maneira que

$$v = \sqrt{Vr\frac{e}{m}} \qquad (17\text{-}8)$$

que é análoga à Eq. (17-3). A Eq. (17-7) mostra que, para um determinado campo elétrico, os íons se dispersam de acordo com suas energias cinéticas. Se o ângulo subentendido pelo campo cilíndrico for escolhido corretamente, os íons emergentes de cada conteúdo de energia se colimarão, isto é, seguirão trajetórias paralelas. Se os íons agora passam por um analisador magnético de forma conveniente, todos os que possuem uma determinada razão m/e são conduzidos a um foco comum, independentemente da sua energia cinética inicial.

O projeto mais amplamente usado, entre vários dessa natureza, é o criado por Mattauch e Herzog (ref. 4), ilustrado na Fig. 17.6*.

*White e Forman (ref. 15) publicaram uma descrição de um espectrômetro de pesquisa especializado constituído de quatro unidades, duas eletrostáticas e duas magnéticas. A resolução é tão grande que não se pode aplicar o critério usual; a contribuição dos íons de massa 149 ao sinal da 150 é da ordem de 1 parte em 10^8.

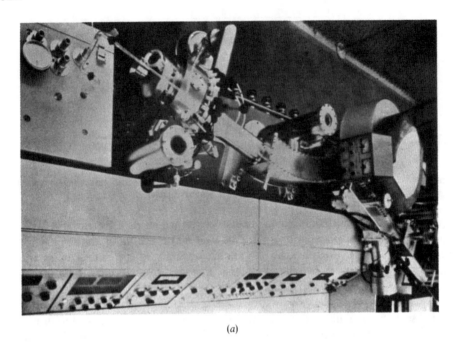

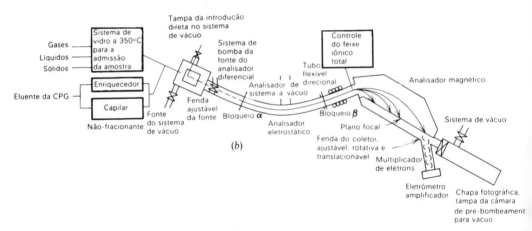

Figura 17.6 — Um espectrômetro de massa de alta resolução Mattauch-Herzog, a) fotografia e b) esquemático: o Consolidated 21-110B. Orienta-se a fotografia para apresentar a relação geométrica para a esquemática (Consolidated Electrodynamics Corporation, Pasadena, Califórnia)

A Fig. 17.7 mostra um exemplo de espectro de massa de uma mistura de várias substâncias que fornecem espécies iônicas de mesma massa nominal, como se observa em um espectrômetro de foco duplo.

FOCALIZAÇÃO CICLOIDAL (ref. 6)

Obtém-se uma outra geometria que permite focalização dupla (eletrostática e magnética) pela superposição de dois campos na mesma região do espaço. A fonte

Espectrometria de massa

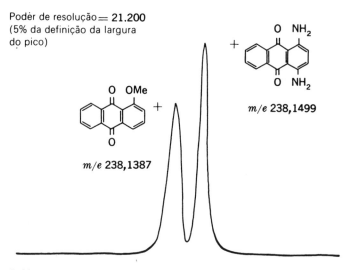

Figura 17.7 — *Dublete* de massa 238 dos picos originados de 1-metoxiantraquinona e 1,4-diaminoantraquinona, obtidos com um espectrômetro de massa de foco duplo, EAI-MS9 (Picker X-Ray Corporation, White Plains, N. Y.)

ionizante deve ser imersa no campo magnético e no limite do campo elétrico e o alvo é imerso em ambos. Como resultado, os íons se movem apenas no interior dos campos, eliminando, assim, os inconvenientes efeitos das bordas. Nessas condições, pode-se mostrar que os íons seguem uma trajetória *cicloidal*, como na Fig. 17.8 e que aqueles que incidem na fenda do coletor serão caracterizados pela razão

$$\frac{m}{e} = \frac{kH^2}{V} \quad (17\text{-}9)$$

onde k é uma constante que depende da geometria do conjunto.

O arranjo cicloidal é de dupla focalização, apesar de não no mesmo sentido dos instrumentos Mattauch-Herzog. Os dois tipos porém conduzem os íons a um foco, independentemente das variações de energia cinética que eles possam apresentar ao deixarem o canhão iônico.

ESPECTRÔMETROS DE TEMPO DE TRÂNSITO (TDT) (refs. 6 e 16)

Os instrumentos previamente descritos produzem um feixe de íon constante para qualquer posição dos controles. É possível contudo aplicar o potencial acelerador intermitentemente e conseqüentemente separar o feixe em pulsos. Isto permite selecionar os íons de acordo com suas velocidades, o que é equivalente à separação de massa, sem necessidade de um campo magnético. Um aparelho que executa isso, o espectrômetro de tempo de trânsito da Bendix, é mostrado esquematicamente na Fig. 17.9. Um feixe de elétrons ioniza a amostra gasosa que entra como nos outros espectrômetros. Aplica-se à "grade de foco iônico" um potencial de aceleração da ordem de 100 V em forma de uma pulsação de voltagem durante $1\mu s$, ou menos, a qual se repete milhares de vezes por segundo. Essa pulsação positiva acelera os íons para fora da grade onde eles são recolhidos pelo campo da "grade de energia

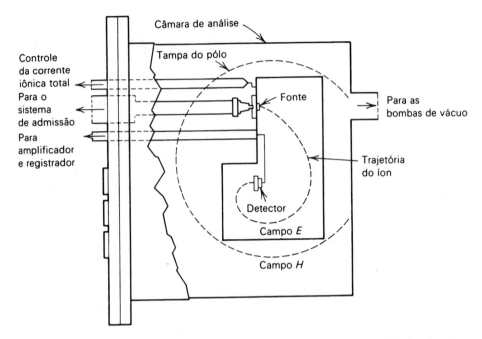

Figura 17.8 — Esquema de um espectrômetro de massa de focalização cicloidal (Varian Associates, Palo Alto, Califórnia)

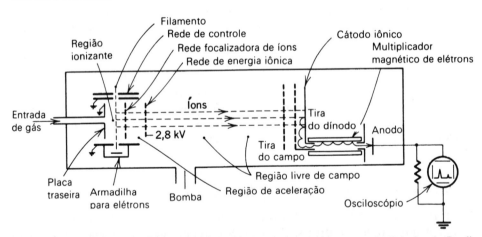

Figura 17.9 — Diagrama esquemático do espectrômetro de massa de Tempo de Trânsito da Bendix (Bendix Corporation, Cincinnati, Ohio)

iônica". Todos os íons recebem a mesma energia, portanto a velocidade que adquirem é proporcional a $\sqrt{e/m}$ [cf. Eq. (17-3)]. Deixamos os íons serem impulsionados com uma velocidade constante em uma região livre do campo (40 cm ou por aí), após o que eles entram em um multiplicador magnético de elétrons. O tempo de trânsito através do espaço de impulso é $T = k\sqrt{m/e}$, onde k é uma constante que depende da distância e dos parâmetros do canhão iônico. O valor de k não é distante da unidade se se tomar T em microssegundos; m, em unidades de massa atômica; e *e*, em unidades iguais às da carga de um elétron. Uma molécula de nitrogênio carregada unitariamente terá portanto um tempo de trânsito de aproximadamente $\sqrt{28} = 5{,}30\,\mu s$; enquanto que para uma molécula de oxigênio carregada unitariamente, $T = \sqrt{32} = 5{,}66\,\mu s$ e para um íon de xenônio, $T = \sqrt{132} = 11{,}50\,\mu s$.

Depois que os íons passaram através do espaço livre do campo, eles são posteriormente acelerados por um potencial negativo de 1.000 V ou mais no cátodo multiplicador magnético de elétrons. Os íons bombardeiam o cátodo e causam a emissão de elétrons, que seguem trajetórias curvas devidas ao campo magnético aplicado, e se chocam repetidamente com um elétrodo secundário de alta resistência (dínodo) onde se repete o processo várias vezes. Aplica-se a saída do ânodo do multiplicador às placas de deflexão vertical de um osciloscópio de raios catódicos que possui sua varredura horizontal sincronizada com a pulsação do acelerador. O resultado é a exibição do espectro de massa na válvula do osciloscópio como indicado na Fig. 17.10. Pelo critério da Fig. 17.2, a resolução é da ordem de 400.

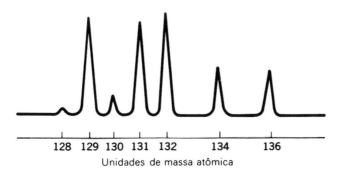

Figura 17.10 — Traçado em um osciloscópio mostrando os isótopos do xenônio, determinados com o espectrômetro Bendix (Bendix Corporation, Cincinnati, Ohio)

ESPECTRÔMETROS DE MASSA QUADRUPOLAR (refs. 1 e 6)

Esse é outro dispositivo no qual se podem analisar os íons de acordo com sua razão m/e sem a necessidade de um grande ímã. Consiste de quatro hastes metálicas, exatamente retas e paralelas, em tal posição que o feixe de íons se dirige para o centro do arranjo (Fig. 17.11). Ligam-se as hastes diagonalmente opostas entre si eletricamente e os dois pares e polos opostos de uma fonte de c.c. e simultaneamente a um oscilador de radiofreqüência.

Nem o campo de c.c. nem o de c.a. têm uma componente paralela às hastes, assim não interferem no movimento para a frente dos íons, mas produzem movimentos laterais devidos aos campos interagentes. Pode-se analisar isto em termos do sistema de coordenadas da Fig. 17.12. Se as hastes apresentarem seção transversal hiperbólica simétrica, o potencial ϕ em um ponto qualquer (x, y) será dado em função do tempo t pela equação

$$\phi = \frac{(V_{cc} + V_0 \cos \omega t)(x^2 - y^2)}{r^2} \qquad (17\text{-}10)$$

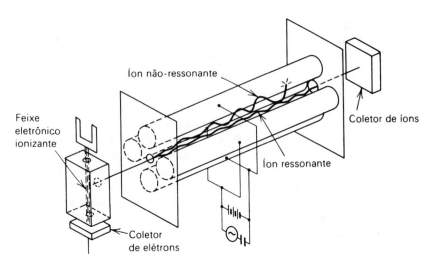

Figura 17.11 — Esquema do espectrômetro de massa quadrupolar. Neste aparelho consegue-se a varredura variando a freqüência de rádio ou os valores das voltagens de rf e de c.c. (Research/Development)

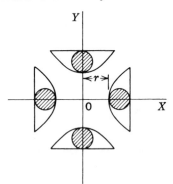

Figura 17.12 — Geometria das hastes em um espectrômetro de massa quadrupolar. O eixo Z, ao longo do qual os íons se movem, é perpendicular ao plano do papel

onde V_{cc} é o potencial contínuo aplicado; V_0, a amplitude da voltagem alternada de freqüência ω radianos por segundo; e r, o parâmetro definido na figura. Essa relação conduz a uma boa aproximação mesmo se se substituírem as hastes hiperbólicas por cilíndricas, mais baratas.

A força que age lateralmente em um íon de carga unitária e é obtida diferenciando com respeito a x e y:

$$F_x = -e\frac{\partial \phi}{\partial x} = -e\frac{(V_{cc} + V_0 \cos \omega t)2x}{r^2}$$
$$F_y = -e\frac{\partial \phi}{\partial y} = +e\frac{(V_{cc} + V_0 \cos \omega t)2y}{r^2}$$
(17-11)

Então, como a aceleração deve-se igualar à razão força/massa, podemos escrever as equações do movimento de um íon de massa m e carga e,

$$\frac{d^2x}{dt^2} + \frac{2}{r^2}\left(\frac{e}{m}\right)(V_{cc} + V_0 \cos \omega t)x = 0$$
$$\frac{d^2y}{dt^2} - \frac{2}{r^2}\left(\frac{e}{m}\right)(V_{cc} + V_0 \cos \omega t)y = 0$$
(17-12)

Espectrometria de massa **327**

Essas últimas equações indicam que os movimentos dos íons terão um componente periódico de freqüência ω mas que também serão dependentes da razão e/m. Um tratamento matemático mostrará que para $V_{cc}/V_0 < 0{,}168$ haverá apenas um estreito intervalo de freqüências, onde as trajetórias iônicas são estáveis (isto é, não-divergentes) em relação a ambas as coordenadas x e y; os íons fora desse intervalo colidirão com um ou outro conjunto de hastes. Obtém-se resolução máxima quando a razão V_{cc}/V_0 se aproxima tanto quanto possível do valor-limite, $0{,}168$. Se se permitir que a razão se torne maior, não existirá freqüência para a qual resulte uma trajetória estável, independentemente do valor de e/m. Alternativamente, consegue-se a seleção de massa mantendo a freqüência fixa e variando os potenciais de c.c. e de rf, mas mantendo a razão entre eles cuidadosamente constante. O feixe de íons selecionado é recebido em uma placa anódica e amplificado.

Um exemplo de espectrômetro de massa quadrupolar é o EAI Quad 300*. Esse instrumento é equipado com hastes analisadoras de 19,0 cm de comprimento. Ele cobre massas de 1 a 500 em três intervalos com resolução unitária ou melhores; o tempo de varredura varia de 500 μs a 30 min. O espectro é apresentado em um osciloscópio ou em um registrador de tira de papel. Um espectro obtido com esse instrumento é mostrado na Fig. 21.13.

ESPECTRÔMETROS DE RADIOFREQÜÊNCIA (ref. 6)

Há vários modos de se separar íons de diferentes massas usando campos de radiofreqüência. Pode-se considerar um deles, desenvolvido por Bennett, como precursor do espectrômetro de tempo de trânsito, com uma onda senoidal de alta *freqüência*, em vez de uma pulsação aplicada à grade de controle. Alimenta-se com a mesma fonte de rf outra grade entre o espaço de impulso e o detector com relações de fase cuidadosamente ajustadas a fim de garantir a resolução dos grupos de íons. Isso é raramente usado hoje, pelo menos com fins analíticos.

Um outro sistema, de maior aplicação, é o espectrômetro *ciclotron*, ou de *íon ressonante*, também chamado *omegatron* (ref. 13). Submete-se um espaço em forma de caixa (Fig. 17.13) simultaneamente a um campo magnético constante e a um campo eletrostático alternando em radiofreqüência. Os íons se formam no centro desse espaço pelo impacto eletrônico. Eles são então acelerados primeiro de uma maneira e depois de outra pelo campo de alta freqüência e percorrem trajetórias circulares no campo magnético. O resultado é uma expansão da trajetória em espiral. Eventualmente, um elétrodo coletor intercepta o feixe de íons. Para que os íons se choquem no detector, sua razão m/e deve satisfazer às equações que se seguem. O efeito do campo magnético, como enunciado na Eq. (17-5), é $He = mv/r$. Podemos substituir a velocidade linear v por seu equivalente ωr, onde ω é a velocidade angular ou $2\pi fr$ e f (igual à $\omega/2\pi$) é a freqüência em hertz. Rearranjando, obtemos a relação de trabalho

$$\frac{m}{e} = \frac{H}{2\pi f} \tag{17-13}$$

*Electronic Associates, Inc., Palo Alto, Califórnia.

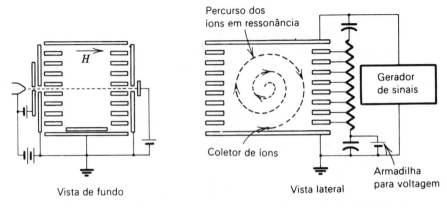

Figura 17.13 — Diagrama esquemático do omegatron (Physical Review)

A resolução varia inversamente com a massa do íon e é adequada para diferenciar isótopos.

Niemann e Kennedy (ref. 11) descreveram um omegatron simplificado projetado para medir a densidade do nitrogênio molecular na atmosfera superior através de vôos de foguetes; seu trabalho inclui interessantes detalhes de planejamento, a escolha de parâmetros de operação e métodos de teste.

COMPARAÇÃO ENTRE ESPECTRÔMETROS DE MASSA

A Tab. 17.1 fornece uma comparação grosseira entre alguns espectrômetros de massa encontrados comumente no mercado. Para cada classe de instrumento, incluem-se dois exemplos: um bem complicado e outro mais simples (onde essa distinção for apropriada).

Tabela 17.1 — Comparação de espectrômetros de massa

Tipo	Intervalo m/e	Resolução unitária
Setor magnético simples	1–2.000	1.500
	2–300	120
Mattauch-Herzog, foco duplo	1–6.400	25.000
	1–2.000	30.000
Cicloidal, foco duplo	10–2.000	1.000
	2–230	200
Tempo de trânsito	1–1.200	250
	1–10.000	75
Quadrupolar	1–500	500
	1–120	100
Omégatron	1–280	700
	2–50	50

Espectrometria de massa

329

APLICAÇÕES

Os espectrômetros de massa são muito úteis em vários campos. Pequenas unidades sem capacidade de varredura possuem largo uso como *detectores de escape*. Na fábrica, fixam-se os parâmetros instrumentais de modo que só o hélio seja detectado. Pode-se ligar o instrumento a um sistema de vácuo sob teste e introduz-se um fino jato de hélio por quaisquer juntas ou lugares suspeitos de vazamento. Uma vantagem é a localização de vários vazamentos sem necessidade de reparação do primeiro antes de procurar o próximo.

Uma outra aplicação particular para espectrômetros de intervalo de massa limitado é como *analisador de gás residual*. O espectrômetro de massa, para essa finalidade, equivale a um manômetro muito sensível que pode determinar não apenas a pressão total residual em uma câmara "evacuada" mas também a pressão parcial de cada gás presente.

As aplicações químicas também são variadas. Já foi mencionada a pesquisa histórica dos isótopos naturais. Por exemplo, pode-se determinar a variação isotópica em minérios de chumbo, um problema de grande significação em geologia, por exame do espectro de massa do tetrametil derivado com um erro inferior a 1%.

No estudo de compostos (refs. 2 e 12) orgânicos ou não, observa-se sempre fragmentação*. Quando um composto em fase de vapor é injetado no espectrômetro, o bombardeamento por elétrons quebra as moléculas em fragmentos de todos os modos possíveis, originando íons positivos de uma série inteira de massas. Por exemplo, *n*-butano (C_4H_{10}) produz todos os íons registrados na Tab. 17.2

Tabela 17.2 — Diagramas de fragmentação do *n*-butano, relativo à massa 58 = 100

Massa	Íons	Intensidade	Massa	Íons	Intensidade
59	$C_4H_9D^+$, $^{12}C_3\,^{13}CH_{10}^+$	9	43	$C_3H_7^+$	700
58	$C_4H_{10}^+$	100	42	$C_3H_6^+$	96
57	$C_4H_9^+$	24	41	$C_3H_5^+$	210
56	$C_4H_8^+$	11	40	$C_3H_4^+$	22
55	$C_4H_7^+$	12	39	$C_3H_3^+$	107
54	$C_4H_6^+$	5	38	$C_3H_2^+$	19
53	$C_4H_5^+$	11	37	C_3H^+	10
52	$C_4H_4^+$	6	30	$C_2H_4D^+$, $^{12}C\,^{13}CH_5^+$	13
51	$C_4H_3^+$	12	29	$C_2H_5^+$, $C_4H_{10}^{++}$	319
50	$C_4H_2^+$	13	28	$C_2H_4^+$	234
49	C_4H^+	6	27	$C_2H_3^+$	277
44	$C_3H_6D^+$, $^{12}C_2\,^{13}CH_7^+$	33	26	$C_2H_2^+$	50

e estes são observados no espectro de massa resultante. Como é característico do espectrômetro de massa, que não pode diferenciar entre um íon de carga unitária com uma dada massa e um íon de carga dupla com massa dupla, os íons que produzem um registro de número de massa 29, na Tab. 17.2 podem ser em parte, por

---

*N. do T. Deve-se consultar a excelente obra em português de autoria do prof. dr. Otto R. Gottlieb intitulada "Introdução à espectrometria de massa das substâncias orgânicas", editada pela Universidade Federal do Rio de Janeiro, para efetuar um estudo detalhado sobre os mecanismos de fragmentação dos compostos orgânicos.

exemplo, $C_2H_5^+$ e em parte $C_4H_{10}^{++}$. Além disso, a presença de vários isótopos de cada elemento complica o registro. Assim, a tabela inclui o número de massa 59, que corresponde a íons $C_4H_{10}^+$ onde um carbono ou um hidrogênio é uma unidade mais pesada que o normal. Explicam-se os íons de massas 44 e 30 de modo semelhante. A abundância relativa dos íons de várias massas é característica de um determinado composto sob condições específicas de excitação e é conhecida como *diagrama de fragmentação*. Os valores da abundância podem ser um pouco diferentes se observados com outro instrumento ou quando se usa um potencial de ionização ou aceleração diferentes.

A Fig. 17.14 é uma reprodução de um traçado real de parte do espectro do *n*-butano, como se registrou num espectrômetro de setor magnético. Obtêm-se traçados com galvanômetros de feixes de luz de quatro sensibilidades diferentes, um dispositivo que permite um intervalo dinâmico muito maior que permitiria

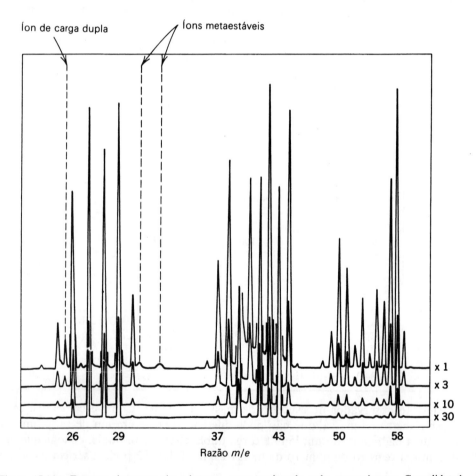

Figura 17.14 — Espectro de massa do *n*-butano, como registrado pelo espectrômetro Consolidated Modelo 21-103. Os traçados simultâneos registrados por galvanômetros de diferentes sensibilidades fornecem um intervalo dinâmico acima de 30.000 (Consolidated Electrodynamics Corporation, Pasadena, Califórnia)

Espectrometria de massa

331

um único registrador sem os incômodos acessórios de variação de intervalo. Observar que o pico de massa 43 (o maior na Tab. 17.2) é registrado apenas pelo traçado do galvanômetro menos sensível, enquanto que os picos menores (por exemplo, massa 30) exigem o mais sensível. (Obtiveram-se os valores tabulados com um instrumento diferente daquele cujo traçado aparece na Fig. 17.14.)

Uma dificuldade experimental que aparece às vezes é a calibração da escala de massa. Com compostos de massa molecular relativamente pequena, freqüentemente pode-se admitir que o pico mais forte, de maior número de massa visto no espectro, excedido apenas por um ou dois pequenos picos-"satélite", identificará o número de massa do próprio composto, isto é, geralmente chamado *pico-origem*. A presença de isótopos mais pesados causa os picos-satélite. Essa regra algumas vezes falha quando alguma ligação na molécula é particular e facilmente desfeita. Dos espectros ilustrados neste capítulo, a regra é seguida pelo n-butano (Fig. 17.4), álcool isobutílico, mas não pelos outros álcoois butílicos (Fig. 17.15). A regra não se aplica a compostos nos intervalos de massa mais elevados, que sempre se fragmentam. Nesses casos, especialmente com espectrômetros de focalização dupla, é útil introduzir uma pequena quantidade de *perfluoroquerosene* (PFQ) como indicador de massa. O PFQ é especialmente conveniente para isso porque suas moléculas constituintes se fragmentam facilmente para dar grande número de picos de massa identificáveis; o fato de o flúor possuir um único isótopo simplifica a interpretação. Assim, PFQ executa um papel comparável ao do espectro de ferro-padrão na espectrografia de emissão. McLafferty (ref. 10) publicou uma lista de 73 fragmentos de PFQ (descritos como um espectro "parcial").

O diagrama de fragmentação de um composto reflete a estabilidade relativa de grupos de átomos na molécula e a facilidade relativa de rompimento de várias ligações. Portanto, é justamente um instrumento válido tanto para a análise qualitativa quanto para a quantitativa e no esclarecimento de estruturas covalentes, como ocorre com um espectro de absorção no infravermelho. Os picos individuais são geralmente bem resolvidos e não precisamos considerar a superposição.

Podem-se analisar as misturas por comparação com espectros de compostos de referência determinados nas mesmas condições. A Fig. 17.15 mostra os diagramas de fragmentação para os quatro álcoois butílicos isômeros (ref. 7). O espectro obtido de uma mistura desses isômeros é apresentado na Fig. 17.16. O pico de massa 56 é quase que inteiramente devido ao álcool normal. Os picos a 45, 59 e 74 servirão para medir as quantidades dos álcoois secundário, terciário e isobutílico, nessa seqüência; mas em cada caso deve-se fazer uma correção para contribuições significativas de outros isômeros. A solução desse problema envolve quatro equações simultâneas, como se segue:

Seja x_1 a contribuição relativa do álcool n-butílico,

x_2 a do álcool *terc*-butílico,

x_3 a do álcool *sec*-butílico e

x_4 a do álcool isobutílico.

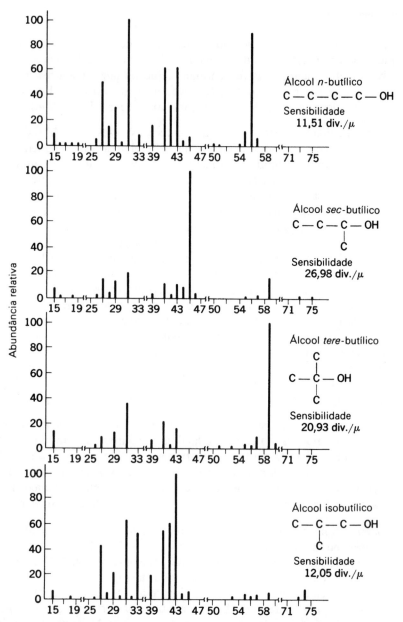

Figura 17.15 – Diagramas de fragmentação dos álcoois butílicos isômeros (Analytical Chemistry)

Então (usando valores das tabelas originais que serviram para construir os gráficos das Figs. 17.15 e 17.16), podemos escrever

$$M_{56} = 1,267 = 0,9058x_1 + 0,0147x_2 + 0,0102x_3 + 0,0246x_4$$
$$M_{59} = 3,015 = 0,0026x_1 + 1,0000x_2 + 0,1778x_3 + 0,0498x_4$$
$$M_{45} = 3,226 = 0,0659x_1 + 0,0059x_2 + 1,0000x_3 + 0,0503x_4$$
$$M_{74} = 0,148 = 0,0079x_1 + 0,0000x_2 + 0,0029x_3 + 0,0906x_4$$

onde os M são os respectivos picos da mistura. Devem-se dividir os valores de x

Espectrometria de massa

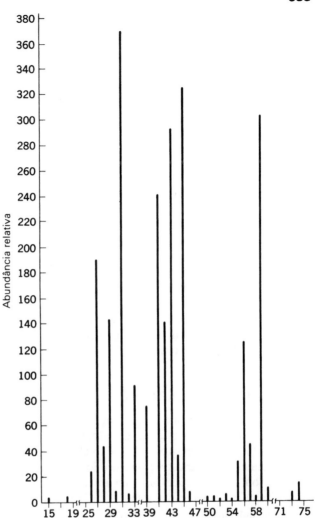

Figura 17.16 – Espectro de massa de uma mistura de álcoois butílicos isômeros (Analytical Chemistry)

pelos da sensibilidade dados na Fig. 17.15 para os espectros de referência, para dar pressões parciais em mícrons ($1\mu = 10^{-3}$ torr). Os resultados são os seguintes:

Componente	x	Sensibilidade, div./μ	Pressões parciais, μ	Mol por cento Encontrado	Mol por cento Conhecido
n-Butílico	$x_1 = 128,71$	11,51	11,18	24,4	24,9
tere-Butílico	$x_2 = 239,76$	20,93	11,46	25,0	25,2
sec-Butílico	$x_3 = 303,55$	26,98	11,33	24,8	24,8
Isobutílico	$x_4 = 142,34$	12,05	11,81	25,8	25,1
Total			45,78	100,0	100,0

Obtém-se uma exatidão de cerca de ± 0,5% para cada componente. Pode-se executar uma análise completa em uma hora com auxílio de uma máquina calculadora de mesa.

334

Ocasionalmente acha-se um pico que não corresponde, mesmo aproximadamente a um número inteiro de massa. Se o pico se situa no meio, entre dois números de massa, indiscutivelmente é produzido por um íon de carga dupla e número de massa ímpar. Um pico não-inteiro, que é mais largo que o normal, é provavelmente resultado de um *ion metaestável* que se decompõe espontaneamente durante sua passagem através do instrumento (ref. 2). Mostram-se na Fig. 17.14 exemplos dos dois tipos de picos não-inteiros. O estudo de picos metaestáveis é capaz de fornecer informações adicionais sobre a química do sistema.

AMOSTRAS SÓLIDAS

Podem-se obter espectros de massa para amostras sólidas assim como para gases e líquidos voláteis, tanto por volatilização direta, se houver uma apreciável pressão de vapor a algumas centenas de graus Celsius, como por pirólise dando fragmentos característicos. Em alguns casos, uma faísca de alta voltagem entre elétrodos contendo a amostra fornecerá os íons necessários. A faísca tem o efeito de produzir íons de considerável energia cinética com uma distribuição gaussiana. Isso não representa uma desvantagem nos espectrômetros que usam a geometria Mattauch-Herzog ou de dupla focalização cicloidal; mas com outros tipos, a voltagem aceleradora no canhão iônico deve ser maior que é necessário com ionização por impacto de elétron, de modo que as velocidades dos íons emergentes serão praticamente homogêneas, permitindo focalização adequada.

ANÁLISE COM TRAÇADORES

Assim como se podem usar os isótopos radiativos como traçadores, também podemos usar os isótopos estáveis de número de massa não usual para esse fim. Podemos sintetizar compostos cujas massas moleculares difiram de uma, duas ou mais unidades do composto usual. Então podemos usar o procedimento de diluição isotópica ou outros processos com traçadores substituindo as medidas de espectrômetros de massa por valores de radiatividade.

Uma determinação freqüentemente exigida para esses estudos é a proporção de deutério em água. Em misturas de H_2O e D_2O, deve-se esperar um equilíbrio entre essas espécies e HDO, pois todos esses compostos ionizam em certa extensão. Como o isótopo pesado geralmente existe em pequena concentração, o equilíbrio $H_2O + D_2O \rightleftharpoons 2HDO$ desloca-se para a direita, de modo que existe muito pouco D_2O como tal. Nessa mistura, o espectrômetro de massa mostra a presença de íons com massas 17, 18, 19 e 20, como se vê na seguinte tabela (ref. 14):

Massa	Íons	Abundância relativa			
		H_2O natural	D_2O 1%	D_2O 5%	D_2O 10%
17	OH^+ (da H_2O e HDO)	22,6	22,9	23,5	23,3
18	H_2O^+, OD^+	100,0	100,0	100,0	100,0
19	HDO^+	(0,7)	1,94	8,73	17,73
20	D_2O^+	(0,0)	0,16	0,27	1,01

Espectrometria de massa

335

Desses valores, é aparente que a razão entre as alturas dos picos 19/18 é mais sensível ao conteúdo de água pesada. Realmente, a curva traçada com esses e com valores adicionais é quase linear no intervalo de 0,2 a 10,0% de D_2O. O método pelo qual se obtiveram esses valores é adequado para quantidades muito pequenas de D_2O, como acontece com as águas naturais.

Um excelente exemplo do método de diluição isotópica é a análise elementar de compostos orgânicos voláteis (ref. 9). Podem-se determinar oxigênio, carbono e nitrogênio em amostras sucessivas por combustão e equilíbrio do CO_2 ou N_2 formados com $^{18}O_2$ em uma análise de oxigênio, com $^{13}CO_2$ para carbono ou com $^{15}NH_3$ para nitrogênio. No caso do oxigênio, por exemplo, mistura-se uma amostra de massa conhecida ao composto orgânico com uma quantidade medida de oxigênio pesado (uma mistura de $^{16}O_2$, $^{16}O^{18}O$ e $^{18}O_2$) em um recipiente de platina. Esse é então aquecido eletricamente a 800°C durante uma hora. Esse tratamento produz a combustão da amostra e também o equilíbrio catalítico representado pela reação $CO_2 + {}^{18}O_2 \rightleftharpoons C^{16}O^{18}O + {}^{16}O^{18}O$. CO_2 resultante é isolado, libertado dos gases não-condensáveis e examinado no espectrômetro de massa.

Na determinação do nitrogênio, oxida-se a amostra com CuO a quente em vez de com O_2, para diminuir a probabilidade de introduzir traços de nitrogênio. Pode-se fazer facilmente uma correção para qualquer ar que possa ter entrado no aparelho pelo simples expediente de medir o pico de massa 40 devida ao argônio. Como a razão de nitrogênio para argônio no ar é constante, pode-se calcular e subtrair o nitrogênio espúrio.

Em espectrografia de massa, usa-se regularmente o método da diluição isotópica para determinar tanto o urânio total como a distribuição isotópica em combustíveis para reatores parcialmente consumidos (ref. 8). Não se podem aplicar convenientemente os métodos de radiatividade devido à intensa atividade dos produtos de fissão que estão presentes.

PROBLEMAS

17-1 Analisa-se o conteúdo de nitrogênio de um composto orgânico pelo método da diluição isotópica (ref. 9). Adiciona-se uma quantidade medida do composto contendo ^{15}N em lugar de ^{14}N. Um espectrômetro de massa, após conversão de todo o nitrogênio em N_2, mostra as seguintes alturas de pico:

m/e	28	29	30
Altura	978,5	360,6	52,5

Calcular a porcentagem do nitrogênio que é ^{15}N.

17-2 Boos e outros (ref. 3) descreveram um método de diluição isotópica para a determinação de carbono em quantidades de submiligramas usando ^{13}C como traçador. Mistura-se a amostra com uma quantidade de ácido succínico, $C_4H_6O_4$, que contém ao redor de 30 átomos por cento de ^{13}C. Oxidou-se a mistura a CO_2 e H_2O e examinou-se o CO_2 resultante em um espectrômetro de massa. A razão de massa 45 para 44 (corrigida para a composição isotópica natural do oxigênio) é tomada como a razão $^{13}C/^{12}C$, designada como r. No carbono natural, a abundância do ^{13}C é 1,11 por cento e a do ^{12}C, 98,9

336

Métodos instrumentais de análise química

por cento, as quais deverão se elevar em consideração. As equações são as seguintes:

$$^{13}C_S = W_T \left(\frac{4}{119,3} \right) \left(\frac{r_T}{r_T + 1} \right) + W_S \left(\frac{X_C}{12,01} \right) (0,0111)$$

$$^{12}C_S = W_T \left(\frac{4}{119,3} \right) \left(\frac{1}{r_T + 1} \right) + W_S \left(\frac{X_C}{12,01} \right) (0,989)$$

$$r_S = \frac{^{13}C_S}{^{12}C_S}$$

onde $^{12}C_S$ e $^{13}C_S$ representam os números de miligramas-átomos dos respectivos isótopos existentes na amostra da mistura, r_S é a razão observada, W_T e W_S são as massas em miligramas do traçador e da amostra, r_T é a razão para um composto traçador puro oxidado pelo mesmo processo e X_C é a quantidade procurada, isto é, a fração em peso de carbono na amostra desconhecida. a) Explique as equações acima e a partir delas deduza uma expressão para X_C em termos de W_S, W_T, e r_S. b) Em uma determinada análise usaram-se 0,156 mg de amostra e 0,181 mg de traçador. Encontrou-se que a razão r_S foi 0,206. O traçador contém 31,41 % de seu carbono como ^{13}C. Calcule a porcentagem de carbono da amostra.

REFERÊNCIAS

1. "Quadrupole Residual Gas Analyzer: Theory of Operation", Electronic Associates, Inc., Palo Alto, Califórnia, 1966.
2. Biemann, K.: "Mass Spectrometry: Organic Chemical Applications", McGraw-Hill Book Company, New York, 1962.
3. Boos, R. N.; S. L. Jones e N. R. Trenner: *Anal. Chem.*, **28**: 390 (1956).
4. Duckworth, H. E. e S. N. Ghoshal: High-resolution Mass Spectroscopes em C. A. McDowell (ed.), "Mass Spectrometry", Cap. 7, McGraw-Hill Book Company, New York, 1963.
5. Elliot, R. M.: Ion Sources em C. A. McDowell (ed.), "Mass Spectrometry", Cap. 4, McGraw-Hill Book Company, New York, (1963).
6. Farmer, J. B.: Types of Mass Spectrometers em C. A. McDowell (ed.), "Mass Spectrometry", Cap. 2, McGraw-Hill Book Company, (1963).
7. Gifford, A. P.; S. M. Rock e D. J. Comaford: *Anal. Chem.*, **21**: 1026 (1949).
8. Goris, P.; W. E. Duffy e F. H. Tingey: *Anal. Chem.*, **29**: 1590 (1957).
9. Grosse, A. V.; S. G. Hindin e A. D. Kirshenbaum: *Anal. Chem.*, **21**: 386 (1949).
10. McLafferty, F. W.: *Anal. Chem.*, **28**: 306 (1956).
11. Niemann, H. B. e B. C. Kennedy: *Rev. Sci. Instr.*, **37**: 722 (1966).
12. Silvestein, R. M. e G. C. Bassler: "Spectrometric Identification of Organic Compounds", 2.ª ed., John Wiley & Sons, Inc., New York, 1967.
13. Sommer, H.; H. A. Thomas e J. A. Hipple: *Phys. Rev.*, **82**: 697 (1951).
14. Thomas, B. W.: *Anal. Chem.*, **22**: 1476 (1950).
15. White, F. A. e L. Forman: *Rev. Sci. Instr.*, **38**: 355 (1967).
16. Wiley, W. C.: *Science*, **124**: 817 (1956).

18 Espectroscopia de ressonância magnética

Pode-se observar um tipo completamente diferente de interação entre a matéria e as forças eletromagnéticas submetendo-se uma amostra simultaneamente a dois campos magnéticos, um estacionário H e o outro variando em alguma radiofreqüência f, de 5 MHz ou maior. A amostra absorve energia para uma determinada combinação de H e f e pode-se observar a absorção como uma mudança no sinal produzido por um detector de radiofreqüência e amplificador.

Pode-se relacionar essa absorção de energia com a natureza magnética dipolar rotacional dos núcleos. A teoria quântica nos diz que os núcleos se caracterizam por um número quântico de *spin* I, que pode assumir valores positivos de $n/2$ (em unidades de $h/2\pi$; h é a constante de Planck), onde n pode ser 0, 1, 2, 3 .... Se $I = 0$, o núcleo não tem *spin* e assim não pode-se observa-lo pelo método aqui considerado; isso se aplica a ^{12}C, ^{16}O, ^{32}S e outros.

Os picos de absorção mais agudos aparecem nos núcleos para os quais $I = 1/2$, incluindo entre muitos outros ^{1}H, ^{19}F, ^{31}P, ^{13}C, ^{15}N e ^{29}Si. Desses, os três primeiros são mais facilmente observáveis porque constituem praticamente 100% da abundância natural dos elementos correspondentes, enquanto que os outros mencionados ocorrem em pequenas proporções.

Os núcleos em rotação se assemelham a minúsculos ímãs e portanto interagem com o campo magnético externo imposto H. Pode-se imaginar que todos eles se alinhariam com o campo como tantas muitas agulhas magnéticas, mas, em vez disso, seu movimento rotatório determina que eles ajam como se fossem um giroscópio em um campo gravitacional. De acordo com a mecânica quântica, há $2I + 1$ orientações possíveis e, portanto, níveis energéticos, o que significa que o próton, por exemplo, tem dois desses níveis. A diferença de energia entre eles é dada por

$$\Delta E = hf = \frac{\mu H}{I} \tag{18-1}$$

onde μ é o momento magnético dos núcleos em rotação. A freqüência característica f chama-se *freqüência de Larmor*. Se aplicarmos uma corrente alternada em ângulo reto em relação ao campo de c.c. na freqüência f, o núcleo de estado de energia mais baixo absorverá a energia ressonante e pode-se notar a absorção na saída do detector.

Pode-se rescrever a Eq. (13-1) em termos da freqüência angular de precessão ω:

$$\frac{\omega}{H} = \frac{2\pi f}{H} = \frac{2\pi \mu}{hI} \tag{18-2}$$

A razão ω/H é uma constante fundamental característica de cada espécie nuclear que tem um valor finito de I. Essa é chamada *razão giromagnética* (algumas vezes *razão magnetogírica*) e recebe o símbolo γ.

A uma freqüência de 60 MHz (um dos valores mais comumente usados) a diferença de energia ΔE é menor que 10^{-2} cal por mol, o que significa que a fonte de radiofreqüência não precisa ser muito poderosa, mas o detector deve ser muito sensível.

Outro efeito do campo alternado imposto na freqüência de Larmor é obrigar todos os núcleos em rotação a precessarem em *fase*. Assim, temos uma grande quantidade de osciladores nucleares que, de acordo com a teoria eletromagnética, devem irradiar energia; como estão em fase uns com os outros, agirão como uma fonte *corrente*. Pode-se captar sua radiação com uma outra bobina colocada na proximidade da amostra com seu eixo mutuamente perpendicular ao da bobina do oscilador e ao campo fixo.

Assim, existem dois tipos de espectrômetros de RMN, o instrumento de uma única bobina, no qual se mede a absorção, e o de duas bobinas, que mede a radiação ressonante. Antes de 1961, muitos aparelhos comerciais eram do segundo tipo, mas agora as preferências se voltam para o primeiro.

EXPERIÊNCIA INTRODUTÓRIA

Consideremos o espectrômetro de RMN de uma única bobina da Fig. 18.1, contendo um tubo de amostra construído de vidro de borossilicato e cheio de água destilada. Coloca-se o oscilador de rf em 5 MHz e varia-se o campo magnético a uma velocidade constante desde zero a mais ou menos 10 kG*, enquanto se controla a saída do detector. O gráfico resultante se assemelhará à Fig. 18.2, com um máximo de ressonância correspondente a cada isótopo de cada elemento presente para o qual $I > 0$. (É hábito colocar os espectros de RMN como picos sobre uma

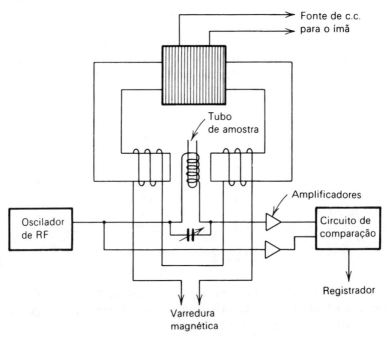

Figura 18.1 — Esquema de um aparelho de RMN do tipo de bobina única

*Quilogauss; não confundir com kg de quilograma.

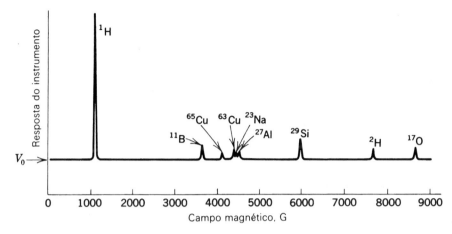

Figura 18.2 — Espectro de RMN de uma amostra de água em um recipiente de vidro, obtido com um instrumento Varian de baixa dispersão, com uma freqüência de 5 MHz (Varian Associates, Palo Alto, Califórnia)

linha de base, não importando se medimos absorções ou emissões ressonantes.) Os valores indicados do campo correspondem às razões gama dos vários isótopos a $f = 5$ MHz. Os picos do cobre resultam do fio da bobina de rf. Isso fornece claramente a possibilidade de realizar análises qualitativas. Também são possíveis medidas quantitativas através da integração das áreas sob os picos.

Um instrumento capaz de executar uma experiência desse tipo é um espectrômetro de RMN de *linha larga* ou de *baixa resolução*. Seu elevado potencial como instrumento analítico foi largamente descuidado parcialmente devido ao elevado custo. Encontra aplicação limitada em pesquisas da vizinhança física dos núcleos, incluindo alguns parâmetros cristalinos em amostras sólidas.

RMN DE ALTA RESOLUÇÃO

Encontrou-se que, na prática, a RMN é da máxima utilidade química quando restrita ao estudo da estrutura fina na ressonância de uma única espécie nuclear. Chama-se um instrumento para esse fim de espectrômetro de RMN de *alta resolução*. A maioria dos instrumentos possui parâmetros adaptados apenas para detectarem a ressonância dos núcleos de hidrogênio (prótons). Isso significa que se pode manter constante tanto o campo magnético como a freqüência, exceto para uma variação necessária em um deles de umas poucas partes por milhão, como veremos logo mais. Por exemplo, o Varian A-60A* tem um campo magnético de 14.092 G e uma freqüência de 60 MHz correspondentes à razão giromagnética que para o próton é de 2,675 rad gauss^{-1} s^{-1}. A característica desse instrumento é um circuito automático que mantém constante a razão H/f, enquanto ainda permite uma variação de freqüência Δf acima de ± 2 kHz. Assim, pode-se variar um pouco $H/(f + \Delta f)$ enquanto se mantém constante H/f.

*Varian Associates, Palo Alto, Califórnia.

340 Métodos instrumentais de análise química

Na discussão antecedente admitimos que o núcleo em consideração é realmente submetido ao campo magnético aplicado com a intensidade de medida máxima. Se isso fosse rigorosamente verdadeiro, teríamos apenas um único pico, resultante da ressonância de todos os prótons da amostra, como em um instrumento de linha larga. Porém, isso é apenas uma grosseira aproximação da verdade. Um espectrômetro de RMN de alta resolução pode mostrar dois tipos distintos de estrutura na absorção de RMN, devidos à ressonância do próton, conhecidos, respectivamente, como deslocamento químico e interação *spin-spin*.

O DESLOCAMENTO QUÍMICO

Cada núcleo é envolvido por uma nuvem de elétrons em movimento constante. Sob a influência do campo magnético, forçam-se esses elétrons a circularem no sentido em que se opõem ao campo. Isso possui o efeito de blindar parcialmente o núcleo de receber a força total do campo externo. Segue-se que se deve alterar um pouco quer a freqüência quer o campo para ocasionar ressonância no núcleo blindado. Em muitos instrumentos isso é habitualmente realizado por um ajuste do campo magnético através de uma bobina auxiliar que transporte corrente contínua variável que varre um pequeno intervalo do campo (alguns miligauss em um campo de 14 quilogauss). O complexo circuito eletrônico envolvido (no Varian A-60A, por exemplo) é tal que o valor do campo adicionado se converte em seu equivalente em freqüência para introdução no registrador.

O valor do deslocamento depende da vizinhança química do próton, pois essa é a fonte de variações na blindagem por elétrons e se chama *deslocamento químico*. Apesar de se medir o deslocamento químico como um campo ou uma freqüência, é na verdade uma *razão* da variação necessária do campo para o campo aplicado ou da variação necessária da freqüência para a freqüência-padrão e portanto é uma constante adimensional, geralmente designada por δ e definida em partes por milhão.

Como não podemos observar a ressonância em um tubo de ensaio cheio de prótons, sem qualquer blindagem de elétrons, não há um padrão absoluto com que se possam comparar os deslocamentos. Assim, deve-se adotar um padrão de comparação arbitrário. Para as substâncias orgânicas, quando as solubilidades permitem, usa-se como solvente tetracloreto de carbono (sem prótons) e adiciona-se uma pequena quantidade de tetrametilsilano (TMS), $(CH_3)_4Si$, como padrão interno. Escolhe-se essa substância não só por que todos seus átomos de hidrogênio apresentam idêntica vizinhança mas também porque são mais fortemente blindados que os prótons de qualquer composto puramente orgânico. Atribui-se arbitrariamente à posição do TMS na escala do deslocamento químico o valor de 0 para δ. Alguns autores preferem atribuir ao TMS o valor 10 e indicam o deslocamento por τ, sendo $\tau = 10 - \delta$, pois isso fornece pequenos valores positivos para quase todas as outras amostras. Uma blindagem maior corresponde a um deslocamento químico "sobre o campo", isto é, deve-se aumentar o campo para compensar a blindagem; δ diminui com o aumento da blindagem e τ, aumenta. Na literatura mais antiga (1960 é "antigo" nesse campo). δ referia-se freqüentemente à ressonância do próton em água, benzeno ou outras substâncias que apresentam apenas um único pico.

Espectroscopia de ressonância magnética

É possível construir um diagrama (Fig. 18.3) de intervalos aproximados de δ ou τ para prótons em várias vizinhanças químicas (ref. 1). O valor exato depende em grande extensão dos efeitos de substituintes, solvente, concentração, pontes de hidrogênio, etc., mas são reproduzíveis para qualquer conjunto de condições dado.

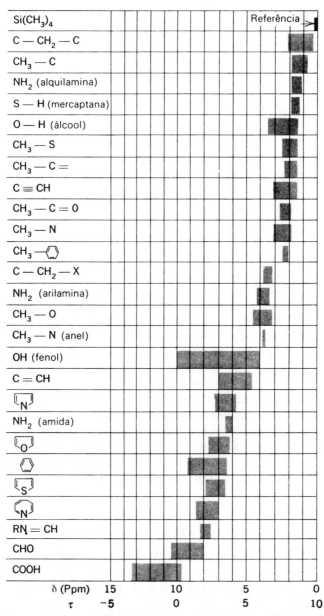

Figura 18.3 — Tabela mostrando os intervalos de deslocamentos químicos de prótons em várias vizinhanças moleculares (Chemical & Engineering News)

342 Métodos instrumentais de análise química

ACOPLAMENTO *SPIN-SPIN*

O segundo tipo de estrutura freqüentemente observada nos espectros de RMN é devido à interação do *spin* de um próton com o de um outro próton ou prótons ligados (habitualmente) a um carbono adjacente. A interação envolve os *spins* dos elétrons de ligação de todas as três ligações (H—C, C—C e C—H), mas não precisamos nos preocupar com o mecanismo detalhado. A interação não se manifestará se os prótons estiverem em vizinhanças equivalente, mas, por outro lado, o máximo do deslocamento químico em cada posição será desdobrado em um *multiplete* próximo.

Como exemplo, consideremos o espectro de iodeto de etila em solução de deuteroclorofórmio com adição de TMS (Fig. 18.4). Em *a* mostra-se o espectro como determinado com resolução média. As áreas confinadas abaixo dos *multipletes* a δ 3,2 e 1,8 estão na razão 2:3; o primeiro é produzido pelos dois prótons metilênicos; o segundo, pelos três prótons do grupo metila. O máximo a $\delta = 0$ é o pico de referência do TMS. A ressonância de metileno é desdobrada em um *quadruplete* na razão aproximada de 1:3:3:1; esses valores são os resultados das orientações relativas possíveis dos *spins* dos três prótons metílicos: há a mesma probabilidade de serem todos alinhados *com* o campo, o que se pode indicar por $\left[\leftrightarrows\right]$, ou *contra* ele, $\left[\rightleftarrows\right]$, mas isso é três vezes tão provável que duas se alinharão de um modo e uma do outro $\left[\rightleftarrows\right]$ $\left[\rightleftarrows\right]$ $\left[\leftrightarrows\right]$, e da mesma forma $\left[\rightleftarrows\right]$ $\left[\rightleftarrows\right]$ $\left[\rightleftarrows\right]$. Uma direção de orientação resultará em uma blindagem ligeiramente maior; a outra, em ligeiramente menor, daí a razão 1:3:3:1. Pode-se mostrar por um raciocínio análogo que os dois prótons metilênicos devem causar um desdobramento da ressonância do grupo metila numa razão 1:2:1.

As distâncias entre os componentes de ambos os *multipletes* são todas iguais e são chamadas *constante de acoplamento J*, que tem unidades de freqüência. *J* geralmente apresenta valor entre 1 a 20 Hz. Observar-se-á que as razões de intensidade 1:3:3:1 e 1:2:1 não são exatamente seguidas. Aqueles picos de cada grupo que são próximos a outro grupo são proporcionalmente maiores; esse efeito é mais marcante quanto mais próximos forem os deslocamentos químicos.

Em *b* na Fig. 18.4 mostra-se o traçado produzido por um integrador que é embutido no espectrômetro. As alturas dos degraus são proporcionais às áreas sob os picos correspondentes do espectro de RMN. A integral dos degraus correspondentes a um *multiplete* inteiro fornece uma medida quantitativa do número de prótons contribuintes para aquela ressonância.

INSTRUMENTAÇÃO PARA A RMN

As exigências do planejamento de espectrômetros de RMN de alta resolução são muito severas. O campo magnético deve ser uniforme em uma região suficientemente grande para cobrir a área compreendida pela amostra em exame. O diâmetro das peças do pólo deve ser pelo menos quatro vezes aquele da área que se requer que seja uniforme. Em um espectrômetro de 60 MHz, o campo deve ser homogêneo em 1 parte em 60 milhões. Se os picos mais próximos que se devem resolver estive-

Espectroscopia de ressonância magnética

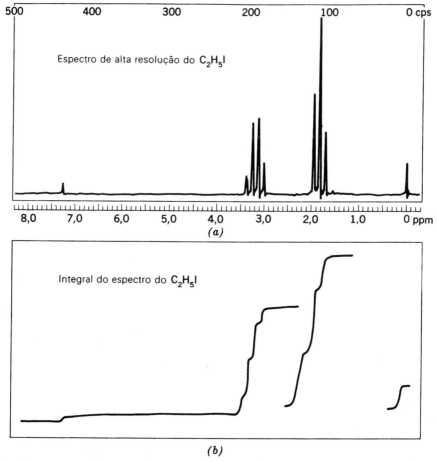

(b)

Figura 18.4 — Espectros de RMN de iodeto de etila dissolvido em deuteroclorofórmio (CDCl$_3$); *a*) espectro normal com resolução moderada; *b*) integral do espectro. Obtidos com um espectrômetro Varian A-60A (cortesia de R. F. Hirsch)

rem separados por valores unitários de J. Mesmo o ímã mais cuidadosamente construído não pode satisfazer a essas exigências e, assim, se fornecem conjuntos de bobinas auxiliares de forma especial, chamadas *bobinas em cunha* e alimentadas com uma corrente contínua ajustável para contrabalançar qualquer heterogeneidade residual. O campo percebido pelos núcleos em estudo ainda pode ter alguma heterogeneidade resultante da própria amostra e do seu recipiente; isso é amplamente compensado girando-se a amostra no interior das bobinas por meio de uma pequena turbina a ar.

A excitação de radiofreqüência provém de um oscilador controlado por cristal altamente sensível e alimenta através de cabos co-axiais as bobinas de prova e o receptor. Vários instrumentos de alta resolução, agora encontrados no mercado, operam a 60 ou a 100 MHz. A Varian tem um modelo com uma escolha de 56 ou 60 MHz; 56 MHz é a freqüência ressonante dos núcleos de flúor no mesmo campo em que os prótons ressoam a 60 MHz.

344 Métodos instrumentais de análise química

Há um número de outros componentes eletrônicos quer operacionais quer essenciais. Mencionou-se um circuito automático para manter uma razão H/f constante; ele funciona por meio de um circuito elétrico realimentador de freqüência controlada que "fecha" a ressonância do próton de uma amostra de referência conveniente em um suporte de amostra isolado montado na mesma sonda com a amostra analítica. A eficiência do instrumento sem esse controle automático seria dependente dos arredores magnéticos e seria afetada adversamente por um acontecimento extenso como a operação de um elevador nas vizinhanças ou mesmo a mudança de posição de um cilindro de gás construído de aço.

Geralmente também há um integrador eletrônico baseado em um amplificador operacional com uma capacitância na sua realimentação, semelhante ao que foi mencionado em relação à coulometria. Esse componente produz o tipo de traçado da integral ilustrado na Fig. 18.4 b.

DESACOPLAMENTO DE SPIN

O acoplamento *spin-spin*, anteriormente descrito, é algumas vezes de considerável auxílio na identificação das ressonâncias mas, em moléculas relativamente complexas, pode complicar o espectro até o ponto de tornar impossível sua elucidação. De grande auxílio nesses casos é um *desacoplador de spin*. Isso equivale a um oscilador auxiliar que pode produzir uma corrente alternada a uma freqüência escolhida e impor o campo correspondente à amostra com considerável intensidade. Se esse sinal adicionado é sintonizado à freqüência ressonante de um grupo de prótons enquanto a contribuição de outro grupo ao espectro está sob observação, encontra-se que o *multiplete* originado pelo acoplamento se desfaz, deixando um único pico agudo. Na Fig. 18.4a, por exemplo, colocando-se a freqüência auxiliar a 110 MHz "abaixo do campo" (do TMS, isto é, $\delta = 1,83$), o *quadruplete* a $\delta = 3,20$ mudará para um *singlete* na mesma posição e com a mesma área. Da mesma forma, se o campo de desacoplamento for ajustado a 190 Hz ($\delta = 3,20$) o triplete a $\delta = 1,83$ se desfará em um *singlete*. Dificilmente encontra-se um espectro simples como o que mostramos.

Esse desacoplamento origina-se do rápido equilíbrio dos prótons indesejáveis entre seus dois estados de energia, de modo que os prótons que estão sendo observados não podem distinguir os estados separados e portanto não podem-se desdobrar.

APLICAÇÕES DA RMN

A teoria da RMN, como já foi discutida, é indicação suficiente da grande utilidade do método na identificação qualitativa de substâncias puras. São disponíveis atlas de espectros de RMN comparáveis aos de espectros de absorção óptica, por comparação de amostras desconhecidas com amostras autênticas já estudadas. A RMN fornece uma valiosa ferramenta de diagnóstico. Os deslocamentos químicos e as observações de acoplamento e de desacoplamento de *spins* são todos úteis nesse conjunto.

A análise quantitativa é aplicável através do estudo dos traçados do integrador. A informação imediata obtida é o número relativo de prótons em várias vizinhanças

Espectroscopia de ressonância magnética

moleculares da amostra. É fácil determinar o conteúdo total de hidrogênio de uma substância, sem a necessidade de alta resolução e, se soubermos que é um composto puro, isso dará uma informação com precisão relativa da ordem de ± 0,5%, comparável ao método gravimétrico convencional de combustão com grande economia de tempo.

Em casos favoráveis, podem-se analisar misturas de compostos com excelente precisão. Mostra-se um exemplo na Fig. 18.5. Preparou-se com tetraleno, naftaleno e n-hexano uma mistura aproximadamente igual à que se poderia encontrar em alguns tipos de petróleo. Os hidrogênios aromáticos mostram superposição múltipla das ressonâncias na região indicada por a na figura. Os hidrogênios dos átomos de carbono próximos a um anel aromático ("alfa" em relação ao anel) aparecem em b e os hidrogênios puramente alifáticos em c. (É possível identificar a origem de algumas das multiplicidades, mas isso não é necessário em nosso caso.)

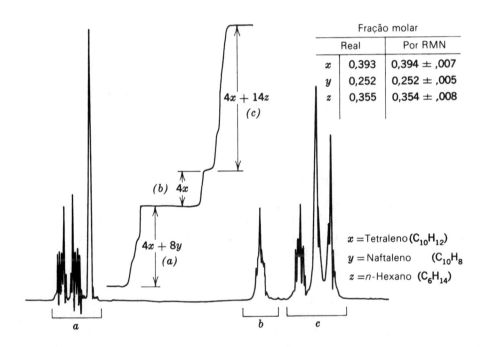

Figura 18.5 — Análise de uma mistura de hidrocarbonetos por RMN (ver o texto para detalhes) (Varian Associates, Palo Alto, Califórnia)

O tetraleno tem quatro prótons aromáticos enquanto que o naftaleno tem oito; apenas o tetraleno tem prótons em alfa e eles são quatro; finalmente o tetraleno tem quatro prótons que são, essencialmente, alifáticos e o hexano contribui com catorze de seus prótons na mesma região. Pode-se resolver um grupo de três equações simultâneas para a fração molar dos três componentes usando os valores da tabela no alto à direita da figura. Eles concordam plenamente com a composição da mistura, como calculada pelas massas.

RESSONÂNCIA DE *SPIN* DE ELÉTRON (RSE)*

Como os elétrons sempre possuem um *spin*, também têm um momento magnético e portanto a teoria básica da ressonância magnética se aplica a elétrons tão bem quanto a núcleos em rotação. A razão giromagnética para um elétron é de $1,76 \times 10^7$ rad $G^{-1} s^{-1}$ (quando comparada com 2,68 para o próton). Como esse é um número inconveniente para trabalhar, geralmente reescrevemos a Eq. (18-1) como

$$E = hf = \frac{\mu H}{I} = g\beta H \qquad (18-3)$$

onde β é o magnéton de Bohr, uma constante com valor de $9,2732 \times 10^{-21}$ erg G^{-1}, e g é o *fator de desdobramento*. O número quântico I tem valor $1/2$ para o elétron, pois, assim como o próton, ele apresenta exatamente dois estados de energia. O valor de g é 2,0023 para elétrons livres e varia desse valor de uns poucos por cento para radicais livres, íons dos metais de transição e outras espécies que contêm elétrons desemparelhados. Se os elétrons forem emparelhados, seus momentos magnéticos realmente se cancelarão e eles não serão observáveis.

Os elétrons desemparelhados apresentam uma grande tendência em mostrarem sua estrutura muito fina na ressonância, devido ao acoplamento com núcleos em rotação à sua proximidade. Os princípios são semelhantes aos envolvidos no acoplamento de *spin* dos prótons, mas são usualmente muito mais complexos, freqüentemente ao ponto de não se poder identificar com a origem de cada componente da estrutura fina. O radical livre etila, por exemplo, produz uma formação de quatro *tripletes*. O desacoplamento de *spin* algumas vezes pode ajudar.

INSTRUMENTAÇÃO PARA RSE

Faz-se grande parte do trabalho na RSE a uma freqüência constante nas proximidades de 9,5 GHz, com o campo correspondente de uns 3.400 G. Entretanto, dispomos de instrumentos que operam tão alto como 35 GHz e outros são planejados para freqüências mais baixas, na região do MHz. No projeto, geralmente se considera mais simples manter constante a freqüência que é gerada por um oscilador clístron e variar o campo para varrer os picos de ressonância. A diferença mais evidente entre a instrumentação para a RSE e para a RMN é que a energia é muito mais eficientemente conduzida de um ponto a outro por guias de onda rígidos que por cabos co-axiais flexíveis devido às altas freqüências geralmente usadas. Por um orifício insere-se a cela da amostra no guia de onda no ponto onde o vetor magnético da onda eletromagnética (em vez de o elétrico) está passando por flutuações de amplitude máxima. A eficiência na transferência de energia para a amostra é geralmente baixa (1 a 30%), mas mesmo assim o método é bastante sensível. Em condições típicas podem-se detectar 10^{-10} a 10^{-8} mol% de radicais livres em 1 g de amostra.

É hábito registrar os espectros de RSE em forma da primeira derivada do espectro de absorção normal, pois se consegue maior resolução. Então devem-se fazer as medidas quantitativas na segunda integral da curva de RSE.

*Esse assunto é também conhecido como ressonância magnética de elétron (RME) e ressonância paramagnética de elétron (RPE).

Espectroscopia de ressonância magnética

APLICAÇÕES DA RSE

Na RSE é conveniente uma substância de referência-padrão exatamente como na RMN. A mais comumente usada é o radical livre 1,1-difenil-2-picrilidrazil que

é uma substância quimicamente estável com fator de desdobramento $g = 2,0036$. Não se pode usá-lo como padrão *interno* com outros radicais livres, pois há somente uma pequena variação nos valores de g e não se pode diferenciar o padrão da substância estudada, todavia pode-se registrar o seu espectro em seguida, mantendo-se todos os parâmetros constantes. Recomendou-se como padrão uma delgada fatia de cristal de rubi cimentado permanentemente na cela da amostra; o rubi contém traços de Cr(III) presos na grade cristalina e mostra uma forte ressonância ($g = 1,4$)*.

Podem-se estudar facilmente os radicais livres por RSE mesmo em baixas concentrações. A Fig. 18.6 mostra o espectro de RSE de um sistema redox quinona-hidroquinona. Ele prova decisivamente que existe um ânion radical livre semiquinona como intermediário. O diagrama de cinco linhas é uma conseqüência da interação do *spin* magnético entre os elétrons ímpares e os quatro hidrogênios do anel; a estatística mostra que as intensidades devem estar na razão $1:4:6:4:1$. A Fig. 18.7 nos fornece o resultado de um estudo cinético da formação e decomposição da semiquinona. O instrumento de RSE foi sintonizado para o ponto de sinal máximo e observado durante um período de tempo. Planejou-se a cela da

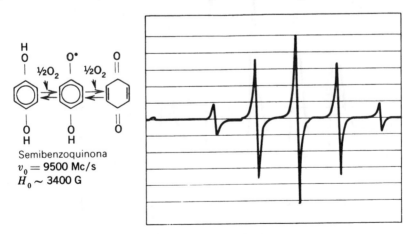

Figura 18.6 – Semiquinona intermediária na oxidação da hidroquinona (Varian Associates, Palo Alto, Califórnia)

*N. do T. Também se pode usar o sal de Fremy, nitrosodisulfonato de potássio, $K_2NO(SO_3)_2$, solúvel em água como um padrão para a RSE.

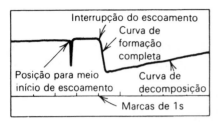

Figura 18.7 — Estudo cinético da formação e decomposição da semiquinona (Varian Associates, Palo Alto, Califórnia)

amostra para permitir a mistura das duas soluções (hidroquinona e oxigênio, respectivamente) e imediatamente escoarem através da área de observação. A velocidade de escoamento foi mais rápida que a velocidade de produção do radical, mas assim que cessou o escoamento pode-se controlar facilmente sua produção, seguida por sua reação posterior. Em determinadas condições, o meio tempo da reação de formação foi 0,15 s.

Planejaram-se celas que permitem a formação de radicais *in loco* por irradiação com ultravioleta, raios X ou gama, ou por reações redox eletrolíticas. A grande sensibilidade do método permite as observações de espécies transitórias que não se podem detectar por outros processos. Por exemplo, quando se submete o etanol à radiação X torna-se visível a ressonância quíntupla do radical etila.

Outro importante campo de aplicação da RSE é na avaliação de quantidades traços de íons paramagnéticos, particularmente em trabalhos biológicos. A Fig. 18.8 mostra as seis ressonâncias do íon Mn^{++}, como se observa em solução aquosa. A multiplicidade é dada por $2I + 1$; para o Mn, $I = 5/2$, o que explica os seis picos. Pode-se medir esse íon a 10^{-6} formal ou menos, com aumento da sensibilidade instrumental, antes de se perder no ruído de fundo.

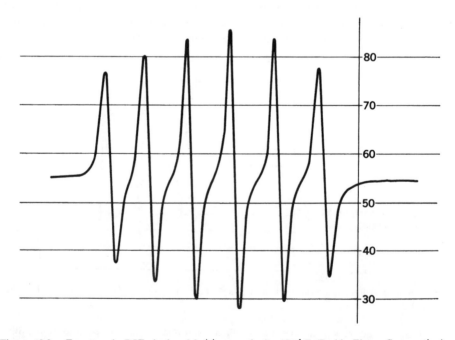

Figura 18.8 — Espectro de RSE do íon Mn^{++} em solução $10^{-4} F$ (Perkin-Elmer Corporation)

Espectroscopia de ressonância magnética

PROBLEMAS

18-1 Justifique as atribuições *a*, *b* e *c* da Fig. 18.5 por comparação com a Fig. 18.3. Meça tão cuidadosamente quanto possível as alturas das três etapas na curva da integral e calcule as quantidades *x*, *y* e *z*.

18-2 Explique o pequeno pico a $\delta = 7,32$ na Fig. 18.4*a*.

18-3 A Fig. 18.9 mostra o espectrograma de RMN de uma mistura de ciclohexano, tolueno e água. Identifique os quatro picos por comparação com a Fig. 18.3. Avalie a composição da mistura a partir da curva da integral.

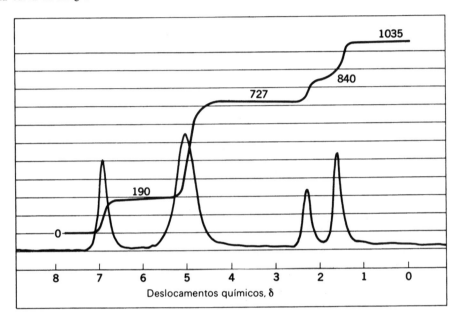

Figura 18.9 — Espectrograma de RMN com resolução moderada de uma emulsão de cicloexano, tolueno e água (Varian Associates, Palo Alto, Califórnia)

18-4 Corsini e Col (ref. 2) usaram a indicação da RSE para determinar qual das duas fórmulas seguintes é a fórmula correta para o complexo obtido entre cobre e 8-quinolinatiol (C_9H_7NS):

a) $Cu^{(I)}(C_9H_7NS)(C_9H_6NS^-)$
b) $Cu^{(II)}(C_9H_6NS^-)_2$

Mostre que se esperaria que a abordagem pela RSE diferenciaria estas estruturas.

REFERÊNCIAS

1. Bovey, F. A.: *Chem. Eng. News*, **43**: 98 (1965).
2. Corsini, A.; Q. Fernando e H. Freiser: *Talanta*, **11**: 63 (1964).

REFERÊNCIAS GERAIS

Chamberlain, N. F.: Nuclear Magnetic Resonance and Electron Paramagnetic Resonance, em I. M. Kolthoff e P. J. Elving (eds.), "Treatise on Analytical Chemistry", Parte I, vol. 4, Cap. 39 Interscience Publishers (Divisão de John Wiley & Sons, Inc.), New York, 1963.

Pople, J. A.; W. G. Schneider e H. J. Bernstein: "High-resolution Nuclear Magnetic Resonance", McGraw-
-Hill Book Company, New York, 1959.

Roberts, J. D.: "Nuclear Magnetic Resonance: Applications to Organic Chemistry", McGraw-Hill Book
Company, New York, 1959.

Silverstein, R. M. e G. C. Bassler: "Spectrometric Identification of Organic Compounds", 2.ª ed., John
Wiley & Sons, Inc., New York, 1967.

19 Métodos termométricos

Muitos métodos analíticos discutidos em outros capítulos apresentam importantes coeficientes de temperatura, mas em geral sua medida não fornece, em si, uma informação analítica. Neste capítulo, consideraremos métodos onde se medem algumas propriedades do sistema como uma função da temperatura. Será útil para esclarecer as relações entre eles, organizá-los aqui para referência (Tab. 19.1) (ref. 8).

Tabela 19.1 — Métodos termoanalíticos

Designação	Propriedade medida	Aparelho
Análise termogravimétrica (ATG)	Variação de massa	Termobalança
Análise termogravimétrica derivativa (TGD)	Velocidade da variação de massa	Termobalança
Análise térmica diferencial (ATD)	Calor libertado ou absorvido	Aparelho ATD
ATD calorimétrica	Calor libertado ou absorvido	Calorímetro diferencial
Titulação termométrica	Variação de temperatura	Calorímetro de titulação

Além desses, há outros métodos termométricos possíveis, menos usados atualmente, e que não serão discutidos em detalhe. A detecção de impurezas em substâncias quase puras, por observações dos pontos de fusão, é um procedimento cotidiano, especialmente para os químicos orgânicos. Com algum aperfeiçoamento, esse método pode-se tornar quantitativo, mas não é usado tão freqüentemente. A análise do ponto de fusão para substâncias em quantidades maiores que traços torna-se muito específica para um dado sistema, dependendo dos detalhes do diagrama de fase envolvido.

ANÁLISE TERMOGRAVIMÉTRICA (ATG)

Trata-se de uma técnica onde se pode acompanhar a massa de uma amostra durante um período de tempo, enquanto se varia sua temperatura (geralmente aumentada a uma velocidade constante). Vários exemplos de termogramas obtidos por esse processo (ref. 3) são mostrados na Fig. 19.1. A curva 1 mostra a massa de um precipitado de cromato de prata coletado num cadinho filtrante. A queda inicial da massa representa a perda do excesso de água de lavagem. Logo acima de 92°C, a massa se torna constante e assim permanece até uns 812°C. Daí até 945°C, perde-se oxigênio. A perda de massa mostra que a decomposição ocorre de acordo com a reação $2Ag_2CrO_4 \longrightarrow 2O_2 + 2Ag + Ag_2Cr_2O_4$. Portanto, o resíduo é uma mistura

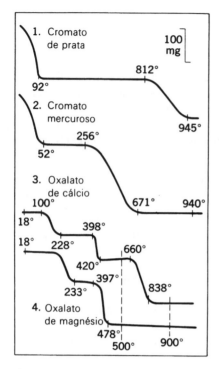

Figura 19.1 – Exemplos de curvas obtidas a partir da termobalança (American Elsevier Publishing Company, Inc., N. Y.)

de prata e cromito de prata. Segue-se que o precipitado de cromato de prata, se for usado para uma análise gravimétrica de crômio, poderá se secar em qualquer lugar na região do platô entre cerca de 100° a 800°C, digamos a 110°C. As instruções de laboratório em velhos livros-texto especificavam exatamente 135°C.

Calibra-se a balança, preferivelmente cada vez que é usada, colocando-se uma massa conhecida no prato para obter uma marca de referência como a do lado direito superior da Fig. 19.1.

A curva 2 da mesma figura mostra uma curva de aquecimento para o cromato mercuroso. Esse composto é estável entre cerca de 52°C a 256°C e então se decompõe de acordo com a equação $Hg_2CrO_4 \rightarrow Hg_2O + CrO_3$. Perde-se o óxido mercuroso por sublimação e o trióxido de crômio adquire massa constante acima de 671°C. Devido à elevada massa atômica do mercúrio, o precipitado de cromato mercuroso fornece um fator gravimétrico particularmente favorável para a determinação de crômio. Era prática antiga calcinar o precipitado numa capela e pesar o trióxido de crômio. O estudo termogravimétrico mostra que esse procedimento não só é desnecessário como diminui a precisão do método.

Muitos dos trabalhos relatados em termogravimetria foram orientados no sentido de estabelecer intervalos ótimos de temperatura para o condicionamento de precipitados para as análises gravimétricas usuais, como sugere o exemplo precedente. A técnica entretanto tem uma utilidade maior que essa.

Consideremos, por exemplo, as curvas 3 e 4 da Fig. 19.1. Observa-se uma diferença significativa no comportamento entre os oxalatos de cálcio e magnésio o que permite sua determinação simultânea. O oxalato de cálcio perde seu carbono e excesso de oxigênio em duas etapas, $CaC_2O_4 \rightarrow CaCO_3 + CO$ e $CaCO_3 \rightarrow CaO + CO_2$, enquanto o composto de magnésio não passa pelo estágio do carbonato, $MgC_2O_4 \rightarrow MgO + CO + CO_2$. Os intervalos de estabilidade são:

Composto	°C	Composto	°C
$CaC_2O_4 \cdot H_2O$	acima de 100	$MgC_2O_4 \cdot 2H_2O$	acima de 176
CaC_2O_4	226–398	MgC_2O_4	233–397
$CaCO_3$	420–660	MgO	480 e acima
CaO	840 e acima		

Assim, a 500°C, o carbonato de cálcio e o óxido de magnésio são estáveis enquanto a 900°C os dois metais existem como óxidos simples. A comparação das massas de um precipitado misto a essas duas temperaturas permitirá calcular o conteúdo de cálcio e magnésio da amostra original.

Outro exemplo é a análise das ligas de cobre-prata baseada na estabilidade relativa dos nitratos (Fig. 19.2) (ref. 3). O $AgNO_3$ é estável até 473°C, onde começa a perder NO_2 e O_2, deixando um resíduo de prata metálica acima de 608°C. O $Cu(NO_3)_2$, por outro lado, se decompõe em duas etapas no óxido CuO, que é a forma estável até pelo menos 950°C. Pode-se analisar uma liga binária por pesagens sucessivas a 400 e 700°C em um curto período de tempo (talvez 30 min) com uma exatidão de $\pm 0,3\%$.

Não se podem considerar as temperaturas-limite dos vários segmentos dos termogramas, como os da Fig. 11.1 e 19.2, como reproduzíveis sem restrição. O método termogravimétrico, como geralmente executado, é um método dinâmico e o sistema nunca atinge o equilíbrio.

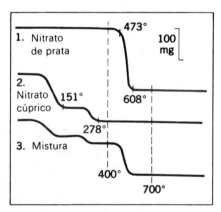

Figura 19.2 — Exemplos de curvas obtidas a partir da termobalança (American Elsevier Publishing Company, Inc., N. Y.)

Assim, as temperaturas de aspectos característicos das curvas são um pouco diferentes quando observadas com diferentes instrumentos, ou com o mesmo instrumento, em diferentes velocidades de varredura de temperatura ou com amostras de tamanhos diferentes etc.

TERMOBALANÇAS

Há vários fabricantes de termobalanças e alguns deles produzem vários modelos. O mecanismo de pesagem pode ser uma modificação de uma balança de um ou

354 Métodos instrumentais de análise química

dois pratos, um dispositivo de autopesagem eletrônico, uma balança de torsão, ou uma simples balança de mola. Vários modelos têm um forno elétrico para aquecer a amostra localizada sob a balança, com o cadinho suspenso no seu interior por um longo fio de platina. Esse planejamento exige rigorosas precauções contra os efeitos de convecção interferindo com a balança. Alguns projetistas preferiram colocar o forno acima da balança, com o cadinho suportado no topo de uma haste que se estende acima do travessão da balança.

Toda termobalança destinada a trabalhos de precisão é munida de registro automático da massa em função do tempo, ou diretamente em função da temperatura com um registrador X-Y. A temperatura, se for registrada em função do tempo, deverá ser programada para aumentar de maneira contínua ou deve-se arranjar uma segunda pena para marcar a relação temperatura – tempo. Um exemplo desse último é visto na Fig. 19.5.

Também existem várias termobalanças não-registradoras, embora não usualmente dignas desse nome, planejadas especialmente para a determinação da unidade superficial em substâncias volumosas. A amostra é aquecida, por exemplo, com uma lâmpada infravermelha no prato da balança, especialmente idealizado para tornar mínimos os erros produzidos por correntes de ar. Tomam-se as leituras manualmente até não se notar alteração posterior. Pode-se obter uma precisão de alguns décimos de 1% de água em uma amostra de 1 g, em poucos minutos.

ANÁLISE TERMOGRAVIMÉTRICA DERIVADA (TGD)

Às vezes, é vantajoso poder comparar um termograma com sua primeira derivada, como na Fig. 19.3 (ref. 5). O platô no termograma a 700°C é suficientemente claro, mas não seria possível localizar precisamente o ombro a uns 870°C sem a curva derivada.

Várias termobalanças comerciais são munidas com circuitos eletrônicos para obter a derivada automaticamente. Um registrador de duas penas permite uma comparação direta conveniente entre as duas curvas.

ANÁLISE TÉRMICA DIFERENCIAL (ATD)

Essa é uma técnica pela qual se podem acompanhar as transições de fase ou reações químicas por observação do calor absorvido ou libertado. É especialmente adaptada ao estudo de transformações estruturais no interior de um sólido a temperaturas elevadas, onde são disponíveis poucos outros métodos.

Em um aparelho típico, insere-se um jogo de junções de pares termoelétricos (Fig. 19.4) em um material inerte, tal como óxido de alumínio, que não se altera de modo algum durante a variação de temperatura a ser estudada. Coloca-se o outro jogo na amostra em estudo. Com aquecimento constante, qualquer transição ou qualquer reação termicamente induzida na amostra será registrada como um pico ou uma depressão na linha que de outro modo seria reta. Um processo endotérmico causará o retardamento da junção do par termoelétrico na amostra, atrás da junção do material inerte, e assim desenvolve uma voltagem; um evento exotérmico causará uma voltagem de sinal oposto. É costume representar graficamente

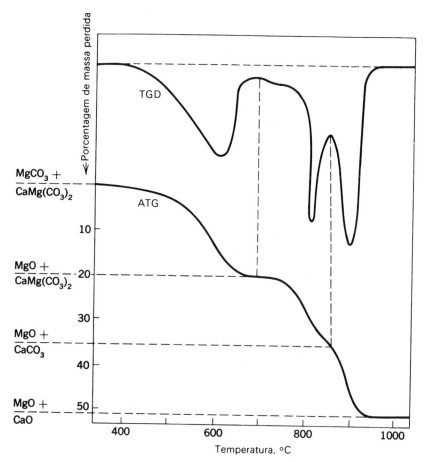

Figura 19.3 — Relação entre as curvas de ATG e as de TGD para a pirólise de uma mistura de carbonatos de cálcio e magnésio [segundo Paulik e outros (ref. 5)]

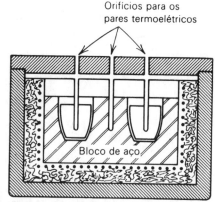

Figura 19.4 — Arranjo simples para análise térmica diferencial

um evento exotérmico para cima e um endotérmico para baixo, mas essa convenção não é seguida universalmente.

Como o modo usual de operação é fornecer calor às amostras, os eventos endotérmicos são de ocorrência mais provável que os exotérmicos e estes, quando observados freqüentemente se originam-se por processos secundários.

Como um exemplo dessa aproximação, consideremos as curvas da Fig. 19.5 (ref. 6). A curva 1 é essencialmente a mesma da curva 3 da Fig. 19.1; a pequena diferença é devida a condições instrumentais diferentes. A curva 2 representa o mesmo tipo de experiência, mas com a amostra em atmosfera de CO_2 em vez de em ar; como é de se esperar, não há diferença evidente até a decomposição do $CaCO_3$, que exige agora maior temperatura.

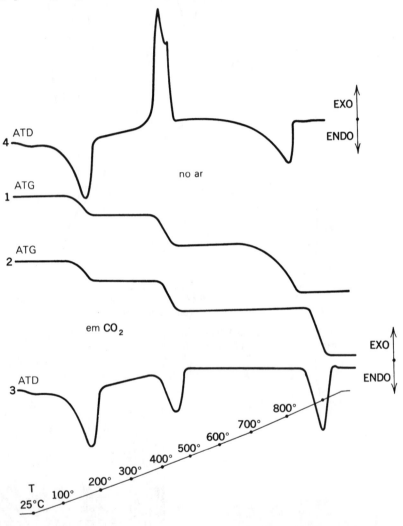

Figura 19.5 — Diagramas ATD-ATG simultâneos para a decomposição do monoidrato do oxalato de cálcio ao ar e em dióxido de carbono (Plenum Publishing Corp., N.Y.)

A curva 3 é um termograma diferencial (curva ATD) que também mostra a decomposição do oxalato de cálcio em uma atmosfera de CO_2. Vemos que os três pontos de perda de massa correspondem a três processos endotérmicos; exigem energia para romper as ligações nas eliminações sucessivas de H_2O, CO e CO_2.

Em contraste, o segundo pico da curva 4, onde a atmosfera é ar, é nitidamente exotérmico, mas corresponde à mesma perda de massa. A explicação sobre a diferença reside na queima exotérmica de CO ao ar à temperatura do forno.

A comparação das Figs. 19.3 e 19.5 revela que há um grau de semelhança entre as curvas obtidas em TGD (termogramas derivados) e a ATD (termogramas diferenciais). A TGD pode informar apenas sobre variações de massa, enquanto a ATD revelará variações em energia, independentemente da constância ou variação de massa. Se se incluírem na Fig. 19.5, as curvas da TGD, elas serão idênticas até uns 700°C, mesmo que as curvas de ATD variem muito. Por outro lado, a Fig. 19.6 mostra (ref. 1) uma situação em que um processo fortemente endotérmico em ATD (a 950°C) falha completamente em aparecer tanto na ATD como na TGD; isso evidencia uma transição cristalina do $SrCO_3$ da modificação rômbica para a hexagonal o que, evidentemente, não envolve uma mudança de massa.

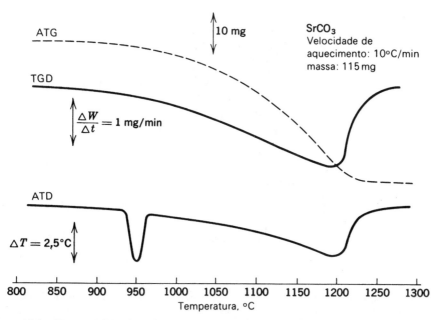

Figura 19.6 — Decomposição do $SrCO_3$ ao ar mostrando por ATD a decomposição endotérmica do carbonato sobrepondo-se à transição cristalina rômbica-hexagonal endotérmica (Mettler Instrument Corporation, Princeton, N. Y.)

APARELHO DE ATD

Há várias companhias no campo da ATD. Seus produtos variam em relação a parâmetros, tais como tamanho da amostra, intervalo de temperatura, seleção de velocidades de varredura, precisão, conveniência e preço. A Fig. 19.7 mostra esquematicamente as partes essenciais de um aparelho de ATD típico, que incluem um dispositivo para manter as amostras em uma atmosfera controlada; pode-se fazer o gás escoar *através* do leito de partículas da amostra, levando embora, assim, qualquer produto gasoso de decomposição.

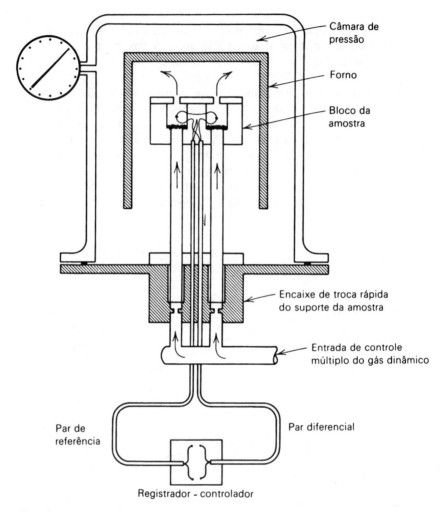

Figura 19.7 — Esquema de aparelho de ATD (R. L. Stone Div. of Tracor, Inc., Austin, Texas)

Nesse aparelho, bem como em várias termobalanças, existem dispositivos para detectar e analisar gases efluentes por cromatografia de gás ou por outros meios.

Várias companhias combinaram dispositivos de ATD e ATG em um único instrumento. Obtém-se o registro com um registrador de duas penas.

ATD CALORIMÉTRICO

A ATD convencional, como descrevemos, é capaz de fornecer bons resultados sobre as temperaturas e sinais das transições, mas é difícil ou impossível obter dados quantitativos — o calor de transição, se a pureza é conhecida; ou a quantidade de um constituinte em uma amostra se se conhece o calor de transição. Essa dificuldade decorre de fatores incontroláveis e freqüentemente desconhecidos, tais

Métodos termométricos

359

como o calor específico e a condutividade térmica da amostra, antes e depois da transição. A velocidade de aquecimento, a colocação dos pares termoelétricos e outros parâmetros instrumentais também afetarão as áreas abaixo dos picos endotérmicos ou exotérmicos.

Podem-se conseguir resultados quantitativos convertendo o compartimento da amostra de um aparelho de ATD em um calorímetro diferencial (ref. 9). Isso foi feito de três diferentes modos por três companhias diferentes. A Perkin-Elmer fabrica um instrumento chamado Calorímetro de Varredura Diferencial (CVD), onde o calorímetro é do tipo isotérmico (ref. 7). Cada suporte de amostra (desconhecida e padrão) é munido de seu próprio aquecedor resistivo. Quando o par termoelétrico diferencial começa a registrar uma voltagem, um circuito de controle automático manda para a mais fria das amostras uma quantidade de energia justamente suficiente para equilibrar a tendência do sistema e manter a igualdade das duas temperaturas dentro de uma fração muito pequena de um grau. Um segundo circuito de controle eletrônico força a temperatura da amostra de referência (portanto, efetivamente, das duas) a subir linearmente com o tempo. O registrador indica a energia elétrica que se deve fornecer para uma ou outra amostra a fim de manter condições isotérmicas. O termograma resultante se assemelha aos da ATD convencional, mas a área sob um pico é agora uma medida *exata* da energia fornecida à amostra desconhecida para compensar um evento endotérmico ou à substância de referência para igualar a energia irradiada pela amostra desconhecida, quando ocorre um evento exotérmico. As diferenças na condutividade térmica, capacidade calorífica, etc. agora são irrelevantes.

A Technical Equipment Corporation* escolheu uma abordagem adiabática ao planejar sua unidade comparável, o calorímetro Dinâmico Adiabático Deltatherm (CDA) (ref. 2). Em um calorímetro adiabático não pode haver passagem de calor entre a amostra e seus arredores e assim, em vez de uma amostra de referência, o CDA tem um bloco de cobre maciço com a amostra em uma cavidade central, mas isolada termicamente de suas paredes. Aquece-se o bloco a uma velocidade constante e registra-se a quantidade de energia necessária para manter a amostra na mesma temperatura que as paredes vizinhas. Esse dispositivo fornece precisão comparável na medida dos calores de transição, mas o sistema adiabático facilita a determinação dos calores específicos.

O terceiro instrumento nessa categoria é o aparelho ATD da Du Pont, com um calorímetro acessório. Esse também é adiabático, mas usa da mesma forma uma amostra de referência. A temperatura de referência controla o eixo X de um registrador X-Y, enquanto que a diferença de temperatura entre as duas amostras controla a entrada de Y. A área sob um pico de ATD nessas condições é uma medida exata do calor da transição, independentemente do calor específico e outras variáveis; também podem-se determinar os calores específicos.

TITULAÇÕES TERMOMÉTRICAS (refs. 4 e 9)

Como praticamente todas as reações químicas são acompanhadas de efeitos caloríferos, é possível seguir o curso de uma reação observando o calor libertado. Pode-se

---

*Denver, Colorado.

360 Métodos instrumentais de análise química

fazer uma tal titulação manualmente em um pequeno frasco Dewar. Pode-se ler a temperatura com um termômetro calibrado em décimos ou centésimos de graus ou por meio de um par termoelétrico ou termômetro de resistência.

Podem-se facilmente automatizar as titulações termométricas, mas aparentemente o único titulador termométrico construído como uma unidade completa nos Estados Unidos é o Aminco* Titra-Thermo-Mat. Esse instrumento utiliza um detector termistor em um béquer de titulação envolvido por um material isolante térmico. Adiciona-se a solução a uma velocidade constante com uma bomba-seringa e controla-se a resistência do detector num registrador de tira de papel.

Acompanhou-se pelo método termométrico uma grande variedade de titulações com sucesso. Essas incluem neutralizações de qualquer ácido com $pK_a > 10^{-10}$, precipitações, reações redox e formação de complexos. Podem-se usar solventes de qualquer tipo; além de água, descreveram-se trabalhos em acetato de hidrogênio, tetracloreto de carbono, benzeno e nitrobenzeno e em um eutético de nitratos de lítio e potássio fundidos. A precisão descrita usualmente não é superior a cerca de $\pm 1\%$ do desvio-padrão, às vezes é muito melhor.

É essencial que as duas soluções reagentes não difiram apreciavelmente em relação a substâncias estranhas que poderiam contribuir com um efeito calorífero perceptível devido à reação entre elas ou com o solvente (calor de diluição).

Jordan (ref. 4) indicou que a titrimetria termométrica constitui um dos muito poucos métodos de titulação que não são baseados somente em considerações da variação da energia livre ΔG, mas também na constante de equilíbrio da reação. A quantidade medida é ΔH, não ΔG, na familiar equação termodinâmica $\Delta H = \Delta G + T\Delta S$. Assim, é possível que as titulações termométricas possam fornecer resultados úteis mesmo se ΔG é zero ou positivo. Dois exemplos indicarão o valor potencial dessa comparação.

A neutralização do ácido bórico segue a reação $H_3BO_3 + OH^- \rightleftharpoons H_2O + H_2BO_3^-$. Sendo dada a primeira constante de ionização $K_a = 5,8 \times 10^{-10}$ (a 25°C), segue-se que a variação da energia livre dessa reação é $-6,5$ kcal/mol, correspondendo a uma constante de neutralização $K_n = K_a/K_w = 5,8 \times 10^{-4}$. Pode-se comparar este com o ácido clorídrico, onde a única reação a se considerar é $H^+ + OH^- \rightleftharpoons H_2O$, $K_n = 1/K_w = 1 \times 10^{14}$ e $\Delta G° = -19,2$ kcal/mol. Todavia, acontece que o termo de entropia $T\Delta S°$ é $-3,7$ kcal/mol para o ácido bórico (a 25°C) em comparação a $+5,7$ kcal/mol para o ácido clorídrico. Esses se combinam para dar valores (entalpias) de neutralização de $-10,2$ kcal/mol para o ácido bórico e $-13,5$ kcal/mol para o ácido clorídrico.

Assim, não se pode titular o ácido bórico com êxito por nenhum processo que dependa do pH (tal como técnicas potenciométricas ou fotométricas), porque a atividade do íon-hidrogênio é determinada pela constante de equilíbrio mas os calores de neutralização dos dois ácidos são de valor comparável e podem-se titulá-los termometricamente com igual facilidade, como indica a Fig. 19.8 (ref. 4).

Outra situação interessante ocorre na titulação de cálcio e magnésio com EDTA. As constantes de estabilidade dos quelatos diferem em menos que duas ordens de grandeza, de modo que a titulação baseada em um indicador como Negro de Eriocromo T pode dar apenas a soma dos dois íons. Contudo, a entropia da

*American Instrument Co., Inc., Silver Spring, Maryland.

Métodos termométricos 361

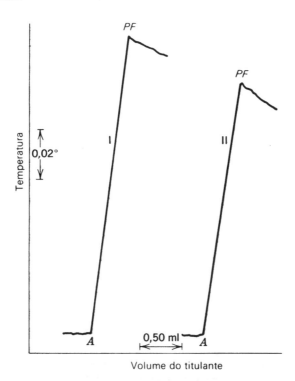

Figura 19.8 — Curvas de titulação termométrica típica em soluções aquosas 0,01 F. I) HCl titulado com NaOH; II) ácido bórico titulado com NaOH. A indica o início da titulação, PF o ponto final (registro do Chemical Progress)

reação do Mg^{++} com EDTA é duas vezes maior que a da reação do Ca^{++}. Isso não dá apenas uma diferença distinta dos valores de ΔH, ele realmente muda de sinal; $\Delta H°$ é + 5,5 kcal/mol para a reação do magnésio e – 5,7 kcal/mol para o cálcio. Uma curva de titulação de uma mistura dos dois é mostrada na Fig. 19.9 (ref. 4).

A titrimetria termométrica pode dar informações adicionais à estequiometria usual. A Fig. 19.10 representa uma curva de titulação generalizada. O segmento AB é um traçado do registrador para a pré-titulação para estabelecer a linha-base; a titulação se inicia no ponto B. O traçado na vizinhança de C muitas vezes mostra uma curvatura em lugar de um ângulo agudo e pode-se relacionar isto à constante de equilíbrio e, portanto, à $\Delta G°$) para a reação. A curva geralmente sobe de C a D, como indicado, o que corresponde ao calor de diluição do reagente, contudo ela pode descer, indicando que a diluição é endotérmica (o que não é comum) ou que o reagente está mais frio que o conteúdo do recipiente de titulação. A variação de temperatura que se pode atribuir corretamente à reação é ΔT, de B até a interseção extrapolada de CD com a ordenada de tempo zero ΔT é proporcional à quantidade total de calor libertado – $N\Delta H$, onde N é o número de mol reagentes e ΔH, como usual, é o calor *absorvido* por mol. A constante de proporcionalidade é a capacidade calorífera do recipiente e seus conteúdos, que chamaremos k em kcal/grau,

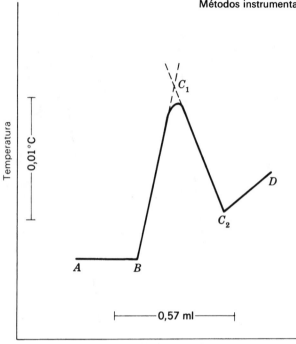

Figura 19.9 — Titulação de uma mistura de aproximadamente 0,25 milimol de cada um dos íons de Ca^{++} e Mg^{++} com EDTA. Iniciou-se a titulação em B, mostrou um ponto final em C_1 para o cálcio extrapolado e um ponto final para o magnésio em C_2. C_2 a D representa adição de um excesso de reagente (registro do Chemical Progress)

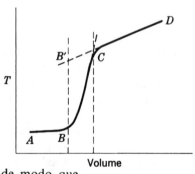

Figura 19.10 — Curva generalizada da titulação termométrica e entalpométrica

de modo que

$$\Delta T = -\frac{N\Delta H}{k} \qquad (19\text{-}1)$$

Pode-se determinar a quantidade k por uma simples etapa de calibração, por exemplo, por uma quantidade conhecida de aquecimento elétrico. Então poder-se-á determinar N se $\Delta H°$ for conhecido, ou vice-versa; se fizermos a aproximação nas soluções diluídas usualmente empregadas ΔH e $\Delta H°$ não diferirão substancialmente. Naturalmente, pode-se determinar mais cuidadosamente o valor de N (ou da concentração) por uma titulação completa. Observar que a determinação calorimétrica de N não exige um titulante apropriado. Esse procedimento é chamado *titulação por entalpia*.

PROBLEMAS

19-1 Dissolve-se uma amostra de uma liga de cobre-prata em ácido nítrico em um pequeno cadinho, este é colocado na termobalança e a temperatura gradualmente elevada a 750°C. O traçado obtido (massa em função do tempo) é mostrado na Fig. 19.11, junto com as massas do resíduo como se lê a partir do gráfico. Calcule a composição da liga em termos de porcentagem em peso.

19-2 Imagine um procedimento, análogo ao do problema precedente, para a análise através dos cromatos precipitados a partir de misturas dos íons-prata e mercuroso.

19-3 O sal microcósmico Na $(NH_4)HPO_4 \cdot 4H_2O$, após aquecimento, liberta primeiro 4 moléculas de água, depois outra molécula de água e 1 de NH_3 e termina como metafosfato de sódio, $NaPO_3$. Esboce as curvas que você poderia esperar por um estudo dessa substância: a) com uma termobalança, b) por análise térmica diferencial.

19-4 Qual é o produto final da pirólise do $SrCO_3$, como mostrado pela Fig. 19.6?

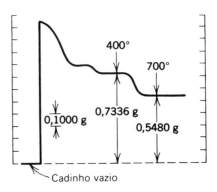

Figura 19.11 — Traçado da termobalança para uma mistura de nitratos de cobre e prata

REFERÊNCIAS

1. *Tech. Bull.* T-102, Mettler Instrument Corp., Princeton, Nova Jérsei.
2. Dosch, E. L.: *Instr. Soc. Am. Conf. Proc. Preprint* n.° 2.6-5-64 (1964).
3. Duval, C.: "Inorganic Thermogravimetric Analysis", 2.ª ed., American Elsevier Publishing Company, Inc., New York, 1963.
4. Jordan, J.: *Record Chem. Progr.*, **19**: 193 (1958): *J. Chem. Educ.*, **40**: A5 (1963).
5. Paulik, F.; J. Paulik e L. Erdey: *Hung. Sci. Instr.*, **1**: 3 (1964).
6. Vaughan, H. P. e W. G. Wiedemann: An Integrated Vacuum Thermoanalyzer for Simultaneous TGA and DTA, em P. M. Waters (ed.), "Vacuum Microbalance Techniques", vol. 4, Plenum Publishing Corp., New York, 1965.
7. Watson, E. S.; M. J. O'Neill; J. Justin e N. Brenner: *Anal. Chem.*, **36**: 1233 (1964).
8. Wendlandt, W. W.: "Thermal Methods of Analysis", Interscience Publishers (Divisão de John Wiley & Sons, Inc.), New York, 1964.
9. Wilhoit, R. C.: *J. Chem. Educ.*, **44**: A571, A629, A685, A853 (1967).

20 Introdução às separações de interfases

A separação não é, em si, uma técnica analítica, mas, geralmente, é tão necessária antes de uma análise que é um assunto do maior interesse para os químicos analíticos. Tem seu lugar válido neste livro porque muitos dos procedimentos envolvem instrumentação, a qual pode ser altamente sofisticada. Não estamos interessados nas técnicas de separação, que são em primeiro lugar apropriados para a preparação ou purificação.

Uma grande e importante classe de esquemas de separação envolve a transferência de uma ou mais substâncias de uma fase para outra. Assim, podemos classificar os métodos de separação de acordo com o tipo de fases entre as quais se alcança o equilíbrio (ou quase). Há quatro classes desse tipo: gás-líquido, gás-sólido, líquido-líquido e líquido-sólido.

Será vantajoso estabelecer uma notação geral para sistematizar as várias situações analíticas que possam ocorrer*. Chamaremos A e B as substâncias que se devem separar. As duas fases envolvidas serão designadas pelos índices 1 e 2. Se a substância A estiver em equilíbrio entre as duas fases, a fração na fase 1 será indicada por $p_{(A)}$, a fração na fase 2 por $q_{(A)}$, de modo que

$$p_{(A)} + q_{(A)} = 1 \qquad (20\text{-}1)$$

A razão entre p e q será designada por K, a *razão de distribuição*:

$$K_{(A)} = \frac{p_{(A)}}{q_{(A)}} \qquad (20\text{-}2)$$

Combinando as equações acima, teremos

$$p_{(A)} = \frac{K_{(A)}}{K_{(A)} + 1}$$
$$q_{(A)} = \frac{1}{K_{(A)} + 1} \qquad (20\text{-}3)$$

Pode-se expressar a mesma razão de distribuição em termos dos volumes das duas fases V_1 e V_2 e as concentrações correspondentes C_1 e C_2:

$$K_{(A)} = \frac{C_{1(A)}V_1}{C_{2(A)}V_2} \qquad (20\text{-}4)$$

As concentrações nas duas fases não se referem necessariamente a espécies químicas idênticas. Por exemplo, na distribuição do ácido acético entre água (fase 1) e benzeno (fase 2), C_1 se referirá ao total das espécies aquosas ionizadas ou não e C_2 incluirá tanto as formas monômeras quanto as dímeras.

A razão de distribuição para um dado sistema, mesmo à temperatura constante, não precisa ser rigorosamente constante. Isso é, em parte, devido ao fato de o equi-

---

*Diferentes autores usam notações diferentes das apresentadas aqui e portanto é necessário cuidado para evitar confusão.

Introdução às separações de interfases

líbrio de distribuição poder ser afetado por equilíbrios competitivos no interior de uma ou das duas fases, como se sugeriu acima para o ácido acético, de modo que K possa variar bastante com a concentração total. Também não se pode considerar K como uma verdadeira constante termodinâmica, a menos que se incluam os coeficientes de atividade e estes geralmente não são facilmente determináveis.

Para separar A de B, é desejável que as razões de distribuição sejam tão diferentes quanto possível. Defineiremos α, o *fator de separação*, como

$$\alpha = \frac{K_{(A)}}{K_{(B)}} \qquad (20\text{-}5)$$

Combinando as Eqs. (20-4) e (20-5) temos

$$\alpha = \frac{C_{1(A)}C_{2(B)}}{C_{2(A)}C_{1(B)}} \qquad (20\text{-}6)$$

que é independente dos volumes. Essa razão pode ser muito maior ou muito menor que a unidade, para haver melhor separação. A separação é mais efetiva se $K_{(A)} = 1/K_{(B)}$; isso nem sempre é obtido, mas se pode aproximar pela manipulação da razão do volume.

Na prática, estamos quase sempre interessados em separações repetidas, apenas raramente será suficiente um só equilíbrio. A repetição pode ser contínua, como na cromatografia, ou em etapas, como na extração com solventes com funis de separação, mas realmente a diferença entre esses processos é mais uma diferença de grau que de modo. Tomando-se os estágios nos procedimentos de uma etapa suficientemente numerosos, o efeito final é indistinguível teoricamente de um processo verdadeiramente contínuo. Por outro lado, às vezes é conveniente tratar uma separação contínua matematicamente como se fosse em etapas usando o conceito de placa teórica originário da teoria da destilação fracionada.

Experimentalmente podemos distinguir entre sistemas em *contracorrente*, nos quais se abastecem para ambas as fases material novo, que não contém a amostra, e sistemas em *corrente reversa*, onde se fornece para uma só fase. A cromatografia de eluição está na primeira categoria, um exemplo da segunda é a extração de uma substância por contato sucessivo com novas porções de um solvente imiscível. A separação *completa* pelo processo de corrente reversa ou contracorrente é teoricamente impossível, mas se pode fazer a separação em qualquer grau necessário, de modo que possamos obter alta pureza às custas do rendimento.

Deve-se frisar que a presente discussão é geral; o mecanismo de transferência da amostra entre as fases pode envolver troca iônica, adsorção superficial, solubilidade, volatilidade ou outros fenômenos.

SEPARAÇÕES POR CORRENTE REVERSA

Admitamos que uma substância A exista inicialmente apenas na fase 2. Adiciona-se uma porção da fase 1 e equilibra-se o sistema, seguindo-se que as frações da quantidade total de A presente nas duas fases serão $p_{(A)}$ e $q_{(A)}$. Então se separam as fases mecanicamente, adiciona-se uma nova porção da fase 1 e equilibra-se. A fração restante na fase 2 é agora $q_{(A)} \cdot q_{(A)} = q_{(A)}^2$; a fração nas porções combinadas da fase

366 Métodos instrumentais de análise química

1 é $(1 - q_{(A)}^2)$. Pode-se repetir o processo tantas vezes quanto necessário, digamos n vezes. A fração restante na fase 2 e a fração total extraída tornam-se

$$q_{(A)}^n = \frac{1}{(K_{(A)} + 1)^n} \qquad (20\text{-}7)$$

$$p_{(A)\,total} = 1 - q_{(A)}^n$$

Podem-se usar essas relações junto com a Eq. (20-4) para determinar o número de equilíbrios necessários a fim de se conseguir um determinado grau de separação ou para determinar a separação possível com um dado número de equilíbrios, desde que se conheça K.

Se se devem separar duas substâncias, A e B, ambas inicialmente na fase 2, segue-se que a razão da fração restante na fase 2 para a fração de B, também restante, após n estáfios é

$$\left(\frac{q_{(A)}}{q_{(B)}}\right)^n = \left(\frac{K_{(B)} + 1}{K_{(A)} + 1}\right)^n \qquad (20\text{-}8)$$

e que a razão das quantidades totais passando para a fase 1 é

$$\frac{p_{(A)\,total}}{p_{(B)\,total}} = \frac{1 - q_{(A)}^n}{1 - q_{(B)}^n} \qquad (20\text{-}9)$$

As separações por etapas em corrente reversa se aplicam à extração de uma substância de uma solução líquida ou de um sólido poroso por um líquido imiscível, ou à extração de um líquido por troca iônica, quando esta for efetuada em lotes. A separação por destilação simples também cai nessa categoria. Em cada caso deve-se admitir que as condições de equilíbrio são conseguidas em cada etapa.

Podem-se aplicar em alguns casos os métodos de corrente reversa de uma maneira contínua, como na remoção do oxigênio de uma solução por borbulhamento de nitrogênio através dela ou em vários extratores líquido-líquido. A extração de solúveis dos grãos de café em um percolador é um exemplo, geralmente, de interesse apenas periférico para os químicos analíticos.

SEPARAÇÃO EM CONTRACORRENTE

É um método poderoso, capaz de separar em um tempo razoável substâncias com razão de distribuição praticamente idênticas. Enquanto que no método de corrente reversa renova-se continuamente apenas uma fase, na contracorrente precisam-se renovar as duas. Pode-se imaginar que a amostra está parada enquanto a fase 1 se move em uma direção e a fase 2, na direção oposta. Os componentes da amostra, se apresentarem qualquer diferença nos valores de K, apresentarão tendência a serem removidos de um jeito ou do outro.

Raramente é conveniente, pelo menos em escala de laboratório, ter as duas fases realmente móveis; uma geralmente é estacionária enquanto a outra se move através dela. Os componentes da amostra também se movem, mas com uma velocidade menor que a da fase móvel, pois sua afinidade parcial para a fase fixa tende a deixá-los para trás.

Consideremos primeiro os equilíbrios em etapas. Admitamos que estejamos lidando com um conjunto enorme de béqueres, tubos de ensaio, funis de separação ou outros recipientes apropriados, aos quais nos referiremos como "tubos". Vamos representá-los esquematicamente na Fig. 20.1 como retângulos compostos de dois

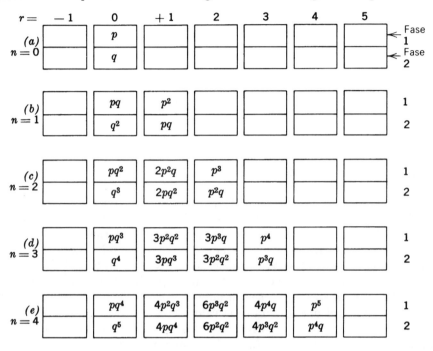

Figura 20.1 — Distribuição de fases por contracorrente

segmentos correspondentes às duas fases. Designam-se os tubos por "r números". A substância A está presente inicialmente apenas no tubo $r = 0$, distribuída na razão p/q de acordo com a Eq. (20-2). (No momento, simplificaremos omitindo o índice A.) Façamos agora cada segmento da fase 1 se mover um espaço para a direita em relação à fase 2 (ou a operação equivalente, movendo a fase 2 para a esquerda), como se vê em (b) na figura. Após as transferências, cada segmento é reequilibrado com os resultados mostrados em termos de p e q; a quantidade total de A na posição $r = 1$ deve ser p e, quando esta se equilibra com nova porção da fase 2, a razão entre as duas fases deve ser $K = p/q = p^2/qp$. Analogamente, na posição $r = 0$, a quantidade q se distribuirá na razão $p/q = pq/q^2$.

Se repetirmos o movimento relativo, obteremos a seqüência mostrada em (c). Nesse caso, a quantidade total do tubo $r = 1$ é a soma de pq (vindo de $r = 0$ na fase 1) mais outro pq (de $r = 1$ na fase 2) dando $2pq$ que se reequilibram na razão $K = p/q$ ou $p(2pq) = 2p^2q$ na fase 1 e $q(2pq) = 2pq^2$ na fase 2.

Por raciocínio semelhante, mostram-se em (d) e (e) da mesma figura as quantidades após transferências e equilíbrios posteriores. Deve-se observar que os coeficientes numéricos são idênticos aos do binômio de Newton*. As quantidades

*Por exemplo, $(a + b)^4 = a^4 + 4a^3b + 6a^2b^2 + 4ab^3 + b^4$.

368 Métodos instrumentais de análise química

em posições sucessivas da camada superior (fase 1) são $p(p + q)^n$ e, na fase inferior, $q(p + q)^n$, onde n é o número de transferências; r, o do tubo e onde

$$(p + q)^n = \frac{n!}{r!(n-r)!} \, p^r q^{(n-r)} \tag{20-10}$$

Essa equação fornecerá diretamente a quantidade fracional total da substância correspondente no tubo r após n equilíbrios. Será utilizada mais convenientemente se substituirmos o valor de K em termos de p e q da Eq. (20-3), para obter

$$(p + q)^n = \frac{n!}{r!(n-r)!} \, \frac{K^r}{(K + 1)^n} \tag{20-11}$$

Estamos agora em posição de calcular as frações relativas das duas substâncias, A e B, presentes em qualquer tubo r após n equilíbrios. Tomemos, por exemplo, substâncias para as quais $K_{(A)} = 0{,}10$ e $K_{(B)} = 12{,}0$ e calculemos a fração total de cada uma presente no tubo $r = 2$ após $n = 10$ transferências. A parte fatorial da Eq. (20-11) torna-se $10!/2!8!$, que é igual a 45. Então a equação nos diz que a quantidade fracional total de A é $(45)(0{,}10)^2(1{,}10)^{-10} = 0{,}174$ e de B é $(45)(12)^2$ $(13)^{-10} = 4{,}71 \times 10^{-8}$. Assim, fornecendo-se quantidades iniciais de A e B iguais, haverá ao redor de 30 milhões de vezes mais A que de B no tubo 2 após 10 estágios.

Os valores para as mesmas substâncias em $r = 8$ após 10 estágios mostram que haverá ao redor de 1 milhão de vezes mais B que A. As quantidades fracionais de A e B (com os valores de K especificados acima) são colocadas em um gráfico na Fig. 20.2, como calculados para cada valor de r para $n = 10$ e $n = 5$. Observar que para $n = 10$, as posições correspondentes a $r = 4{,}5$ e 6 não contêm quantidades significativas nem de A nem de B, de modo que 10 transferências e equilíbrios representem perda de tempo e esforço. Cinco estágios ($n = 5$) conseguiriam completa separação, pois para $n = 2$, B é desprezível e para $r = 3$, A é desprezível. As duas curvas não são completamente simétricas porque se toma $K_{(A)}$ intencionalmente não exatamente como o recíproco de $K_{(B)}$, apesar de não estar muito longe disso.

Um caso mais complexo é ilustrado na Fig. 20.3 e consiste na tentativa de separação de três substâncias com $K_{(A)} = 0{,}90$, $K_{(B)} = 1{,}15$ e $K_{(C)} = 12{,}0$, calculado apenas para $n = 10$. A separação aqui não é adequada, especialmente para as substâncias A e B, que não se separam em qualquer grau satisfatório. Podem-se separar as três com um número muito maior de estágios, mas os cálculos binomiais tornam-se de difícil manuseio acima de $n = 20$ ou 25.

Quando o número de equilíbrios deve ser maior que esse, os cálculos são facilitados pelo uso de uma distribuição *gaussiana* ou "normal", que pode ser considerada a forma-limite da distribuição binomial à medida que n aumenta. Pode-se definir a distribuição gaussiana como

$$(p + q)^n = (2\pi npq)^{-1/2} \, \exp\left(- \frac{r^2}{2npq}\right)$$

$$= (K + 1)(2\pi nK)^{-1/2} \, \exp\left(- \frac{r^2(K + 1)^2}{2nK}\right) \tag{20-12}$$

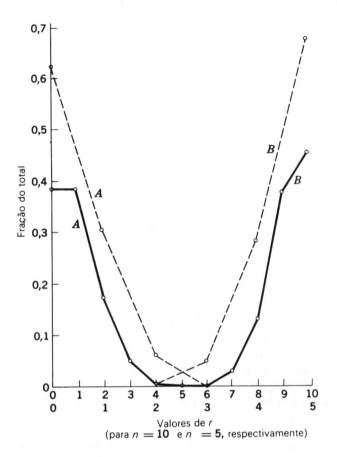

Figura 20.2 — Separação de duas substâncias A e B. Linhas contínuas: $n = 10$, a separação é completa. Linhas pontilhadas: $n = 5$, a separação é quase completa. $K_{(A)} = 0,1$; $K_{(B)} = 12$

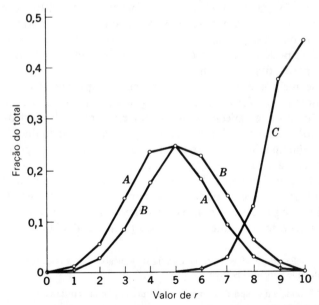

Figura 20.3 — Separação parcial de três substâncias A, B e C, para $n = 10$. $K_{(A)} = 0,90$; $K_{(B)} = 1,15$; e $K_{(C)} = 12$

370 Métodos instrumentais de análise química

O desvio-padrão σ é $(npq)^{1/2}$, onde se deve observar que n nunca pode ser um inteiro, pois a equação gaussiana é derivada com base em uma função contínua. A vantagem dessa equação é que os valores da tabela são facilmente encontrados e por meio deles podemos determinar a fração da área incluída, portanto a fração da substância desejada entre qualquer valor escolhido de r e r_{max}. que é o valor de r correspondente ao máximo da curva de distribuição.

SEPARAÇÃO EM CONTRACORRENTE CONTÍNUA

Os métodos analíticos mais significativos nessa categoria são os vários tipos de *cromatografia*. A cromatografia envolve uma fase móvel, tanto líquida como gás, que passa sobre a superfície de uma fase estacionária, que pode ser um sólido ou um líquido imobilizado por algum processo como adsorção na superfície de um sólido. Insere-se a amostra no ou próximo ao ponto onde se realiza o primeiro contato entre as duas fases. Seus componentes são então arrastados com várias velocidades dependendo das suas afinidades relativas para as duas fases e, se experiência tiver êxito, são totalmente separadas*.

Geralmente classificam-se os métodos cromatográficos de acordo com suas principais características, tal como cromatografia em papel, cromatografia de troca iônica, cromatografia gás-líquido, etc. Algumas vezes não fica bem claro como funciona o mecanismo de separação e encontramos nomes inexpressivos, tais como cromatografia em coluna.

Seja qual for o mecanismo, pode-se usar a mesma abordagem matemática geral. Em nossa discussão, será conveniente nos referirmos ao leito da fase estacionária como *coluna*, mesmo se algumas vezes a "coluna" for uma folha de papel.

Pode-se introduzir a amostra na fase mais conveniente, mas sempre na menor e mais compacta forma possível, a fim de fornecer um ponto de partida nítido. À medida que a experiência avança, observam-se dois efeitos principais: 1) o movimento da *zona* ou retenção do soluto em relação à coluna e 2) o alargamento da zona. Também se podem observar outros efeitos, incluindo diminuição da simetria da zona, que pode tomar a forma de uma *cauda*.

Observa-se melhor a posição da zona em seu próximo; a largura é menos facilmente definida. Se a forma da zona for gaussiana (muitas vezes uma boa aproximação), então se pode especificar a largura em termos do *desvio-padrão* σ, que é definido como a metade da largura da curva gaussiana, medida a 0,607 da altura máxima**. Freqüentemente toma-se o valor de 4σ como largura pois mais que 95% da área sob a curva gaussiana tem uma largura de 4σ e porque esta distância é facilmente medida graficamente. Pode-se ver na Fig. 20.4 a relação entre as várias quantidades. Observar que se pode aproximar cada pico desenhando-se um triângulo com lados tangentes aos pontos de inflexão da curva gaussiana, que é justamente a altura onde se define σ. Isso mostra que a distância y é igual a 4σ.

---

*Estamo-nos referindo apenas à cromatografia de eluição e não discutiremos as técnicas frontal e de deslocamento que são menos úteis.

**$0,607 = e^{1/2}$, onde e é a base dos logaritmos naturais; isso concorda com o uso do termo desvio-padrão da seção prévia.

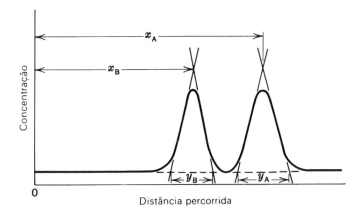

Figura 20.4 — Resolução de picos em separação em contracorrente contínua

Pode-se mostrar tanto teórica como experimentalmente que a separação entre as bandas $x_{(A)} - x_{(B)}$, na Fig. 20.4, aumenta na proporção da distância percorrida, enquanto a largura da banda aumenta em proporção à raiz quadrada da distância:

$$\frac{y_{(A)}}{y_{(B)}} = \left(\frac{x_{(A)}}{x_{(B)}}\right)^{1/2} \qquad (20\text{-}13)$$

Dessa relação pareceria que simplesmente se aumentando-se o comprimento da coluna, poder-se-ia alcançar qualquer grau de separação uma vez que os picos se separam mais rapidamente do que se alargam. Isso é verdadeiro, mas de utilidade limitada por razões práticas; quanto mais comprida for a coluna, maior será o tempo que se deve dedicar à cada experiência. Também podem-se alargar os picos até pontos onde se torna difícil detectá-los.

TEORIA DA MIGRAÇÃO CROMATOGRÁFICA

A teoria da migração baseia-se na passagem repetida de moléculas do soluto (ou entidades comparáveis) para trás e para frente entre as fases. Qualquer molécula (em média) gastará o tempo t_s na fase estacionária e o tempo t_m na fase móvel, à medida que passa através de uma dada distância. Durante o tempo t_m, ela se move para a frente com a velocidade do transportador v; durante o tempo t_s, ela não se move para a frente de nenhum modo. Seu movimento, então, é em etapas, à medida que ela passa dentro e fora da fase móvel. Os valores relativos de t_s e t_m determinarão quão rapidamente o soluto se moverá ao longo da coluna. A razão t_s/t_m é igual ao coeficiente de distribuição K, previamente definido [Eq. (20-2)].

Podem-se examinar convenientemente os vários fatores que contribuem para a eficiência da separação pelo AEPT (altura equivalente a uma placa teórica). Uma "placa teórica" é um conceito fictício que não corresponde à nenhuma entidade real da coluna. É um parâmetro muito conveniente para fins de cálculo, que é sua *raison d'être*. Define-se como o comprimento da coluna que fornecerá um efluente em equilíbrio com a concentração média através de todo o compri-

372 Métodos instrumentais de análise química

mento na fase estacionária. É desejável, para maior eficiência, um grande número N de placas teóricas e, para evitar colunas muito longas, a AEPT deve ser tão pequena quanto possível.

A AEPT relaciona-se diretamente com a largura de um pico; de fato, pode-se mostrar por considerações estatísticas que é igual a σ^2/x, onde x é a distância percorrida, como se vê na Fig. 20.4. É mais conveniente medir y em vez de σ em um cromatograma registrado e assim podemos usar a expressão;

$$H = \frac{y^2}{16x} \qquad (20\text{-}14)$$

(onde H é a AEPT média sobre a distância x) e a expressão correspondente para o número de placas teóricas:

$$N = \frac{x}{H} = 16 \left(\frac{x}{y} \right)^2 \qquad (20\text{-}15)$$

A partir da abordagem teórica* Van Deemter e outros mostraram que o alargamento de um pico é a soma dos efeitos de várias fontes, não completamente independentes umas das outras. A *equação de Van Deemter* (na forma ligeiramente simplificada) é expressa em termos de AEPT equivalente a

$$H = A + \frac{B}{v} + Cv \qquad (20\text{-}16)$$

onde A, B e C são constantes para um dado sistema e v é a velocidade de escoamento da fase transportadora.

O termo A se origina de efeitos geométricos envolvendo o tamanho e a uniformidade dos grãos sólidos em uma coluna empacotada e a existência de numerosos canais paralelos de várias dimensões através da qual a fase móvel pode escoar (efeito de *redemoinho*). O termo B, que se torna menos importante à medida que a velocidade de escoamento v aumenta, relaciona-se com a difusão longitudinal do soluto em uma ou em ambas as fases. O último termo, Cv, que predomina a maiores velocidades de escoamento, é a contribuição da difusão transversal na fase móvel, como de um canal para outro, e pelos efeitos cinéticos relacionados com a transparência do soluto entre as fases. Às vezes, atribui-se o termo C à saída do sistema do equilíbrio real ou à resistência da transferência de massa entre fases (que são diferentes modos de dizer a mesma coisa).

Exigindo-se precisão, pode-se acrescentar um quarto termo; isso envolve interações de segunda ordem entre os fatores previamente mencionados.

A equação de Van Deemter está apresentada em um gráfico na Fig. 20.5, para mostrar as relações quantitativas entre os três termos. Há uma velocidade de escoamento ótima v_{ot} para o sistema, onde H será um mínimo. Na prática isso se determina geralmente por tentativa e erro. A velocidade ótima não será a mesma para diferentes substâncias em uma mistura e deve-se escolhê-la para o componente mais difícil de separar. Os cromatógrafos às vezes escolhem uma velocidade maior que v_{ot} a fim de diminuir o tempo da análise, mesmo sacrificando alguma resolução.

---

*A teoria matemática é facilmente encontrada em vários trabalhos de referência.

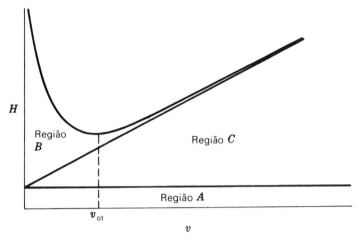

Figura 20.5 – Gráfico da equação de Van Deemter

RESOLUÇÃO

A resolução é uma medida do sucesso em separar zonas de substâncias semelhantes A e B. Obviamente relaciona-se à separabilidade α [Eq. (20-5)], à diferença entre os dois picos da Fig. 20.4, que podemos chamar $\Delta x = x_{(B)} - x_{(A)}$, e às larguras dos picos $4\sigma_{(A)}$ e $4\sigma_{(B)}$. Como os picos são muito juntos, suas larguras são essencialmente iguais e poderemos eliminar os índices A e B. Pode-se definir a resolução como $\Delta x/4\sigma$, que se pode mostrar ser igual a $N^{1/2}(1-\alpha)$. Para obter um grau específico de resolução, devem-se observar as seguintes condições

$$N^{1/2} = \frac{\Delta x}{4\sigma}\left(\frac{1}{1-\alpha}\right) \qquad (20\text{-}17)$$

Por exemplo, se se devem separar duas substâncias com $\alpha = 0,9$ com resolução unitária (isto é, $\Delta x/4\sigma = 1$), $N^{1/2} = 1/(1-0,9)$ e $N = 100$ placas teóricas. Se $\alpha = 0,99$, seriam necessárias 10^4 placas teóricas.

Observar que as quantidades x e σ devem ser expressas nas mesmas unidades, mas estas podem ser distâncias medidas ao longo da coluna, volumes de retenção, tempos de eluição ou simplesmente distâncias tomadas em um papel para registrador.

COMPARAÇÃO ENTRE A CROMATOGRAFIA DE GÁS E A DE LÍQUIDO (CG E CL)

É interessante comparar essas duas variedades de cromatografia de eluição, que seguem o tratamento teórico já descrito. É óbvio que as áreas de aplicação são diferentes, apesar de se poderem manusear vários solutos de um ou outro modo. Os detalhes específicos de cada um serão tratados em capítulos posteriores. Estamos aqui interessados nos fatores que determinam a eficiência e a resolução de uma coluna.

374 Métodos instrumentais de análise química

O *comprimento* de uma coluna para CL é comumente de 10 a 100 cm, enquanto para a CG usam-se colunas empacotadas, em geral mais compridas, talvez de 1 a 40 m; na CG é possível usar uma coluna capilar aberta de muito maior comprimento até da ordem de 1 km.

O *diâmetro* das colunas empacotadas é comparável para a CL e a CG, de 5 a 10 mm; os capilares da CG vão de 0,25 a 0,5 mm.

A AEPT para a velocidade de escoamento ótimo chega a ser da mesma ordem de grandeza para colunas empacotadas e grosseiramente comparável ao diâmetro médio das partículas do material de empacotamento. Na Tab. 20.1 fornecem-se alguns valores representativos.

Tabela 20.1 — Valores de AEPT para sistemas cromatográficos representativos*

Sistema	Soluto	AEPT, mm
1. *Troca iônica*		
Dowex 50–HCl	Na$^+$, K$^+$	0,35
Dowex 1-tampões formiato	Ribonucleotídeos	0,66
CM-celulose-tampões fosfato	Corticotrofinas	0,67
Amberlite IRC-50-tampões fosfato	Lisozima	1,5
2. *Partição líquido-líquido*		
Celite-água-cicloexano	Fenóis	0,27–0,33
Celite-água-metanol-hexano	Esteróides	0,75
Celite-água-metanol-cicloexano-benzeno	Aldosterona	0,75
Celite-Celosolves, tampões aquosos	Insulina	0,2–0,5
Celite HCl 0,1 N 2-butanol	Insulina	0,1–0,5
Sephadex G-25	Ácido uridílico	0,1–0,5
3. *Partição líquido-vapor*		
Capilar de náilon-dinonilftalato	Hidrocarbonetos	0,5
4. *Adsorção*		
Sílica-éter-ligroína	Nitro-compostos	0,85

*Valores de C. J. O. R. Morris e P. Morris (ref. 2); encontram-se neste trabalho as referências à literatura original.

O *número de placas teóricas*, como determinado pela razão do comprimento da coluna para a AEPT, varia entre 100 e 1.000 para a CL e entre 1.000 e talvez 50.000 para a CG com colunas de empacotamento. Obtiveram-se com capilares valores acima de 10^6.

Para colunas comparáveis, a *velocidade de escoamento* para um gás é consideravelmente maior que para um líquido, em grande parte devido à diferença de viscosidade (ao redor de 100 vezes).

A *velocidade* de separação é proporcional ao valor do termo C de Van de Deemter, que pode ser 10^3 a 10^5 vezes menor para um gás que para uma fase líquida móvel. A equação simplificada é

$$t_{zona} = NC(K + 1) \qquad (20\text{-}18)$$

Introdução às separações de interfases

onde t_{zona} = tempo necessário para o soluto percorrer a coluna

N = número de placas no mesmo comprimento da coluna

K = razão de distribuição [Eq. (20-2)]

Isso faz a CG muito mais rápida que a CL para substâncias fáceis de separar, modo que não será necessário um valor muito grande de N. Contudo, para dois solutos muito semelhantes, deve-se acrescentar outro fator à equação, que é uma função complexa da queda de pressão através da coluna e que favorece a cromatografia de líquido para esses casos.

Também pode-se exprimir a resolução $\Delta x/4\sigma$ por $(L/H)^{1/2}(\Delta x/X)$, onde X é a média de x_1 e x_2. Assim, para a coluna de um determinado comprimento L, a resolução variará com o inverso da raiz quadrada da AEPT, para a qual foram dadas ordens de grandeza numérica.

REFERÊNCIAS

1. Giddings, J. C.: Principles and Theory em "Dynamics of Chromatography", Parte I, vol. 1, Marcel Dekker, Inc., New York, 1965.
2. Morris, C. J. O. R. e P. Morris: "Separation Methods in Biochemistry", Interscience Publishers (Divisão de John Wiley & Sons, Inc.), New York, 1963.
3. Rogers, L. B.: Principles of Separations em I. M. Kolthoff e P. J. Elving (eds.). "Treatise on Analytical Chemistry", Parte I, vol. 2, Cap. 22, Interscience Publishers (Divisão de John Wiley & Sons, Inc.), New York, 1961.

21 Cromatografia de gás

Essa técnica, sem dúvida, é a mais extensivamente usada (para fins analíticos) entre todos os métodos de separação instrumental e, assim, merece ser considerada em primeiro lugar. Ela fornece um meio rápido e fácil para determinar o número de componentes em uma mistura, a presença de impurezas em uma substância e, muitas vezes, o esclarecimento à primeira vista sobre a identidade de um composto. A única exigência é alguma estabilidade na temperatura necessária para a produção do vapor. Assim, um cromatógrafo de gás (CG) é um instrumento essencial ao químico preocupado com a síntese ou a caracterização de compostos covalentes de massa molecular moderada (refs. 1 e 5).

É provavelmente correto dizer que sua maior utilidade é qualitativa ou semi-quantitativa, mas, com cuidadosa calibração, também podem-se fazer medidas quantitativas.

A Fig. 21.1 mostra esquematicamente as partes essenciais de um cromatógrafo de gás. Há uma grande diferença entre uma unidade básica que servirá para várias identificações e um instrumento altamente sofisticado apropriado às várias e rigorosas exigências da pesquisa. Consideraremos primeiro os sistemas físico-químicos — a escolha das substâncias para as fases fixas e móveis apropriadas para os vários tipos de amostras — e então as características dos instrumentos detalhadamente.

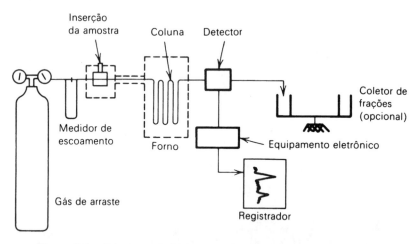

Figura 21.1 — Diagrama de bloco de um cromatógrafo de gás elementar

A FASE ESTACIONÁRIA

A cromatografia de gás se divide em duas subclasses, de acordo com a natureza da fase estacionária. Em suma (chamada CGS, *cromatografia gás-sólido*) a fase fixa consiste de uma substância sólida granular, tal como sílica, alumina ou carbono.

Cromatografia de gás

O processo de separação envolve adsorção na superfície sólida. Sua aplicabilidade é bem limitada, especialmente devido à cauda originada pelas isotermas de adsorção não-lineares e, em parte, às dificuldades em reproduzir condições de superfície em parte devido à excessiva retenção dos gases reativos que reduzem a área disponível. A catálise de superfície também pode desempenhar um papel limitante. A CGS é de grande valor na separação de gases permanentes e hidrocarbonetos de baixo ponto de ebulição.

Sem dúvida, a classe mais importante é a CGL, *cromatografia gás-líquido*, onde a fase fixa é um líquido não-volátil mantido como uma camada fina em um suporte sólido. O *substrato sólido* geralmente não tem efeito no processo cromatográfico e é selecionado por sua capacidade em manter a película líquida no lugar. Os suportes mais comuns são substâncias porosas inertes, especialmente terras diatomáceas e tijolos refratários moídos. O tamanho da partícula deve ser bem uniforme e não muito fino. Diâmetros típicos vão da ordem de 60-80 *mesh* (ao redor de 0,25-0,18 mm), 80-100 *mesh* (0,18-0,15 mm) e 100-120 *mesh* (0,15-013 mm). Quanto menores forem os grãos, maior será a pressão necessária para forçar o gás através das colunas. Ocasionalmente, para fins especiais, escolhem-se outros empacotamentos, como Téflon granulado ou pérolas de vidro.

Em alguns sistemas, o suporte introduz complicações por absorver parcialmente um soluto da fase líquida. O resultado é a lenta libertação do composto para o gás em movimento, como se evidencia pela cauda de um pico. Freqüentemente, pode-se reduzir esse efeito tratando-se o sólido com dimetilclorossilano, a mesma substância que algumas vezes se aplica ao vidro para torná-lo hidrófobo, um processo conhecido como *silanização*.

COLUNAS CAPILARES

É possível eliminar o suporte granular usando um longo capilar de metal, vidro ou polímero orgânico, onde as paredes agem como suporte para a fase líquida estacionária. Dimensões típicas são 0,25 mm de diâmetro interno por 50 m de comprimento, com uma AEPT de menos de 1 mm. As vantagens são a capacidade em manusear amostras muitíssimos pequenas. ($< 5\mu$g) e maior eficiência em termos de maior número de placas teóricas que se podem encerrar em um determinado tamanho de forno.

A FASE LÍQUIDA

Há centenas de líquidos que se relataram como particularmente convenientes para separações específicas. Eles diferem dos demais em relação ao grau de polarização e intervalo de temperatura no qual são úteis. Para a maioria das aplicações, será suficiente um número limitado de líquidos. A lista que se segue apresenta treze substâncias que a Perkin-Elmer Corporation encontrou para fornecer uma seleção versátil (em ordem de polaridade crescente):

Substância	Temp., °C
1. Esqualano ($C_{30}H_{62}$, ramificado)	150
2. Graxa Apiezon-L (A. E. I., Ltd., Inglaterra)	250–300
3. Dodecil ftalato	165–170
4. Di-(2-etilexil) sebacato	150
5. Óleo de metil silicona de baixa viscosidade (DC-200, Dow-Corning)	200
6. Óleo de fenil silicona (DC-550, Dow-Corning)	180–220
7. Resina de metil silicona (SE-30, General Electric Co.)	300–350
8. Polietilenoglicol (Carbowax 1540, Union Carbide)	150
9. Polialquilenoglicol (óleo Ucon LB-550-X, Union Carbide)	180–200
10. Polialquilenoglicol (óleo Ucon 50-HB-2000, Union Carbide)	180–200
11. Polifeniléter (OS-138)	200–225
12. Butanodiol sucinato poliéster "BDS"	200–205
13. Dietilenoglicol sucinato poliéster "DEGS"	205–210

As temperaturas indicadas representam os limites úteis superiores; elas dependem de outros fatores e por isso não podemos considerá-las como limites rígidos. Assim, alguns detectores tolerarão maiores pressões parciais dos vapores do substrato do que outros. Também pode ser permissível aquecer um líquido a seu limite superior ou mesmo acima se for mantido aí durante um tempo muito curto. O limite inferior de temperatura (não está na lista) depende de fatores, tais como congelação ou grande aumento da viscosidade.

Geralmente, não se especifica a *polaridade* da fase líquida em termos da constante dielétrica, mas empiricamente por sua capacidade de separar compostos apropriados nas condições cromatográficas. Podem-se resolver facilmente solutos não-polares, tais como pentano, butano e propano em um líquido não-polar, tal como esqualano, ao passo que seus picos caem muito próximos uns aos outros em uma coluna de dimensões semelhantes, mas que contém um líquido polar como, por exemplo, um dos succinatos. O inverso se aplica à separação de solutos polares, tais como álcoois.

Especifica-se a quantidade do líquido contido no sólido-suporte em termos de porcentagem de *carga* por peso. A técnica usual de recobrimento consiste em dissolver a quantidade necessária do líquido em um solvente volátil, misturá-lo perfeitamente com o sólido granulado seco em um recipiente aberto e depois remover o solvente por evaporação. O sólido recoberto pelo líquido apresenta-se como uma areia de escoamento livre que se pode colocar em um tubo de metal reto e longo (auxiliando o empacotamento por batida ou vibração). Fecha-se fracamente o tubo, que é munido de conexões tipo rosca, *depois* de cheio.

As colunas capilares geralmente são recobertas forçando-se através da coluna uma pequena quantidade de uma solução a 10% do material de recobrimento em um solvente volátil.

Outro empacotamento de coluna de que dispomos pode-se considerar intermediário entre os sólidos sem recobrimento da CGS e o suporte recoberto de CGL (ref. 11). Este é um empacotamento formado de pérolas porosas de um copolímero de estireno e divinilbenzeno. Parece que os componentes da amostra se trocam

Cromatografia de gás

diretamente entre a fase gasosa e as pérolas amorfas porosas, estas atuando mais como um solvente do que como um adsorvente. Essa substância fornece separações especialmente limpas. A temperatura máxima permissível é de uns 250°C.

Qualquer uma dessas colunas necessitará geralmente de um condicionamento posterior antes de se usar. Isso se consegue por arraste com gás nitrogênio durante poucas horas, na temperatura mais alta permissível.

GÁS DE ARRASTE

Sem dúvida, o gás hélio é o mais comum apesar de seu custo. Há duas principais razões para essa escolha. Um dos detectores mais úteis depende da condutividade térmica do gás, uma propriedade que é muito maior para o hidrogênio e hélio do que para quaisquer outros gases. O hidrogênio tem dois inconvenientes: seu perigo de inflamação e explosão e, mais fundamentalmente, sua reatividade em relação a componentes da amostra reduzíveis ou insaturados. Outra vantagem do hélio, também compartilhada pelo hidrogênio, é que, devido a sua baixa densidade, se podem usar maiores velocidades de escoamento, reduzindo assim o tempo necessário a sua separação.

São necessários para certos detectores outros gases, tais como argônio ou nitrogênio, como veremos mais adiante.

Uma possibilidade interessante é o uso de água tanto como líquido fixo como um componente (com nitrogênio) do gás de arraste (ref. 17). É fundamental que o suporte seja silanizado. Isso constitui um dos melhores sistemas para separar compostos polares muito semelhantes, tais como álcoois e glicóis homólogos. A Fig. 21.2 mostra um cromatograma de um desses sistemas e é um excelente exemplo da simplicidade de separação possível com a CG.

INJEÇÃO DE AMOSTRA

Uma característica notável da CG é a capacidade de usar amostras pequenas – é usual de 0,1 a 50 μl de um líquido. Há três métodos de inserir amostras medidas: por válvula, por ampola e por seringa.

O método de válvula é especialmente conveniente para a amostragem de corrente de gás. A Fig. 21.3 mostra um exemplo que consiste de um par de torneiras de duas vias iguais. Na posição mostrada, o gás de arraste passa através da coluna, que está em condições de pronta operação. Para tomar uma amostra, gira-se a torneira n.° 1 90° de modo que se encha o reservatório (ou volume calibrado) com a amostra de gás. Volta-se então, a torneira n° 1 a sua posição original e gira-se 90° a torneira n.° 2, com o que entra na coluna a quantidade medida do gás. Construíram-se várias modificações engenhosas desse dispositivo para usar uma única torneira de várias vias ou uma válvula equivalente com um movimento linear de deslizamento.

A introdução de amostras por ampola é provavelmente o método mais preciso, mas menos conveniente. A amostra, esfriada se necessário, é fechada numa ampola de vidro frágil e se determina sua massa. Insere-se, então, a ampola numa câmara especial aquecida no topo da coluna, onde é quebrada mecanicamente

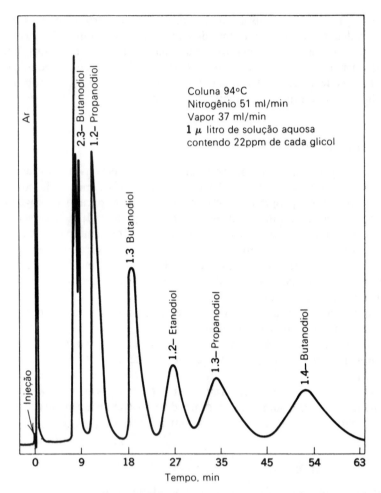

Figura 21.2 — Separação de glicóis por cromatografia gasosa (Analytical Chemistry)

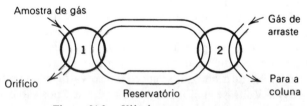

Figura 21.3 — Válvulas para amostras gasosas

ao mesmo tempo que é envolvida pelo fluxo do gás de arraste. A temperatura é tal que a amostra vaporiza quase que instantaneamente e penetra na coluna.

A técnica da seringa é a mais amplamente usada. O dispositivo usado é essencialmente o mesmo de uma seringa hipodérmica médica e se encontra em vários tamanhos calibrados que libertarão desde 0,1 μl. O cromatógrafo é munido de uma abertura de entrada, fechada com um septo substituível de borracha natural,

Cromatografia de gás

neopreno ou, se especialmente para trabalho em alta temperatura, borracha de silicona, através do qual pode-se inserir a agulha. Podem-se usar as seringas com gases ou com líquidos de baixa viscosidade.

A fim de obter picos agudos, é importante diminuir os espaços mortos em todas partes do aparelho. Também é essencial que a amostra toda seja jogada na corrente tão instantaneamente quanto possível. Nessa extremidade, a entrada da câmara tem pequeno volume e é aquecida bem acima do ponto de ebulição (para amostras líquidas).

Algumas vezes, podem-se analisar sólidos por CG diretamente, caso possam ser fundidos e manuseados como líquidos; ou via pirólise. No último caso, resultará um diagrama de fragmentação análogo ao discutido em conexão com a espectrometria de massa.

Outro caminho pelo qual substâncias orgânicas não-voláteis podem ser estudadas é pela formação de derivados químicos voláteis. Um exemplo desse processo é a separação de aminoácidos como o N-acetil, n-amil ésteres em uma coluna de Carbowax (ref. 12). Pode-se preparar outra série útil de derivados por *sililação*, inserção do grupo TMS, $-Si(CH_3)_3$, ou DHS, $-SiH(CH_3)_2$, no lugar do hidrogênio reativo em compostos contendo grupos funcionais como $-OH$, $-COOH$, $-SH$, $-NH_2$ e $=NH$ (ref. 20). Isso foi descrito em primeiro lugar para a preparação de derivados voláteis de açúcares, mas se aplica a muitas outras classes de compostos. Existem vários reagentes para formação desses derivados, incluindo trimetilclorossilano, $(CH_3)_3SiCl$, hexametildissilazano $(CH_3)_3$—$SiNHSi(CH_3)_3$, N,O--bis-(trimetilsilil)acetamida (BSA), $(CH_3)SiO$—$C(CH_3)=N$—$Si(CH_3)_3$ e seus $-SiH(CH_3)_2$ análogos.

DETECTORES

Em princípio, pode-se incorporar a medida de qualquer propriedade, que tem diferentes valores para diferentes gases, a um detector para CG e já foram descritas quinze ou mais (ref. 19). Como mostrou Halász, podem-se os detectores classificar em duas principais famílias (ref. 8). Na primeira estão os que respondem à *concentração* (em fração molar) do soluto no gás de arraste enquanto que os da segunda respondem à *velocidade de escoamento* do soluto (em mol por unidade de tempo).

Os membros da segunda família destroem a amostra no processo de detectá-la e isso não acontece com os da primeira. Isso pode ser importante, pois às vezes é desejável recolher frações sucessivas do soluto para caracterização posterior. Por outro lado, as análises quantitativas precisas são mais facilmente executadas com os detectores da segunda família. A área integrada sob a curva sinal-tempo (ou sinal-volume) deve corresponder exatamente à massa m da substância detectada, devido ao fato de se consumir a totalidade dos componentes da amostra. A altura da curva em qualquer ponto é proporcional à velocidade de escoamento da amostra $v_s = dm/dt$ e assim a área sob a curva registrada é

$$A = \int v_s dt = \int \frac{dm}{dt} dt = m \qquad (21\text{-}1)$$

e assim obtemos m diretamente. Vários detectores que dependem da combustão da amostra numa chama são exemplos dessa família.

Os detectores da primeira família também podem dar resultados quantitativos, mas apenas para controle cuidadoso das variáveis, de modo que se aplicam as amostras por padrões, especialmente em relação à velocidade de escoamento total do gás v (amostra mais gás de arraste). O v sinal do detector é uma medida de fração molar x_s do soluto, uma quantidade adimensional, de modo que a área sob um pico de um cromatograma registrado e $\int x_s dt$. Mas $x_s = v_s/(v_s + v_c)$, onde $v_s + v_c$ é v, a soma das velocidades de escoamento da amostra e do gás de arraste. Assim, podemos escrever

$$A = \int x_s dt = \int \frac{v_s}{v^n + v_c} dt \qquad (21\text{-}2)$$

Isso será proporcional a m se se mantiver $v = v_c + v_s$ constante, o que não seria experimentalmente fácil (os reguladores de escoamento controlam apenas v_c). As amostras muito pequenas terão efeito desprezível sobre v, de modo que

$$A = \frac{1}{v} \int v_s dt = \frac{1}{v} \int \frac{dm}{dt} dt = \frac{m}{v} \qquad (21\text{-}3)$$

Assim, com detectores desse tipo, se a medida deve ser absoluta, deve-se multiplicar a área medida pela velocidade de escoamento. Para determinações relativas a um padrão, pode-se incluir esse fator na calibração total. Os detectores da primeira família incluem vários exemplos úteis, os detectores de condutividade térmica, argônio, hélio e os de captura de elétrons assim como os baseados na absorção de energia radiante.

DETECTORES DA PRIMEIRA FAMÍLIA: CONDUTIVIDADE TÉRMICA

O *detector de condutividade térmica* (*CT*) consiste geralmente de um bloco metálico com duas cavidades cilíndricas, cada uma equipada com um filamento de fio delgado ou então um termístor localizado no centro (ref. 14). Esses elementos resistivos constituem dois braços de uma ponte de Wheatstone (R_1 e R_2 na Fig. 21.4). Se a ponte está equilibrada e se muda R_6, varia-se a corrente total indicada

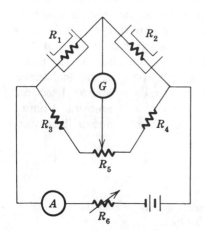

Figura 21.4 — Circuito elétrico do detector de condutividade térmica. R_1 e R_2 são elementos sensíveis à temperatura, R_3 e R_4 são braços da razão, R_5 é um ajuste de zero, R_6 é um limitador de corrente. Na prática, freqüentemente, substitui-se o galvanômetro G por um voltímetro eletrônico

Cromatografia de gás

pelo amperímetro A e o galvanômetro G continua a não mostrar deflexão. Um aumento na corrente produz uma elevação na temperatura de R_1 e R_2 e assim ocorre uma mudança na resistência para cima para um fio, para baixo para um termístor. A variação é igual para os dois braços e a ponte permanece em equilíbrio. Contudo, se se substituir o gás que envolve um dos resistores por outro diferente, o calor desenvolvido nos dois braços será geralmente conduzido para fora pelos gases com velocidades diferentes, e então os dois braços terão temperaturas diferentes, e a ponte não mais estará em equilíbrio. Admite-se, é claro, que R_3 e R_4 sejam idênticos e de preferência de coeficiente de temperatura baixo ou nulo. Assim, pode-se fazer o galvanômetro responder a variações na condutividade térmica do gás envolvendo R_1 ou R_2.

Alternativamente, a ponte pode consistir de quatro filamentos ou termístores, todos idênticos, arranjados de modo que a temperatura envolva simultaneamente os resistores opostos (R_1 e R_4, por exemplo), enquanto o gás de referência passa sobre os outros dois. Isso duplica a sensibilidade.

A ponte de CT é sempre operada de um modo diferencial, como se indica esquematicamente na Fig. 21.5. Expõe-se um resistor (ou o par oposto) ao gás de arraste antes da introdução da amostra, o outro ao efluente da coluna. Deve-se manter o detector a uma temperatura pelo menos tão elevada quanto à da coluna para evitar condensação.

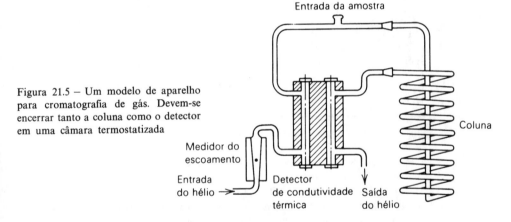

Figura 21.5 – Um modelo de aparelho para cromatografia de gás. Devem-se encerrar tanto a coluna como o detector em uma câmara termostatizada

Vemos na Tab. 21.1 que o hélio e hidrogênio conduzem calor muito melhor que qualquer outro gás. Portanto, a melhor escolha é um desses, quando a detecção é por condução térmica.

A condutância térmica encontra larga aplicação na indústria, além da cromatografia de gás, porque o equipamento é simples, sem partes móveis e a precisão é boa. Uma das maiores aplicações é na determinação do dióxido de carbono em gases provenientes de combustão, o que fornece uma indicação direta da eficiência da fornalha*.

---

*Algumas vezes chama-se a unidade de condutividade térmica de *catarômetro*. Cherry (ref. 3) forneceu uma revisão de suas aplicações além da CG, e Lawson e Miller (ref. 14) apresentaram uma análise detalhada de sua aplicação cromatográfica.

384
Métodos instrumentais de análise química

Tabela 21.1 — Algumas propriedades de gases selecionados

Gás	Potencial de ionização*, eV	Condutividade térmica** cal s^{-1} cm^{-1} grau^{-1}	Velocidade do som*** m s^{-1}
He	24,5 (19,6****)	36,0	965
Ne	21,5 (17,6****)	11,6	435
Ar	15,7 (11,5****)	4,25	319
H_2	15,6	44,5	1284
N_2	15,5	6,24	334
CH_4	14,5	8,18	430
CO_2	14,4	3,96	259
CO	14,4	5,98	338
Cl_2	13,2	2,11	206
SO_2	13,1	2,27	213
N_2O	12,9	4,13	263
Br_2	12,8	1,16	
H_2O	12,8	4,25	494 (134°C)
C_2H_6	12,8	5,12	308 (10°C)
O_2	12,5	6,35	316
C_2H_4	12,2	4,91	317
C_2H_2	11,6	5,08	
NH_3	11,2	5,86	415
NO_2	11,0	8,50	
CH_3OH	10,9	3,68	335 (97,1°C)
C_2H_5OH	10,6	3,47	269 (97,1°C)
n-C_6H_{14}	10,6	3,47	
H_2S	10,4	3,68	289
I_2	9,7	0,95	
C_6H_6	9,6	2,56	202 (97,1°C)
NO	9,5	6,20	324 (10°C)

*Em C. D. Hodgman (ed.), "Handbook of Chemistry and Physics", 44.ª ed., pp. 2647-2649, Chemical Rubber Publishing Co., Cleveland, 1962.

**A. P. Hobbs, em L. Meites (ed.), "Handbook of Analytical Chemistry", pp. 4-11 *et seq.*, McGraw-Hill Book Company, New York, 1963. Todos os valores são fornecidos a 80°F (27°C).

***G. E. Becker em C. D. Hodgman (ed.), *op. cit.*, pp. 2598-2599. Valores para 0°C a menos que haja indicação em contrário.

****Energia de excitação eletrônica, eV.

DETECTORES DE CAPTURA DE ELÉTRONS

Durante muitos anos, usaram-se os detectores de CT em CG quase exclusivamente, devido a sua simplicidade inerente e grande aplicação. Com o aparecimento das colunas capilares, que se limitam a amostras menores, e da análise de traços em geral, requereu-se maior sensibilidade que a unidade CT poderia oferecer.

Um método de detecção que pode fornecer maior sensibilidade é uma modificação da câmara de ionização usada há muito tempo para detectar a radiação (ref. 15). Deixa-se escoar o efluente da coluna cromatográfica através de uma tal

Cromatografia de gás | **385**

câmara, que está submetida a um fluxo constante de elétrons, raios beta, de um radisótopo instalado permanentemente. Uma folha de titânio contendo trítio adsorvido constitui a fonte mais satisfatória, apesar de também se poder usar ^{90}Sr (com sua filha ^{90}Y). Ambos são fontes beta puras, o que torna mais fácil a blindagem contra os perigos da radiação.

O hidrogênio é provavelmente o melhor gás de arraste devido à pequena seção de choque para elétrons, mas o nitrogênio é quase tão bom quanto ele. Não se podem usar os gases nobres por razões que explicaremos no próximo parágrafo. A sensibilidade para solutos orgânicos depende de sua maior seção de choque e, portanto, da probabilidade de se ionizarem. A corrente iônica através da câmara estará na região de nanoampères, assim, será necessário um amplificador de alto ganho e alta impedância (eletrômetro).

DETECTORES DE GASES NOBRES

Os elétrons externos do hélio, neônio e argônio, quando expostos a um fluxo de partículas beta, são facilmente promovidos do estado fundamental para um nível metaestável excitado com uma meia-vida de ordem de milissegundos. Os choques de uma molécula gasosa composta com um átomo de gás nobre metaestável resultarão ionização por transferência da energia de excitação de uma espécie à outra. Isso acontecerá desde que a energia de excitação do gás nobre seja maior que o potencial de ionização do composto. Isso resulta um detector de ionização, de grande aplicação, da primeira família, extremamente sensível (ref. 5).

A Tab. 21.1 inclui potenciais de ionização de uma coleção de gases e também indica as energias de excitação do hélio, neônio e argônio. Tanto He* como Ne* têm energia suficiente para ionizar todos os gases (exceto He e Ne) enquanto o Ar* pode ionizar apenas aqueles que têm potenciais de ionização menores que 11,5 eV. A maioria dos compostos orgânicos (apenas alguns estão incluídos na tabela) ioniza-se com potenciais inferiores a 11,5 eV ao passo que os gases permanentes exigem voltagens maiores. O argônio é mais amplamente usado nesse tipo de detector que o hélio, porque as prováveis impurezas do hélio comercial, a saber Ne, Ar, H_2, N_2, CH_4, CO_2, H_2O e O_2, não podem ser ionizados por argônio ativo, mas (exceto para Ne) o são pelo hélio ativo. Quando se deseja analisar esses gases, pode-se usar hélio, caso especialmente pré-purificado, por exemplo, por passagem através de um leito de uma peneira molecular na temperatura do nitrogênio líquido. O neônio é consideravelmente mais caro que o hélio e não oferece nenhuma vantagem como gás de arraste.

DETECÇÃO ULTRA-SÔNICA

A Tab. 21.1 também menciona a velocidade do som em vários gases. Veremos que há algum grau de correlação entre essa propriedade e a condutividade térmica. O hidrogênio apresenta os maiores valores de ambos, o hélio em segundo e os demais, valores muito mais baixos. Também elaborou-se uma teoria relacionando a velocidade do som com as exigências de um detector de CG e demonstrou-se

*N. do T. Não esquecer que o hélio é gás de arraste mais utilizado.

que o método pode apresentar boa sensibilidade e generalização (ref. 16). A Micro--Tek* desenvolveu um detector baseado nesse princípio. A Fig. 21.6 mostra esquematicamente como ele é planejado. Dois transdutores piezoelétricos respectivamente transmitem e recebem uma onda ultra-sônica a uma freqüência de 6 MHz. O circuito eletrônico compara o sinal recebido pelo transdutor receptor com um sinal de referência do oscilador. Mesmo uma pequena variação na velocidade da onda será evidenciada como uma diferença de fase e esta pode-se converter em uma saída capaz de movimentar um registrador. O volume do gás do detector é apenas 150 μl. A sensibilidade para a análise de traços é consideravelmente melhor que a do detector CT, mas as exigências eletrônicas são mais complexas.

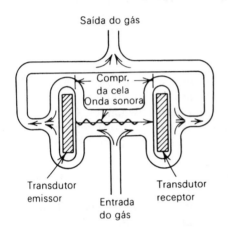

Figura 21.6 – Detector ultra-sônico (Micro-Tek Div. of Tracor, Inc., Austin, Texas)

SEGUNDA FAMÍLIA DE DETECTORES: IONIZAÇÃO DE CHAMA

Muitos compostos orgânicos são facilmente pirolisados em uma chama hidrogênio--oxigênio, formando íons no processo. Podem-se recolher os íons em elétrodos carregados e medir a corrente resultante por meio de um eletrômetro amplificador. A Fig. 21.7 é um diagrama de um detector de ionização de chama. O gás de arraste (geralmente hélio ou nitrogênio), que emerge da coluna, mistura-se com cerca de igual quantidade de hidrogênio e é queimado em um bocal de metal em uma atmosfera de ar. Faz-se do bocal (ou anel envolvente) o elétrodo negativo e um aro, ou cilindro de metal inerte, envolvendo a chama constitui o elétrodo positivo. A sensibilidade a solutos orgânicos varia grosseiramente em proporção ao número de átomos de carbono. Geralmente é um pouco menor que a do detector de argônio. Este é, sem dúvida, um dos detectores mais populares.

DETECTORES PARA ELEMENTOS ESPECÍFICOS

Os detectores descritos até agora não eram seletivos, a não ser no sentido negativo de que alguns não responderiam a certos gases. Há, contudo, uns poucos detectores que assinalarão a presença de elementos específicos (ref. 2).

*Divisão Micro-Tek da Tracon, Inc., Austin, Texas.

Cromatografia de gás

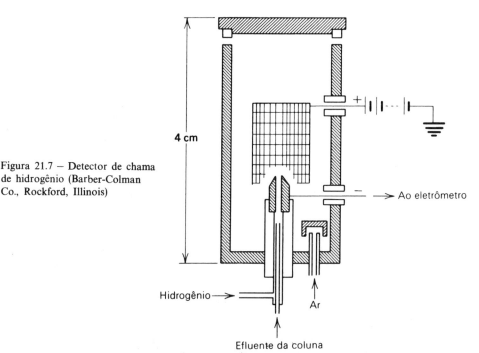

Figura 21.7 — Detector de chama de hidrogênio (Barber-Colman Co., Rockford, Illinois)

Karmen descreveu um detector de ionização de chama que é especialmente sensível ao conteúdo em halogênio e fósforo de compostos orgânicos (ref. 13). Seu detector usa duas chamas colocadas uma acima da outra (Fig. 21.8). Queimam-se na chama inferior os compostos da amostra e os produtos quentes da combustão passam através de uma tela recoberta com um haleto alcalino para a câmara, contendo a segunda chama. Controla-se cada chama com elétrodos de ionização. O primeiro detector responde a muitos compostos orgânicos, enquanto o segundo mostra um sinal apenas para os compostos que contêm halogênio ou fósforo. A Fig. 21.9 mostra uma comparação de traçados dos dois detectores.

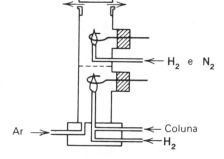

Figura 21.8 — Esquema de um detector de ionização de chama específico para halogênios e fósforo (Analytical Chemistry)

Subseqüentemente, a Varian Aerograph, Walnut Creek, Califórnia, desenvolveu um dispositivo semelhante, onde as duas chamas se combinam em uma. Isso constitui um detector de ionização de chama convencional, mas com a ponta do maçarico feita de um bloco de brometo de césio comprido e perfurado (ref. 10). Dessa maneira, o detector é milhares de vezes mais sensível a compostos de fósforos que

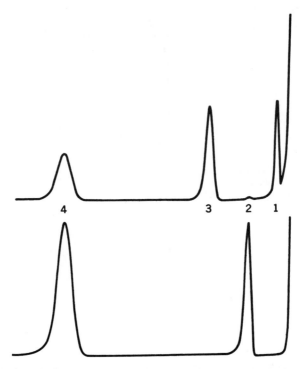

Figura 21.9 — Análise de uma amostra de 1 µl de uma solução etérica contendo: 1) 1% de acetona em volume, 2) 0,1% de clorofórmio, 3) 1,0% de tolueno e 4) 1,0% de clorobenzeno. O gráfico superior é o registro da condutividade elétrica da chama inferior e o inferior é aquele da chama superior do detector mostrado na Fig. 21.8 (Analytical Chemistry)

a outros compostos orgânicos, quer contenham ou não halogênio. A razão dessa sensibilidade relativa não é clara. Podem-se detectar alguns picogramas de compostos convenientes; o gás de arraste é nitrogênio. Esse detector é particularmente útil em análises de traços de pesticidas, muitos dos quais são compostos organofosforados.

Outro detector específico, fornecido pela Micro-Tek, baseia-se na emissão luminosa de uma chama hidrogênio-ar na presença de compostos contendo enxofre (comprimento de onda de 350 a 450 nm) ou fósforo (de 500 a 575 nm)(ref. 10). O detector consiste de um maçarico hidrogênio-ar com um fotomultiplicador localizado de modo a observar apenas a porção superior da chama, que não emite apreciavelmente nas regiões de comprimento de onda de interesse, a não ser na presença do elemento especificado. Filtros ópticos interconvertíveis possibilitam a seleção desses elementos. A sensibilidade é comparável à do detector da Varian para fósforo.

Uma característica importante em toda a CG analítica é o volume morto do sistema, incluindo especialmente o detector. Com uma coluna empacotada de 6 a 8 mm (diâmetro interno), a velocidade de escoamento de gás que passa através dela é adequada para manter qualquer detector comum em fluxo. Mas com uma coluna capilar, a velocidade pode ser tão lenta que os conteúdos do detector se tornam quase paralisados, alargando assim os picos que a coluna acabou de separar

Cromatografia de gás **389**

nitidamente. É essencial planejar o detector com um volume morto tão pequeno quanto possível, mas há limites práticos para essa aproximação. Geralmente, pode-se eliminar o problema adicionando uma fonte de gás de arraste puro diretamente no detector, para mantê-lo em fluxo. Isso se chama *lavagem*.

A Tab. 21.2 fornece alguns dados comparativos com relação à sensibilidade e intervalo de um número de detectores. Os valores são apenas ilustrativos e representam na maioria dos casos valores médios de itens comparáveis de vários fabricantes.

Tabela 21.2 — Comparação de alguns detectores para CG

Detector	Mínimo detectável $g\,s^{-1}$	Intervalo linear dinâmico
Condutividade térmica	10^{-5}	10^4
Velocidade ultra-sônica	10^{-7}	10^6
Captura de elétron	10^{-14}	10^3
Ativação de argônio ou hélio	10^{-12}	10^5
Seção transversal	10^{-6}	10^4
Ionização de chama	10^{-11}	10^7
Ionização de chama sensível a fósforo	10^{-13}	10^3

DETECÇÃO DUPLA

Como detectores diferentes apresentam sensibilidade diferentes para várias classes de compostos, freqüentemente podem-se obter informações adicionais em relação às amostras pelo uso simultâneo de dois (ou mesmo mais) detectores na saída da mesma coluna. O detector de chama emparelhada da Fig. 21.8 é um exemplo dessa aproximação, mas é um exemplo incomum, pois a amostra é realmente destruída na primeira chama. Mais comumente, o primeiro de um par de detectores emparelhados deve ser não-destrutivo ou os dois detectores devem operar em paralelo com um dispositivo para separar a corrente do gás, dirigindo parte do gás para um detector, parte para o outro. A Fig. 21.10 é um exemplo tomado de um trabalho de Hartmann e outros (ref. 10), onde se obtêm traçados duplos por detectores de captura de elétrons e de ionização de chama. Podemos ver vários picos em cada traçado, que estão ausentes ou muito menos pronunciados no outro. Dá-se na Tab. 21.3 as respostas relativas de um número de compostos a esses dois detectores. É evidente que um registro duplo como este pode ser de grande ajuda na identificação de substâncias. O fato de um pico ocorrer em um traçado e não no outro pode eliminar alguns compostos, mas nunca provar sozinho a identidade de uma substância.

PROGRAMAÇÃO DE TEMPERATURA (ref. 9)

Na separação de um número de compostos de tipo semelhante, mas de volatilidade muito diferente, aparecerá uma dificuldade se a experiência for conduzida a uma temperatura constante: eluem-se rapidamente os componentes de baixo ponto

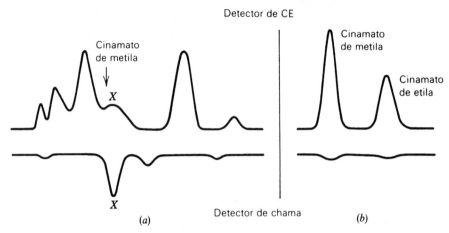

Figura 21.10 — a) Cromatograma de gás de detecção dupla dos componentes de alto ponto de ebulição do óleo de hortelã-pimenta. Atribuiu-se inicialmente o pico X ao cinamato de metila (com base no tempo de retenção conhecido, indicado pela flecha). Os resultados em b com cinamato de metila autêntico mostram resposta muito maior à captura de elétron que ao detector de chama, o que o exclui como a origem do pico X (Varian Aerograph, Walnut Creek, Califórnia)

Tabela 21.3 — Relação aproximada de sensibilidades: captura de elétron para ionização de chama*

Hexano	10^{-6}	Salicilato de metila	1,2
Carvona	0,01	Maleato de dietila	53
Pulegona	0,01	Diacetilo	53
Mentol	0,1	Cinamato de etila	65
Crotonato de etila	0,9	Benzilidenoacetona	65
Benzaldeído	1,0	Cinamaldeído	200
Anisaldeído	1,0	Tetracloreto de carbono	10^6

*Valores de Hartmann (ref. 10).

de ebulição e eles aparecem juntos no papel de registro, enquanto as espécies menos voláteis levam mais tempo e seus picos são muito largos e mais rasos. Pode-se contornar isso aumentando a temperatura de toda a coluna com uma velocidade uniforme. O resultado é que os picos são mais uniformemente distribuídos ao longo do papel de registro e são quase iguais em nitidez. A Fig. 21.11, tomada de trabalho original sobre o assunto, ilustra admiravelmente esse fato (ref. 4).

Essa figura mostra um aumento na linha de base indo para temperaturas mais elevadas (para a esquerda da figura), que é a característica da CG de temperatura programada.

Tal aumento é devido à *sangria* ou volatilização do líquido-suporte à medida que a temperatura aumenta, o que não se evidenciaria se se mantivesse a coluna a uma dada temperatura. Na presente figura, esse efeito não é muito pronunciado, mas algumas vezes pode reduzir excessivamente a sensibilidade e precisão. Pode diminuir o efeito ou mesmo eliminá-lo pelo uso de duas colunas paralelas, com em-

Cromatografia de gás

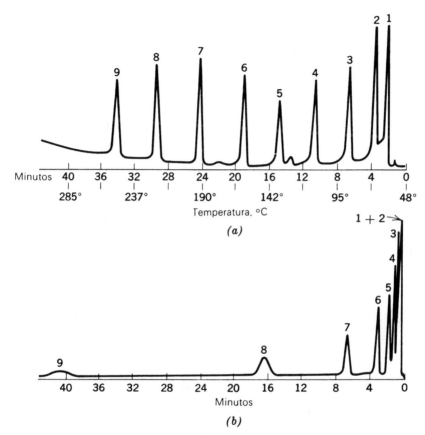

Figura 21.11 — Efeito da programação de temperatura na cromatografia de gás de álcoois. a) Cromatograma de temperatura programada de: 1) metanol, 2) etanol, 3) 1-propanol, 4) 1-butanol, 5) 1-pentanol, 6) cicloexanol, 7) 1-octanol, 8) 1-decanol e 9) 1-dodecanol. b) Cromatograma de temperatura constante (165°C) da mesma mistura (Analytical Chemistry)

pacotamentos idênticos, colocadas juntas no mesmo forno. As duas colunas têm detectores idênticos ou, no caso do detector de CT, o efluente de cada coluna passa através de um lado da ponte de CT. Divide-se o gás de arraste em duas correntes, *antes* de entrar nas colunas, e se insere a amostra de um só lado. Ligam-se os detectores eletricamente a fim de equilibrar o efeito do líquido que sangrou, que é o mesmo nas duas colunas.

ANÁLISES QUALITATIVAS

Como se sugeriu acima, pode-se obter algum grau de informação qualitativa por observação da sensibilidade relativa de várias colunas de líquidos e vários detectores. Mas essa aproximação raramente irá além da identificação da classe a que o composto pertence. Para informações posteriores deve-se voltar à observação dos *tempos de retenção* (ou *volumes de retenção*). Isso se refere ao tempo que decorre entre a injeção da amostra e seu aparecimento no detector. (A uma velocidade de escoamento constante, isso pode ser expresso igualmente bem como um volume.) O tempo de retenção de um determinado gás será constante para uma dada coluna, velocidade de escoamento e temperatura, mas não é praticável transferir esses valores de um conjunto de condições para outro, a não ser por alguma aplicação do princípio do padrão interno. Fizeram-se várias sugestões sobre o melhor modo de se fazer isso, mas não há acordo geral até o presente, talvez porque vários se adaptem melhor em situações diferentes.

Freqüentemente, especificam-se *tempos de retenção relativos*. Na determinação desses valores, uma amostra-padrão escoa através da coluna antes da mistura desconhecida e toma-se o tempo de retenção como uma razão para o padrão. Emprega-se largamente *n*-pentano para esse fim, mas para trabalho com uma coluna polar à temperatura elevada, alguma outra substância, como palmitato de metila, pode ser mais apropriada. Uma dificuldade inerente é que o tempo de retenção relativo é, freqüentemente, diferente a temperaturas diferentes. Um exemplo da relação útil entre retenção relativa e pontos de ebulição de tipos compostos comparáveis está ilustrada na Fig. 21.12 (ref. 21).

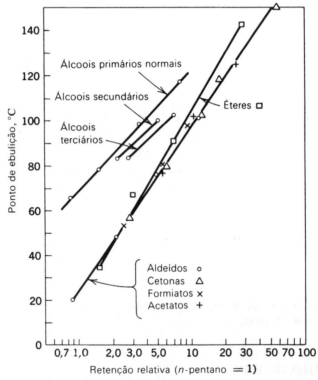

Figura 21.12 — Gráfico da retenção relativa de vários tipos de compostos orgânicos em função dos pontos de ebulição. Substrato líquido: Convachlor-12 um óleo clorado de elevada massa molecular (Analytical Chemistry)

Um aperfeiçoamento decisivo é o sistema do *índice de retenção Kováts*, que apresenta uma escala uniforme e não um único ponto fixo para comparação (ref.

Cromatografia de gás

6). Originalmente se definiu o índice de retenção I em termos de volumes, mas usaremos a expressão de tempo equivalente

$$I = 100 \frac{\log t_x - \log t_{Cz}}{\log t_{Cz+1} - \log t_{Cz}} + 100z \tag{21-4}$$

onde t_x é o tempo de retenção corrigido para a substância x (isto é, o tempo para x aparecer no detector menos o tempo necessário para um gás não-retido, freqüentemente ar, passar através dele), t_{Cz} e $t_{Cz} + 1$ são os tempos correspondentes para hidrocarbonetos normais com z e $z + 1$ átomos de carbono, respectivamente. Somam-se os logarítmos porque esta função produz uma escala linear para hidrocarbonetos sucessivos. Essa definição exige que t_x fique entre t_{Cz} e t_{Cz+1}. O índice é quase linear com a temperatura, pelo menos em curtos intervalos.

DESTILAÇÃO SIMULADA

A CG encontrou um valioso campo de aplicação como um substituto para a destilação analítica, particularmente na área do petróleo. Uma destilação fracionada, convencionalmente feita com alto grau de precisão, leva umas 100 h para terminar, assim é inútil para finalidades de controle da refinaria. Podem-se obter bons resultados igualmente bons ou melhores com uma coluna dupla de CG de temperatura programada em apenas 1 h (ref. 7). Um sistema eletrônico integra continuamente o sinal do detector e imprime os totais acumulados em intervalos de uns poucos segundos. Esses valores, colocados em um gráfico em função da temperatura da coluna, fornecem uma curva de forma idêntica com a obtida com a destilação de 100 h. Deve-se fazer uma correção na escala da temperatura se se exigirem os verdadeiros pontos de ebulição, devido à pressão parcial de um componente no gás de arraste não ser 1 atm, como exige a definição de ponto de ebulição. Vários fabricantes têm simuladores de destilação em suas linhas de produtos.

ANÁLISE QUANTITATIVA

É possível recolher os componentes da amostra à medida que eles são eluídos da coluna ou seguindo sua passagem através de qualquer detector não-destrutivo. O coletor de amostra pode tomar várias formas, desde um tubo de ensaio colocado em um copo de papel cheio de gelo até coletores de amostras automáticos e refrigerados. As substâncias recolhidas podem-se pesar diretamente ou analisar por um processo apropriado. Geralmente isso não é feito simplesmente para quantitatização, mas para estudos posteriores e identificação dos componentes desconhecidos.

Para as substâncias conhecidas, fazem-se determinações quantitativas no cromatograma registrado. Se os picos forem agudos e estreitos, resultará pequeno erro pela simples medida de altura. Para picos mais largos, deve-se determinar a área incluída. O meio mais simples é fazer uso da aproximação triangular da curva gaussiana, mencionada no capítulo precedente, onde a área é equacionada com a altura dividida pela metade da largura da base 2σ (Fig. 20.4).

Os registradores fornecidos com vários cromatógrafos de gás comerciais contêm integradores mecânicos embutidos, os quais imprimem diretamente ao longo das margens do gráfico uma série de dentes proporcionais em freqüência à área sob a curva. Contendo os dentes associados a um pico, teremos uma medida da quantidade de substância correspondente.

Como a integração é uma operação exigida em várias áreas além da CG, será vista com detalhes em um capítulo posterior.

CG COMO MEMBRO DE UMA EQUIPE

A cromatografia de gás pode desempenhar um papel valioso em combinação com qualquer outra técnica instrumental que possa receber amostras gasosas ou líquidos voláteis e que seja compatível em velocidade. As mais importantes são a espectrometria de massa e a espectrometria de infravermelho. À medida que a espectrometria de microonda se torna mais largamente usada, será mais apropriada uma associação semelhante com a CG.

No caso do infravermelho, o procedimento ideal seria registrar os espectros de absorção repetidamente sobre o intervalo de comprimento de onda analítico total em um tempo suficientemente curto para que possam obter vários espectros durante os pouquíssimos minutos empregados para eluir um pico. A dificuldade é que os detectores de infravermelho comuns não podem responder suficientemente rápido para fazer isso sem perda excessiva de resolução*.

O Beckman IR-102, planejado para esse serviço, pode correr um espectro em uns quatro segundos e freqüentemente pode-se fazer a identificação mesmo com baixa resolução espectral.

Os espectros de ultravioleta e visível, podem-se obter rapidamente com boa resolução, mas não são, geralmente, úteis para a identificação.

A primeira combinação direta da CG com a espectrometria de massa foi executada pelo instrumento TDT da Bendix, que fornece um espectro de massa completo quase instantaneamente. Também é bastante conveniente o tipo quadrupolar. A Fig. 21.13 mostra um exemplo do último, que também ilustra outra capacidade de separação pela CG. A amostra é uma mistura de dois isômeros ópticos dos N-acetil derivados do aminoácido alanina, onde a forma L é marcada com um átomo de deutério. Podem-se separar esses isômeros em uma coluna especial de uma substância opticamente ativa. O traçado superior é o sinal normal do detector de CG. Somente a partir desse traçado não há meio de se saber qual pico é devido a qual composto. O traçado inferior mostra um espectro de massa repetido com intervalos de aproximadamente de 10 s que mostra inequivocamente que o isômero com o átomo de deutério corresponde ao *segundo* pico da CG.

Nessa experiência particular, como se indica no gráfico, não se usou separador de hélio. Em várias aplicações é necessário esse separador porque o grande excesso de gás de arraste poderia interferir com a operação do espectrômetro de massa.

---

*Uma CG de Eluição Interrompida construída na Inglaterra pela Philips (disponível nos Estados Unidos através da Philips Electronic Instruments, Mount Vernon, Nova Iorque é planejada para se interromper durante 15 min depois de cada pico, a fim de dar tempo a se examinar o material eluído com uma variedade de técnicas paralelas (ref. 18).

Cromatografia de gás

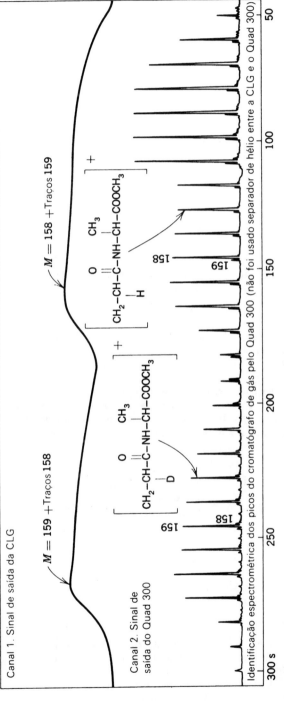

Figura 21.13 — Uso combinado da cromatografia de gás e da espectrometria de massa no estudo de isômeros ópticos (cortesia do dr. B. Halpern, Stanford Medical School, Palo Alto, Califórnia, e da Electronic Associates, Inc., Palo Alto, Califórnia)

396
Métodos instrumentais de análise química

Dispõe-se de separadores de hélio que dependem da grande difusibilidade do hélio comparada com a das espécies orgânicas pesquisadas. O efluente passa como um jato através de um segundo tubo com um espaço aberto entre eles de poucos milímetros. Uma grande fração dos átomos de hélio, mas praticamente nenhuma de moléculas pesadas, será difundida através do espaço.

PROBLEMAS

21-1   Algumas vezes é vantajoso analisar quantitativamente uma mistura de hidrocarboneto, oxidando o efluente da coluna antes da detecção. Pode-se remover o vapor de água formado com uma armadilha e admitir o CO_2 no detector de CT. Em uma determinada experiência, sete componentes deram picos com áreas integradas como se segue:

Pico n.°	Composto	Área relativa
1	n-Pentano	2,00
2	n-Hexano	5,72
3	3-Metilexano	2,21
4	n-Heptano	8,15
5	2,2,4-Trimetilpentano	1,92
6	Tolueno	3,16
7	n-Octano	5,05

a) Indique algumas vantagens e desvantagens desse procedimento de pré-oxidação. b) A etapa de oxidação poderia preceder ou seguir a passagem através da coluna e por que? c) Calcule a composição da amostra dando origem aos valores citados, em termos da porcentagem molar dos hidrocarbonetos totais.

21-2   Mostre que, se o tempo de retenção t_r é definido por $t_{ar} - t_s$, onde t_{ar} é o tempo gasto para aparecer um pico de ar (se a coluna não tem afinidade por ar) e t_s, o tempo que o componente gasta na fase estacionária, então a razão t_r/t_{ar} é igual a K, a razão de distribuição definida na Eq. (20-2).

21-3   Um cromatograma mostra os picos que se seguem, em termos de distância do ponto de injeção medido no papel de registro:

Ar	2,2 cm
n-Hexano	8,5 cm
Cicloexano	14,6 cm
n-Heptano	15,9 cm
Tolueno	18,7 cm
n-Octano	31,5 cm

Calcule os índices de Kováts para tolueno e cicloexano.

REFERÊNCIAS

1. Bennett, C. E.; S. Dal Nogare e L. W. Safranski: Chromatography: Gas, em I. M. Kolthoff and P. J. Elving (eds.), "Treatise on Analytical Chemistry", Parte I, vol. 3, Cap. 37, Interscience Publishers (Divisão de John Wiley & Sons, Inc.), New York, 1961.
2. Brody, S. S. e J. E. Chaney: J. Gas Chromatog., 4: 42 (1966).
3. Cherry, R. H.: Thermal-conductivity Gas Analysis, em D. M. Considine (ed.), "Process Instruments and Controls Handbook", p. 6-186, McGraw-Hill Book Company, New York, 1957.

Cromatografia de gás

4. Dal Nogare, S. e C. E. Bennett: *Anal. Chem.*, **30**: 1157 (1958).
5. Dal Nogare, S. e R. S. Juvet, Jr.: "Gas-liquid Chromatography", Interscience Publishers (Divisão de John Wiley & Sons, Inc.), New York, 1962.
6. Ettre, L. S.: *Anal. Chem.*, **36**: (8) 31A (1964).
7. Green, L. E.; L. J. Schmauch e J. C. Worman: *Anal. Chem.*, **36**: 1512 (1964).
8. Halász, I.: *Anal. Chem.*, **36**: 1428 (1964).
9. Harris, W. E. e H. Habgood: "Programmed Temperature Gas Chromatography", John Wiley & Sons, Inc., New York, 1966.
10. Hartmann, C. H. *et al.*: *Aerograph Research Notes*, Varian Aerograph, Walnut Creek, Califórnia, edição de outono, 1963; edição de primavera, 1966.
11. Hollis, O. L.: *Anal. Chem.*, **38**: 309 (1966).
12. Johnson, D. E.; S. J. Scott e A. Meister: *Anal. Chem.*, **33**: 669 (1961).
13. Karmen, A.: *Anal. Chem.*, **36**: 1416 (1964).
14. Lawson, Jr., A. E. e J. M. Miller: *J. Gas Chromatog.*, **4**: 273 (1966).
15. Lovelock, J. E.; G. R. Shoemake e A. Zlatkis: *Anal. Chem.*, **36**: 1410 (1964).
16. Noble, F. W.; K. Abel e P. W. Cook: *Anal. Chem.*, **36**: 1421 (1964).
17. Phifer, L. H. e H. K. Plummer, Jr.: *Anal. Chem.*, **38**: 1652 (1966).
18. Scott, C. G.: *Nature*, **209**: 1296 (1966).
19. Seligman, R. B. e F. L. Gager, Jr.: Recent Advances in Gas Chromatography Detectors, em C. N. Reilley (ed.), "Advances in Analytical Chemistry and Instrumentation", vol. 1, p. 119, Interscience Publishers (Divisão de John Wiley & Sons, Inc.), New York, 1960.
20. Sweeley, C. C.; R. Bentley, M. Makita e W. W. Wells: *J. Am. Chem. Soc.*, **85**: 2497 (1963); ver também W. W. Wells, C. C. Sweeley e R. Bentley, Gas Chromatography of Carbohydrates, em H. A. Szymanski (ed.), "Biomedical Applications of Gas Chromatography", p. 169, Plenum Publishing Corp., New York, 1964.
21. Tenney, H. M.: *Anal. Chem.*, **30**: 2 (1958).

22 Cromatografia de líquido

Neste capítulo estudaremos aquelas formas de cromatografia que usam como fase móvel um líquido em vez de um gás. A fase estacionária pode ser um sólido ou um líquido em um suporte sólido. A forma mecânica pode ser uma coluna empacotada ou uma camada delgada de material permeável. Os mecanismos responsáveis pela distribuição entre as fases incluem adsorção superficial, troca iônica, solubilidade relativa e efeitos estéricos.

CROMATOGRAFIA EM COLUNA

Para essa técnica, emprega-se como recipiente um tubo de vidro vertical (1 por 30 cm é um valor típico). Geralmente, é estreito na parte inferior e um disco de vidro sinterizado ou algum suporte equivalente é inserido para sustentar o material empacotado. O empacotamento, em forma de um sólido fino, granular, pode ser qualquer uma dentre as várias substâncias, caso seja para funcionar como adsorvente; ou uma substância hidrófila inerte como alumina ou sílica hidratada, caso destine-se a sustentar um líquido estacionário aquoso; ou uma resina de troca iônica, se os solutos a se separarem forem iônicos. É essencial que a substância sólida seja empacotada firme e uniformemente. Com freqüência, isso é executado mais facilmente colocando-a na coluna como uma pasta fluida em um solvente adequado. Um procedimento útil, especialmente para eliminar bolhas de ar que ficaram retidas no leito, é um fluxo com o solvente em direção inversa. Uma vez enchida a coluna, é importante manter o leito sempre coberto com solvente para evitar entrada de bolhas de ar, o que geralmente requererá a paralisação a fim de realizar a operação de fluxo em direção inversa. Com cuidado, pode-se usar repetidamente a coluna cheia durante um longo período de tempo, até que ela eventualmente se torne entupida ou recoberta com alguma substância que não se possa eluir. Em princípio, opera-se a coluna de modo semelhante ao da CG; varrem-se para baixo os componentes da amostra na coluna, com velocidades diferentes, e eluem-se um a um.

DETECTORES REFRATOMÉTRICOS

Um dos sistemas de detecção mais geralmente utilizável é o refratômetro diferencial (ref. 9a), onde o índice de refração do eluído é continuamente comparado ao do solvente puro. A Fig. 22.1 mostra os princípios de comparação usados em três modelos refratômetros projetados para esse fim. Aqueles mostrados em a e b baseiam-se no deslocamento angular de um feixe de luz passando através de dois prismas cheios de líquidos. Se os dois líquidos forem idênticos, o deslocamento será nulo, mas mesmo uma diferença de algumas partes por milhão no índice de refração

Cromatografia de líquido

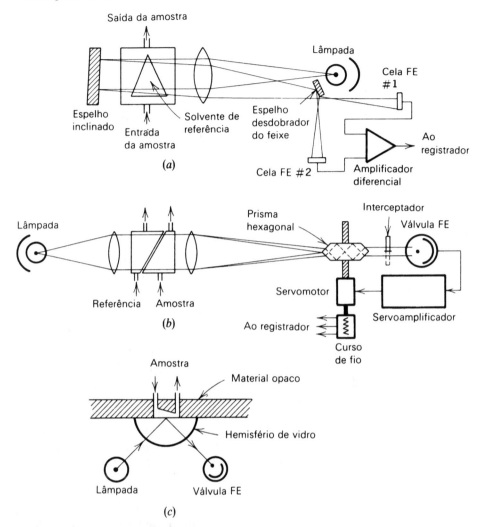

Figura 22.1 — Três modelos de refratômetros diferenciais: *a*) Modelo R-4 (Waters Associates, Framingham, Massachusetts); *b*) Phoenix (Phoenix Precision Instrument Co., Filadélfia); *c*) projeto de Johnson e outros (Analytical Chemistry)

produzirá uma diferença detectável no ângulo do feixe. O modelo da Waters* (*a*) registra continuamente a diferença entre os sinais recebidos pelas duas fotocelas. O Phoenix** (*b*) usa um novo servossistema de zero óptico que atua para movimentar um prisma hexagonal em uma posição central em relação ao feixe de luz; apenas quando o fluxo de luz que entra de um lado do vértice do prisma for igual ao que entra pelo outro é que os dois feixes de saída terão intensidades iguais.

*Waters Associates, Framingham, Massachusetts.
**Phoenix Precision Instrument Co., Filadélfia.

É interessante notar que na 3.ª edição impressa, em brochura, no Japão indica-se a firma Anacon, Inc., Ashland, Massachusetts como a fabricante do Modelo R-4. (N. do T.)

400 Métodos instrumentais de análise química

Interceptam-se esses feixes de modo que o servoamplificador receba um sinal de c.a. sempre que o prisma esteja fora do centro e então movimenta o motor para restabelecer o equilíbrio.

A cela do refratômetro mostrado em c opera com um princípio diferente. Quando um feixe de luz incide numa interface com ângulo menor que o crítico, a fração da energia incidente que é refletida depende dos índices de refração dos dois meios (ref. 5). Se um deles (o vidro) permanecer constante, a energia do feixe refletido medirá o índice do outro (o líquido que escoa). O instrumento completo usa duas celas idênticas, como as mostradas, uma para o solvente e outra para o eluído. Ligam-se duas fotoválvulas para ler a diferença de energias refletida nas duas celas. Esse projeto apresenta a vantagem de que o volume é muito menor, da ordem de 0,04 ml, em comparação com 1 ml ou mais para os instrumentos comerciais mencionados.

Esses refratômetros diferenciais têm sensibilidade quase equivalente, da ordem de 10^{-6} unidades de índice de refração, o que corresponderia a poucas partes por milhão de um soluto orgânico em água (essa estimativa baseia-se em valores de manuais para maltose aquosa a 25°C).

OUTROS DETECTORES

Karmen mostrou que se pode planejar um detector útil para cromatografia de líquido por adaptação de detectores bem estabelecidos para a CG (ref. 6). Ele planejou um método onde se aquece gradualmente o efluente da coluna em uma corrente de nitrogênio que é em seguida introduzida num detector de ionização de chama. Os vários solutos presentes produzem correntes de nanoampères na câmara de ionização. Os traçados resultantes se assemelham aos da CG, mas com um pouco mais de cauda. Obtêm-se bons resultados com compostos, tais como ésteres voláteis, ésteres de esteróides ligeiramente voláteis e triglicéridos não-voláteis. As substâncias menos voláteis foram pirolisadas antes de entrarem no detector.

Podem-se empregar muitos outros detectores em casos especiais. Esses dispositivos incluem adaptações de absorciometros de ultravioleta ou visível (provavelmente o infravermelho seja absorvido muito fortemente pelo solvente), fluorímetros, detectores de condutância eletrolítica, radiatividade (ref. 7) e medidores de constante dielétrica, entretanto, muitas vezes, coletam-se frações sucessivas para análises subseqüentes pelos processos convencionais e não há necessidade de detectores diretos.

Há muitas variantes na cromatografia de líquido que não têm correlato na CG. Uma é a separação física dos picos ou "zonas" de solutos enquanto ainda estão na coluna (nessa modificação, pode-se usar o enchimento apenas uma vez). Assim que os componentes se separam adequadamente na coluna, deixa-se a fase líquida escoar sem reabastecimento e o leito, parecendo areia úmida, é cortado com uma faca para separar as zonas. Antigamente, isso envolvia a extrusão do enchimento da coluna de vidro, retirado do fundo com uma vareta; mais recentemente, achou-se conveniente substituir o vidro por tubos de plástico de paredes delgadas ("envoltório-salsicha") e cortar a coluna toda, sem extrusão. A principal dificuldade com esse procedimento é determinar a posição das zonas. Se elas forem

Cromatografia de líquido

visivelmente coloridas, não haverá problemas. Alguns solutos fluorescem sob irradiação ultravioleta e podem-se localizá-los por esse expediente. Em caso contrário, será necessário passar ou pulverizar na coluna extrudada um reagente cromogênico para localizar as bandas do soluto.

Outro procedimento não-aplicável à CG é a *análise de gradiente de eluição*, por meio da qual altera-se o solvente eluente com o tempo por mistura gradativa com um segundo solvente de maior poder de eluição que o primeiro, solvente menos poderoso ou por variação gradativa do pH ou de outra propriedade. O resultado é completamente comparável à programação linear de temperatura em CG.

CROMATOGRAFIA DE ADSORÇÃO

Essa foi a primeira das técnicas cromatográficas a se examinar e usar sistematicamente. É principalmente útil para a separação de compostos orgânicos não-voláteis, em solventes não-polares ou pouco polares. A teoria detalhada da adsorção é demasiada complexa para ser discutida aqui. O leitor deverá se dirigir à extensa literatura sobre o assunto; veja, por exemplo, Morris e Morris (ref. 12) e o capítulo de Snyder (ref. 16).

As forças retardantes, que consideraremos englobadamente sob o termo "adsorção", podem ser interações dipolo-dipolo, forças de Van der Waals ou pontes de hidrogênio. A dificuldade principal encontrada nas separações quantitativas é a não-linearidade das isotermas à medida que aumentamos a concentração do soluto. É desejável que a região linear (isto é, onde a quantidade absorvida é proporcional à concentração) se estenda tão longe quanto possível. Encontra-se na prática que a região linear é mais longa para substâncias fracamente adsorvidas que para as que são fortemente adsorvidas. Isso é interpretado como indicativo de discretos lugares de adsorção ativa em relação às interações dipolos e ponte de hidrogênio, onde podem ser efetivas, em maior área, as forças de Van der Waals mais fracas. Snyder encontrou que uma pequena porcentagem de água adicionada à coluna, geralmente anidra, liga-se firmemente aos locais de atividade máxima deixando-os acessíveis ou um pouco menos ativos, o que possui o efeito de aumentar consideravelmente a região linear para os solutos orgânicos.

É útil tabelar adsorventes e solventes em seqüências que indicam grosseiramente seu efeito relativo no fenômeno de adsorção (Tabs. 22.1 e 22.2) (ref. 17). Essas são apenas guias gerais, devido aos diferentes mecanismos de adsorção que variam em sua contribuição de um sistema a outro. Conseqüentemente, poderíamos esperar alguma variação na seqüência de solventes quando usados em conjunto com um ou outro adsorvente e vice-versa.

Apresenta-se a Tab. 22.3 como um exemplo do tipo de separações que poderia ser conseguido. Isso resume um estudo de Brockmann para estilbenos parassubstituídos e azobenzenos (ref. 3). O adsorvente foi alumina e os solventes, benzeno ou tetracloreto de carbono. Não se observam diferenças significativas entre as duas séries de compostos.

CROMATOGRAFIA DE PARTIÇÃO

Nessa categoria, consideramos sistemas onde um sólido granular serve de suporte mecânico para uma fase líquida estacionária, como na cromatografia gás-líquido,

402 Métodos instrumentais de análise química

Tabela 22.1 – Adsorventes

(Adsorventes menos ativos no alto)
Sacarose, amido
Inulina
Citrato de magnésio
Talco
Carbonato de sódio
Carbonato de potássio
Carbonato de cálcio
Fosfato de cálcio
Carbonato de magnésio
Óxido de magnésio
Óxido de cálcio
Sílica gel
Silicato de magnésio
Óxido de alumínio
Carvão
Terra Fuller

Tabela 22.2 – Solventes

(A adsorção é maior para os mencionados primeiros)
Éter de petróleo
Tetracloreto de carbono
Cicloexano
Dissulfeto de carbono
Éter etílico
Acetona
Benzeno
Tolueno
Ésteres de ácidos orgânicos
Clorofórmio, cloreto de metileno, etc.
Álcool
Água (varia com pH e sais dissolvidos)
Piridina
Ácidos orgânicos

Tabela 22.3 – Separação de estilbenos para substituídos e azobenzenos em alumina

R—COOH*
R—CONH$_2$
R—OH
R—NH$_2$
R—COOCH$_3$, R—N(CH$_3$)$_2$
R—NO$_2$
R—OCH$_3$
R—H

*R é C_6H_5—CH=CH—C_6H_4— ou C_6H_5—N=N—C_6H_4—. Os compostos no topo da lista são adsorvidos mais fortemente.

enquanto um segundo líquido constitui a fase móvel. Devido à exigência de que os dois líquidos sejam imiscíveis, segue-se que eles devem diferir acentuadamente no grau de polaridade. Podem-se imobilizar tanto o líquido mais polar como o menos polar. Mais comumente mantém-se um solvente polar, tal como álcool ou água, em um suporte poroso de sílica (terra diatomácea), alumina ou silicato de magnésio. As mesmas substâncias podem servir de suporte para um solvente não-polar, após silanização que as torna hidrófobas; isso é chamado algumas vezes cromatografia de partição em *fase reversa*.

Um exemplo de cromatografia de partição é a separação de ácidos orgânicos em uma coluna constituída de metanol adsorvido em sílica (ref. 18). Adiciona-se a amostra da mistura dos ácidos como uma solução em éter de petróleo, que é o solvente móvel. Tornam-se visíveis as zonas correspondentes aos solutos sepa-

Cromatografia de líquido **403**

rados por incorporação de um indicador, tal como verde de bromocresol, à fase metanólica.

É possível calcular um valor para K [Eq. (20-2)] a partir das separações observadas. Na maioria dos sistemas os valores assim obtidos são idênticos às razões de distribuição determinadas pelo método convencional de lote, o que é naturalmente uma excelente confirmação da teoria.

Pode ocorrer uma situação especial quando se substitui sílica por celulose em pó. Aparentemente, aqui se mantém uma camada de água por pontes de hidrogênio tão firmemente que é possível usar água corrente como fase móvel ao mesmo tempo que a água ligada é a fase fixa. A fase fixa age como se fosse uma solução aquosa concentrada de um carboidrato. Usou-se esse sistema com sucesso para a separação de carboidratos solúveis.

PENEIRAS MOLECULARES E CROMATOGRAFIA DE PERMEAÇÃO EM GEL

O termo *peneira molecular* refere-se a uma classe de substâncias cristalinas naturais e sintéticas, incluindo as *zeólitas*, que se caracterizam por um alto grau de porosidade, como todos os poros do mesmo tamanho. Encontram-se as variedades sintéticas* em forma granular, com poros de diâmetro de 0,4, 0,5, 1,0 e 1,3 nm, que são da mesma ordem de grandeza das dimensões de moléculas orgânicas de baixa massa molecular. As moléculas apreciavelmente menores que o tamanho dos poros se difundem rapidamente no interior dos grãos e são adsorvidas fortemente enquanto as moléculas maiores que os poros, obviamente, não podem penetrar neles.

Podem-se usar essas substâncias em colunas e fornecem excelente remoção de moléculas pequenas de uma corrente em escoamento, deixando as maiores passarem desimpedidas. A Tab. 22.4 registra algumas substâncias que são adsorvidas por várias peneiras. É claro que esse tipo de separação pode ser de grande valor, mas, como não se baseia em qualquer razão de distribuição, não se aplicam às relações matemáticas do Cap. 20 e o método não é verdadeiramente cromatográfico.

Uma extensão do conceito de peneira molecular que obedece às leis da cromatografia é a *filtração em gel* ou *cromatografia de permeação em gel*. A fase estacionária consiste de pérolas porosas de uma substância polímera com ligação cruzada. Destas, um dos mais largamente usados é um dextrano com ligação cruzada (um derivado de carboidrato), que é fabricado e vendido sob o nome de Sephadex por Pharmacia**. Outros são o copolímero do estireno e o divinilbenzeno, mencionados no capítulo precedente, e uma variedade de géis de poliacrilamida. Essas substâncias têm poros muito maiores que as zeolitas e saturam-se com o solvente (geralmente, mas nem sempre, água) antes do uso. O solvente faz com que as partículas inchem consideravelmente, o que é um dos atributos de um gel.

O efeito de peneira é agora de tal ordem que é mais conveniente especificá-lo em termos de massa molecular de um soluto que é exatamente excluído. A Tab. 22.5

*Fabricado pela Divisão da Linde da Union Carbide Corp., Nova Iorque.

*A. B. Pharmacia, Uppsala, Suécia e Pharmacia Fine Chemicals Inc., Piscataway, Nova Jérsei.

404 Métodos instrumentais de análise química

Tabela 22.4 – Separação de componentes com peneiras moleculares Linde*

Adsorvido tanto na 4A como na 5A**	Adsorvido na 5A mas não na 4A	Adsorvido na 13X mas não na 4A ou 5A
Etano, propano	Propano e n-parafinas superiores	Parafinas ramificadas
Etileno, acetileno	Buteno e n-olefinas superiores	Benzeno e outros aromáticos
Metanol, etanol, n-propanol	n-Butanol e n-álcoois superiores	Álcoois ramificados secundários e terciários
	Ciclopropano	Cicloexano
Água, amônia, dióxido de carbono, sulfeto de hidrogênio	Freon-12	Tetracloreto de carbono, hexafluoreto de enxofre trifluoreto de boro

*De publicações da Divisão Linde da Union Carbide Corp., via H. C. Mattraw e F. D. Leipsiger, em I. M. Kolthoff e P. J. Elving (eds.), "Treatise on Analytical Chemistry", vol. 2, Parte I, p. 1102, Interscience Publishers (Divisão de John Wiley & Sons, Inc.), Nova Iorque, 1961. O tamanho dos poros das peneiras são os seguintes: 4A, 0,4 nm (4 Å); 5A, 0,5 nm; 13X, 1,0 nm.

**Em temperaturas abaixo de cerca de $-30°C$, adsorvem-se quantidades apreciáveis de monóxido de carbono, nitrogênio, oxigênio e metano tanto na 4A como na 5A.

fornece esses valores para vários tipos de Sephadex; os outros polímeros mencionados apresentam classificações comparáveis. Os limites de exclusão são bem grandes, porque a forma das moléculas (globular, linear, dobrada, etc.) possui considerável efeito.

Tabela 22.5 – Limites de exclusão para o Sephadex*

Tipo	Limite de massa molecular excluído
G-25	3.500–4.500
G-50	8.000–10.000
G-75	40.000–50.000
G-100	100.000
G-200	200.000

*Valores de Pharmacia Fine Chemicals, Inc.

A Fig. 22.2 mostra o resultado de uma separação de oligossacarídeos em uma coluna de 3 por 120 cm de Sephadex G-25, 100 a 200 mesh (0,15 a 0,074 nm) eluída com água destilada (ref. 4). A velocidade de escoamento foi de 20ml/h e a experiência gastou 40 h. A massa molecular de fração mais pesada nessa separação, uma tetrose, é ao redor de 700, muito menor que o limite de exclusão para o Sephadex

Cromatografia de líquido

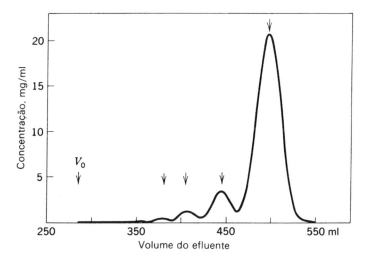

Figura 22.2 — Separação de oligossacarídeos em uma coluna de Sephadex G-25, 200 a 400 mesh. As flechas indicam, da esquerda para a direita, o volume nulo V_0, isomaltotetrose, isomaltotriose, isomaltose e glicose. Identificaram-se os açúcares por cromatografia em papel (Pharmacia Fine Chemicals, Inc., Piscataway, N. Y.)

G-25. Por exemplo, se estiver presente uma substância de massa molecular 6.000, ela passará através da coluna sem retenção e produzirá um pico no ponto correspondente ao fluxo de uma coluna de água (em V_0 no gráfico).

CROMATOGRAFIA DE TROCA IÔNICA

Resinas de troca iônica consistem em pérolas de substâncias orgânicas altamente polimerizadas, com ligações cruzadas, contendo grande número de grupos ácidos ou básicos. Apesar de as resinas serem insolúveis em água, os grupos ativos são hidrófilos e têm vários graus de afinidade para solutos iônicos. Há quatro tipos de resinas que são classificados na Tab. 22.6 com aplicações ilustrativas. São significativos os intervalos de pH úteis. Abaixo de pH 5, as resinas de ácidos fracos são tão pouco dissociados que a troca catiônica torna-se desprezível; o inverso é verdadeiro para os tipos fracamente básicos, acima de pH 9.

Descreveremos três exemplos para mostrar a versatilidade da cromatografia de troca iônica. O primeiro é a separação de cátions simples com um trocador fortemente ácido. Para íons monovalentes, as afinidades relativas em relação à água são $Li^+ < H^+ < Na^+ < NH_4^+ < K^+ < Rb^+ < Cs^+ < Ag^+ < Tl^+$ (isto é, Li^+ é preso menos fortemente na resina). Uma escala comparável para íons divalentes é $UO_2^{++} < Mg^{++} < Zn^{++} < Co^{++} < Cu^{++} < Cd^{++} < Ni^{++} < Ca^{++} < Sr^{++} < Pb^{++} < Ba^{++}$. A Fig. 22.3 mostra a completa separação de sódio e potássio (ref. 1). A amostra da mistura é colocada no topo da coluna e eluída com HCl 0,7 F. As amostras coletadas foram evaporadas à secagem para eliminar o excesso de HCl, depois redissolvidas e analisadas por titulação do íon-cloreto pelo processo de Mohr. O erro médio foi de 0,25 mg de haleto alcalino em amostras de até cerca de 350 mg. As curvas pontilhadas representam previsões teóricas ba-

Tabela 22.6 — Resinas de troca iônica para cromatografia*

Classe de resina	Natureza da resina	Intervalo de pH efetivo	Aplicações cromatográficas
1. Trocadora de cátions fortemente ácida	Poliestireno sulfonado	1–14	Fracionamento de cátions; separações inorgânicas; lantanídeos; vitaminas B; peptídeos; aminoácidos
2. Trocadora de cátions fracamente ácida	Polimetacrilato carboxílico	5–14	Fracionamento de cátions; separações bioquímicas; elementos de transição; aminoácidos; bases orgânicas; antibióticos
3. Trocadora de ânions fortemente básica	Poliestireno-amônio quaternário	0–12	Fracionamento de ânions; halogênios; alcalóides; complexos de vitamina B; ácidos graxos
4. Trocadora de ânions fracamente básica	Poliamina-poliestireno ou fenolformaldeído	0–14	Fracionamento de complexos aniônicos metálicos; ânions de valências diferentes; aminoácidos; vitaminas

*Valores para resinas Amberlite, Rohm & Haas Co., Filadélfia, via Mallinckrodt Chemical Works, St. Louis, Missúri.

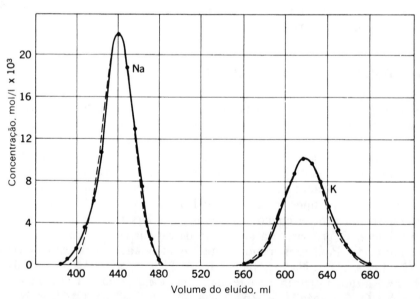

Figura 22.3 — Separação de sódio e potássio por troca iônica com uma resina de troca catiônica, Dowex 50, eluída com HCl 0,7 F (Analytical Chemistry)

seadas nas distribuições gaussianas. Determinou-se a média AEPT como sendo 0,05 cm.

O próximo exemplo sugere as possibilidades do gradiente de eluição na cromatografia de troca iônica (Fig. 22.4), apesar de a figura ter sido o resultado de

Cromatografia de líquido

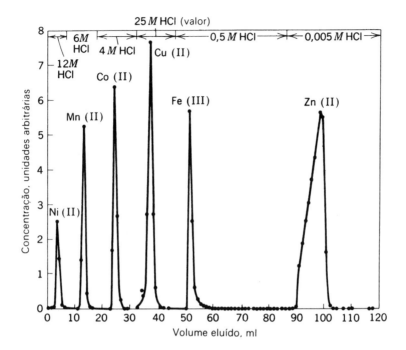

Figura 22.4 — Separação de vários metais de transição por troca iônica com uma resina de troca aniônica, Dowex 1, eluída com HCl sucessivamente mais diluído (Journal of the American Chemical Society)

variação por etapa em vez de variação contínua no eluente (ref. 8). A amostra é constituída por um número de sais de metais de transição: a coluna continha uma resina de troca iônica fortemente básica na forma de cloreto. A coluna foi inicialmente enchida com HCl 12 F e a amostra inserida no topo. A eluição foi feita com soluções de HCl sucessivamente mais diluídas. O Ni(II) não foi absolutamente retido, mesmo em presença de HCl concentrado, apesar de nenhum dos outros metais presentes ter se movido apreciavelmente. O ácido, quando diluído a 6F, causou a eluição de Mn(II); Co(II) saiu a 4F; Cu(II) a 2,5F; Fe(III) a 0,5F; e Zn(II) a apenas 0,005F. Essa seqüência reflete a estabilidade relativa dos ânions-cloreto complexos, assim como a diferente afinidade da resina e da água em relação a esses íons (e ao íon-cloreto). A cromatografia dos lantanídeos em uma coluna de troca catiônica, na presença de tampões-citrato, é outro exemplo relevante de uma separação difícil envolvendo a interação entre os dois grupos de constantes de equilíbrio (ref. 7).

O terceiro exemplo da cromatografia de troca iônica é de um grande significado em bioquímica: a separação de aminoácidos a partir da hidrólise de proteína. Desde que esses compostos tenham tanto funções ácidas como básicas, poder-se-ão separá-los tanto em colunas aniônicas como catiônicas, como indicado na Tab. 22.6. Fizeram-se muitas tentativas com várias resinas e com diversos graus de sucesso, mas foi com o trabalho dos drs. Moore, Spackman e Stein do Rockefeller Institute em Nova Iorque (em 1958) que se conseguiu um esquema utilizável de separação

408 Métodos instrumentais de análise química

(ref. 11). Seu método usa uma resina de poliestireno sulfonado em um sistema semi-automático muito engenhoso, que inclui adição automática de ninidrina como reagente formador de cor e a medida da absorbância a dois comprimentos de onda, 440 nm que detecta prolina e hidroxiprolina e 570 nm para todos os outros aminoácidos e amônia. Vários fabricantes vendem atualmente aparelhos seguindo esse projeto básico.

Descreveram-se alguns trocadores iônicos inorgânicos sintéticos, que são preferidos às resinas orgânicas para algumas finalidades. Uma aplicação significativa é o reprocessamento de combustíveis nucleares, pois as substâncias orgânicas se decompõem pela intensa radiação. Alguns trocadores inorgânicos são altamente específicos: o fosfomolibdato de amônio mostra adsorção seletiva de Cs^+ em relação a Rb^+ de 28 vezes, comparado com cerca de 1,5 para a resina orgânica mais favorável.

Deve-se mencionar ainda que a troca iônica tem importantes aplicações analíticas, além das cromatográficas. Essas incluem a remoção de íons interferentes de carga oposta e aumento preliminar de concentração de quantidades-traço de substâncias iônicas. Consultar o livro de Samuelson para uma discussão posterior (ref. 14).

CROMATOGRAFIA EM COLUNA COM RECICLO

Na separação de substâncias que têm valores de coeficiente de distribuição próximos pelos métodos de coluna previamente descritos, pode-se necessitar de uma coluna muito longa. Isso é inconveniente para empacotar e funcionar e também a massa da substância de enchimento pode esmagar as pérolas de resina perto do fundo, reduzindo acentuadamente a eficiência. Porath e Bennich mostraram que se podem obter melhores resultados bombeando repetidas vezes o efluente na mesma coluna. Isso é possível porque as zonas ocupadas pelos dois solutos muito semelhantes cobrem em qualquer instante apenas uma pequena parte da coluna, o resto da qual não se utiliza.

Esses autores montaram uma coluna, um analisador contínuo, uma válvula para amostra e a bomba em circuito fechado (Fig. 22.5). A solução passa em direção ascendente através da coluna, opondo-se à gravitação e, assim, tende a evitar a inconveniente consolidação da substância de enchimento.

A Fig. 22.6 mostra os resultados obtidos por reciclo de oito vezes de uma preparação bioquímica em uma coluna de Sephadex (ref. 13). O detector foi um absorciômetro de ultravioleta a 254 nm. Podem-se completar três ciclos antes que o avanço do primeiro componente alcance a cauda do segundo; nesse ponto, abre-se a válvula para simultaneamente drenar o componente *B* e admitir um volume igual de novo tampão. Permanece uma pequena quantidade de *B* drenada no sexto ciclo. *A* foi bombeado no oitavo ciclo. Nessa experiência, a altura da coluna foi um pouco menor que 1 m; sem o reciclo seria necessário uma coluna de 8 m de altura. Esse procedimento não encurta o tempo de operação. Um aparelho desse tipo é fabricado pela LKB*.

---

*LKB-Produkter AB, Estocolmo, e LKB Instruments, Inc., Washington, D.C.

Cromatografia de líquido

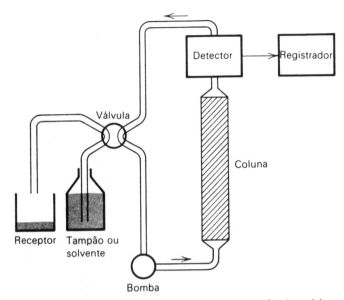

Figura 22.5 — Esquema de um aparelho para cromatografia de reciclo

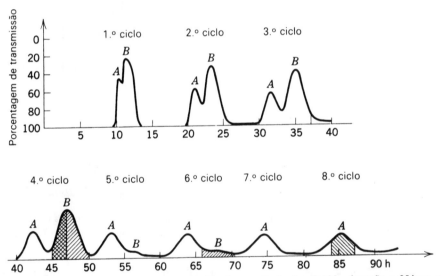

Figura 22.6 — Separação por reciclo da ceruloplasmina em Sephadex G-100; absorção a 254 nm, em uma cubeta de 3 mm. As áreas hachuradas indicam esvaziamento da coluna (Academic Press Inc., N. Y.)

CROMATOGRAFIA EM PAPEL

Como uma alternativa da técnica em coluna, pode-se realizar a cromatografia em uma folha ou tira de papel adsorvente. Para várias finalidades, deve-se preferir papel de filtro de celulose. É tão hidrófilo que normalmente mantém um revestimento de água (totalmente imperceptível) adsorvida do ar. Portanto a cromatografia em papel de filtro é quase sempre um fenômeno de *partição*, um exemplo de cromatografia líquido-líquido.

Um procedimento típico, a análise de uma mistura de aminoácidos, pode-se fazer como segue: alisa-se uma tira de papel de cerca de 1 por 15 cm, coloca-se uma pequena gota da solução a ser analisada no centro a aproximadamente 1 cm de uma das extremidades (Fig. 22.7). Marca-se esse ponto com um lápis para medida futura. Então evapora-se o solvente e a tira é suspensa pela extremidade mais afastada em um recepiente alto (Fig. 22.8). Mergulha-se a extremidade inferior em um depósito de uma mistura de água e butanol. Cobre-se o topo do cilindro com papelão, de modo que os vapores de ambos os solventes banhem a tira pendente. Após repouso, o líquido começa a subir a tira por capilaridade, arrastando os constituintes da amostra com ele, em várias velocidades, de acordo com seus coeficientes de partição entre a água adsorvida e o butanol intersticial. Quando a frente avançada de solvente se aproxima do topo, remove-se a tira e marca-se sobre ela o ponto de avanço mais afastado. Então a tira é secada ao ar e pulverizada com uma solução de ninidrina. Algumas manchas se encontrarão distribuídas ao longo da tira; deverão ser marcadas a lápis para um registro permanente. Podem-se caracterizar os componentes individuais pelos seus valores de R_f, onde

$$R_f = \frac{\text{distância percorrida pelo componente}}{\text{distância percorrida pela frente do solvente}}$$

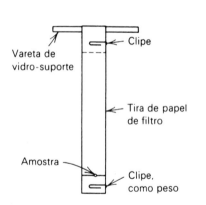
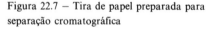
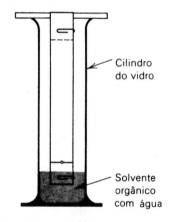

Figura 22.7 – Tira de papel preparada para separação cromatográfica

Figura 22.8 – Tira de papel suspensa em um cilindro e mergulhada em um solvente

Pode-se estender essa técnica pelo uso de grandes quadrados de papel de filtro de 15 a 30 cm de lado. Aplica-se a amostra em um ponto próximo a um canto e suspende-se o papel de modo que uma extremidade mergulhe no solvente. Os constituintes da amostra se movem para cima como antes. Após essa etapa, o papel é secado, girado de 90° e suspenso com a outra extremidade adjacente ao canto contendo a amostra mergulhado em um segundo solvente, no qual os valores de R_f são diferentes. Isso fará com que as manchas se movam, através do papel, em uma direção em ângulo reto em relação ao primeiro movimento e assim produzirão um cromatograma bidimensional correspondentemente com melhor separação de uma mistura complexa (Fig. 22.9) (ref. 10). Recipientes de vidro retangulares são convenientes para esse trabalho e podem-se tratar várias folhas simultaneamente.

Cromatografia de líquido

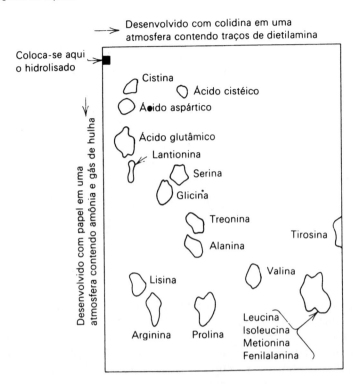

Figura 22.9 — Cromatograma bidimensional em papel de um hidrolisado de proteínas de lã. Colocou-se uma gota da mistura próxima do canto, como marcado; prendeu-se o papel pelo lado de maior comprimento e desenvolveu-se o cromatograma com S-colidina. Então o papel foi secado e pendurado pelo lado mais curto e, posteriormente, desenvolveu-se o cromatograma com fenol. Foi novamente secado e pulverizado com ninidrina e aquecido. Pôde-se separar o grupo dos aminoácidos não-resolvidos no canto direito inferior se a colidina e o fenol fossem substituídos por álcool benzílico e butanol, mas, aí, os outros ácidos se misturam (Endeavour)

Descreveu-se a técnica do solvente *ascendente*; também é possível realizar uma separação cromatográfica em papel com solvente *descendente*. Pendura-se o papel em um tanque com o solvente e monta-se o conjunto todo em um recipiente fechado, onde se satura o ar com vapor do solvente, para evitar a evaporação. Os cromatogramas em papel podem-se traduzir quantitativamente em um gráfico de absorbância óptica em função da posição da mancha no papel, medindo-se a transmissão de comprimentos de onda selecionados diretamente através do papel. Planejaram-se vários fotômetros de filtro especificamente para essa aplicação; além disso, dispõe-se de adaptadores prendedores de papel para vários espectrofotômetros comerciais.

Em circunstâncias especiais, podemos usar outros métodos físicos para localizar e medir as manchas, tanto no papel como nas colunas. Usou-se a oscilometria para seguir a separação de ácidos orgânicos. O exame da radiatividade com ou sem a adição de traçadores é uma técnica importante. Dispõe-se de aparelhos de contagem especialmente planejados para esse fim. O mostrado na Fig. 22.10 é construído de modo que o movimento do papel do registrador empurra a tira

Figura 22.10 – Detector registrador automático de radiatividade para tiras de papel (Picker-Nuclear, White Plains, N.Y.)

de papel de filtro sobre o orifício de um contador de fluxo sem janela; mede-se e, automaticamente, registra-se a atividade da tira.

Uma aplicação interessante da cromatografia bidimensional foi descrita por Blumer, que se interessou pela análise de misturas de porfirinas que continham ésteres e complexos metálicos além de ácidos livres (ref. 2). Separaram-se em primeiro lugar os ésteres e complexos com um solvente contendo tetracloreto de carbono e isooctano, que não têm efeito sobre os ácidos livres. Esterificaram-se então *in loco* os ácidos não-resolvidos adicionando-se diazometano às gotas, sobre as manchas no papel. Separaram-se os ésteres recém-formados através de um segundo desenvolvimento com o mesmo solvente, em ângulo reto em relação ao primeiro.

Há um sem-número de aplicações da cromatografia em papel; a maior parte são de interesse orgânico e bioquímico, mas também são possíveis separações inorgânicas que estão recebendo atenções crescentes. Seria possível, em princípio, delinear um sistema completo de análise qualitativa inorgânica baseado em separações cromatográficas, especialmente fazendo uso de papel de filtro impregnado com vários reagentes (ref. 15). Na prática entretanto, esse método é melhor quando combinado com outras técnicas por ser mais vantajoso em algumas separações que em outras.

Algumas vezes, devem-se preferir outros tipos de papel em substituição à celulose. O papel feito de fibra de vidro permite a localização de substâncias orgânicas através de uma pulverização com ácido sulfúrico concentrado, o que produz manchas carbonizadas facilmente visíveis na superfície branca. Dispõe-se de papéis em que se adicionaram resinas de troca iônica para usar com substâncias iônicas.

CROMATOGRAFIA EM CAMADA DELGADA (CCD)

Apesar de se poder classificar a cromatografia em papel, com alguma justificativa, como CCD, costuma-se reservar o termo para as separações que ocorrem em um

Cromatografia de líquido

revestimento de uma substância em pó aderente a um suporte liso tal como uma placa de vidro (ref. 9). Pode-se adaptar à CCD qualquer um dos sólidos usados na cromatografia em coluna se se encontrar um aglutinante conveniente para garantir aderência ao vidro. Portanto, as separações podem depender de adsorção, partição, troca iônica ou permeação: em gel.

A técnica se assemelha à da cromatografia em papel com a exigência suplementar da preparação da placa. O revestimento deve ser tão uniforme quanto possível, caso devam se realizar separações limpas e reproduzíveis. É essencial um tamanho uniforme das partículas. Há uma variedade de instrumentos no mercado destinados a facilitarem o espalhamento uniforme da substância de revestimento (como uma pasta fluida) sobre as placas. Alternativamente, podem-se comprar as placas já revestidas.

A amostra é colocada em uma margem (ou extremidade) da placa e é desenvolvida pela técnica ascendente. Então pode-se secar e pulverizar a placa com o reagente.

Uma característica adicional, muitas vezes útil, é a incorporação de um pigmento fluorescente ao revestimento. A exposição ao ultravioleta produzirá luminescência em todo lugar, menos nas manchas onde estiverem presentes os solutos que absorvem no ultravioleta.

A CCD é mais rápida e geralmente mais aplicável que as outras técnicas cromatográficas líquidas e, assim, é largamente usada como um auxílio para seguir uma síntese de laboratório, estabelecer evidências presumíveis de pureza, etc., exatamente como na CG.

REFERÊNCIAS

1. Beukenkamp, J. e W. Rieman, III: *Anal. Chem.*, **22**: 582 (1950).
2. Blumer, M.: *Anal. Chem.*, **28**: 1640 (1956).
3. Brockmann, H.: *Discussions Faraday Soc.*, **7**: 58 (1949).
4. Flodin, P.: "Dextran Gels and Their Applications in Gel Filtration", p. 57, AB Pharmacia, Uppsala, Suécia, 1962.
5. Johnson, H. W., Jr.; V. A. Campanile e H. A. LeFebre: *Anal. Chem.*, **39**: 32 (1967).
6. Karmen, A.: *Anal. Chem.*, **38**: 286 (1966).
7. Ketelle, B. H. e G. E. Boyd: *J. Am. Chem. Soc.*, **69**: 2800 (1947).
8. Kraus, K. A. e G. E. Moore: *J. Am. Chem. Soc.*, **75**: 1460 (1953).
9. Maier, R. e H. K. Mangold: Thin-layer Chromatography em C. N. Reilley (ed.), "Advances in Analytical Chemistry and Instrumentation", vol. 3, p. 369, Interscience Publishers (Divisão de John Wiley & Sons, Inc.), New York, (1964).
9a. Maley, L. E.: *J. Chem. Educ.*, **45**: A467 (1968).
10. Martin, A. J. P.: *Endeavour*, **6**: 21 (1947).
11. Moore, S.; D. H. Spackman e W. H. Stein: *Anal. Chem.*, **30**: 1185 (1958); D. H. Spackman; W. H. Stein e S. Moore: *Anal. Chem.*, **30**: 1190 (1958); também resumido na Ref. 12.
12. Morris, C. J. O. R. e P. Morris: "Separation Methods in Biochemistry", Interscience Publishers (Divisão de John Wiley & Sons, Inc.), New York, 1963.
13. Porath, J. e H. Bennich: *Arch. Biochem. Biophys.*, supl. **1**: 152 (1962).
14. Samuelson, O.: "Ion Exchange Separations in Analytical Chemistry", John Wiley & Sons, Inc., New York, 1963.
15. Schneer-Erdey, A. e T. Tóth: *Talanta*, **11**: 907 (1964).
16. Snyder, L. R.: Linear Elution Adsorption Chromatography, em C. N. Reilley (ed.), "Advances in Analytical Chemistry and Instrumentation", vol. 3, p. 251. Interscience Publishers (Divisão de John Wiley & Sons, Inc.), New York, 1964.
17. Strain, H. H.: "Chromatographic Adsorption Analysis", Interscience Publishers (Divisão de John Wiley & Sons, Inc.), New York, 1945.
18. Vandenheuvel, F. A. e E. R. Hayes: *Anal. Chem.*, **24**: 960 (1952).

23 Extração por solventes e métodos relacionados

A separação de substâncias por extração seletiva de um solvente para um segundo, imiscível com o primeiro, é um outro método que segue as linhas matemáticas gerais esboçadas no Cap. 20. Em contraste com a cromatografia líquido-líquido, as duas fases líquidas apresentam-se em forma maciça e não como camadas adsorvidas.

Dois líquidos puros são, com freqüência, utilizados especialmente para a distribuição de compostos covalentes algo polares, como solutos, de modo que a solubilidade é apreciável em ambos os solventes. Em outros casos, a presença de solutos adicionais em uma ou ambas as fases melhorará muito a separação que se pode obter. A substância adicionada geralmente exerce seu efeito através de equilíbrios competitivos. O pH de uma fase aquosa terá uma influência marcante na solubilidade aparente de uma substância ácida ou básica, daí a importância das soluções tamponadas.

A formação de complexos metálicos com solubilidade apreciável em líquidos não-polares é igualmente importante. O complexogênio pode constituir o solvente não-aquoso, como no caso do líquido puro acetilacetona, que extrairá alguns metais de transição da água em níveis adequados de pH, para formar os acetilacetonatos complexos. O complexogênio pode ser um sólido, portanto, usado com mais vantagem em solução. Uma solução de ditizona em $CHCl_3$ ou CCl_4 extrairá vários metais de transição da água, onde o solvente não-aquoso sozinho seria ineficiente. A Fig. 23.1 mostra a dependência do pH na extração de dois elementos semelhantes, alumínio e gálio, para uma solução clorofórmica de 8-quinolinol (ref. 9).

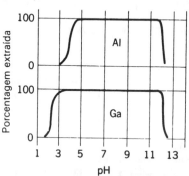

Figura 23.1 — Extração do alumínio e gálio por 8-quinolinol em vários valores de pH (Zeitschrift für analytische Chemie)

Podem-se fornecer os ligantes na fase aquosa; um exemplo é a extração por éter de Fe(III) como cloreto a partir de uma solução contendo ácido clorídrico.

A Tab. 23.1 fornece os coeficientes de distribuição aproximados para algumas substâncias que se podem extrair de um solvente para outro. O *coeficiente de distribuição* K' relaciona-se à *razão* de distribuição K da Eq. (20-2) pela razão dos volumes das duas fases:

$$K' = K \frac{V_2}{V_1} \qquad (23\text{-}1)$$

Extração por solventes e métodos relacionados

415

Tabela 23.1 — Coeficientes de distribuição selecionados

Soluto	Solvente 1*	Solvente 2*	$K'**$
Cl_2	Água	CCl_4	0,10
Br_2	Água	CCl_4	0,044
I_2	Água	CCl_4	0,012
I_2	KI 0,25 F	CCl_4	2,1
CdI_2	Água	Éter	5,0
$FeCl_3$	HCl 3 F	Éter	5,7
$UO_2(NO_3)_2$	Água	Éter	1,2
CH_3COOH	Água	Benzeno	16,0
$CH_2ClCOOH$	Água	Benzeno	28,0
$CHCl_2COOH$	Água	Benzeno	27,0
CCl_3COOH	Água	Benzeno	7,5
Ácido fumárico	Água	Éter	0,90
Ácido maléico	Água	Éter	9,65
o-Nitroanilina	Água	Benzeno	0,016
m-Nitroanilina	Água	Benzeno	0,043
p-Nitroanilina	Água	Benzeno	0,107

*Cada solvente é pré-saturado com o outro solvente.
**K' é a razão da concentração do soluto no solvente 1 para aquela no solvente 2.

Combinando com a Eq. (20-4), temos

$$K' = \frac{C_1}{C_2} \qquad (23\text{-}2)$$

onde os C são as concentrações totais no equilíbrio das substâncias em equilíbrio nos dois solventes. Observar que o fator de separação α, que é importante na extração diferencial das duas substâncias, é a razão dos valores K ou K', pois se cancela a razão dos volumes.

Em uma primeira aproximação, pode-se considerar o *coeficiente* de distribuição igual à razão das solubilidades da substância nos dois solventes, como se encontra em tabelas de referência. Deve-se aplicar com cuidado essa relação conveniente, pois as condições em um procedimento de extração raramente são idênticas às que prevalecem quando se determinam as solubilidades. Especificamente, os dois solventes terão provavelmente solubilidade mútua finita, por exemplo, não se esperaria que um soluto apresentasse idêntica solubilidade em água pura e em água saturada com éter.

Para análises quantitativas, podem-se usar extrações simples, repetidas tantas vezes quantas necessárias, para isolar a substância desejada da amostra impura ou para remover constituintes interferentes. Assim, pode-se extrair quantitativamente o urânio como trinitrato de tetrapropilamônio a partir de uma mistura complexa dos produtos de fissão. Pode-se extrair o cloreto férrico de uma solução ácida, mas vários outros cloretos também passarão para o éter. Entretanto, isso serve como um meio conveniente para remover a maior parte do ferro de uma liga na preparação para a análise do alumínio.

No caso onde apenas um componente de uma amostra de uma mistura é extraível, então se pode conseguir a separação por repetidas extrações com novas porções do solvente. Cada operação removerá a mesma fração de substância presente. Por exemplo, nitrato de uranila, de acordo com a Tab. 23.1, apresenta razão de distribuição de 1,2, o que significa que no equilíbrio há 1,2 vez mais soluto na água que no éter (para volumes iguais de solventes). Se a concentração inicial (em água) for 100 g por litro, a quantidade restante, após uma extração, será 54,5 g; após duas extrações, 29,7 g; após três, 16,2 g; etc. Será reduzida a 0,1 g após 12 operações.

Pode-se acelerar esse processo pelo uso de um aparelho de extração contínua. Mostra-se na Fig. 23.2 uma forma planejada para remover um soluto não-volátil de um líquido pesado por extração com um mais leve. Coloca-se o líquido mais pesado, contendo a amostra, na parte inferior de um longo tubo vertical. Insere-se um tubo-funil, com um bulbo perfurado, na parte inferior e um condensador tipo dedo frio no topo. Ferve-se o solvente mais leve no frasco ligado ao tubo lateral. O vapor se condensa no dedo frio e é levado pelo tubo-funil ao fundo do extrator, onde sobe em forma de finas gotas através da solução pesada, extraindo o soluto em sua passagem e voltando pelo tubo lateral ao frasco de ebulição para ser redestilado. Assim, o soluto recolhido no frasco e a solução original estão continuamente em contato com novas porções do solvente.

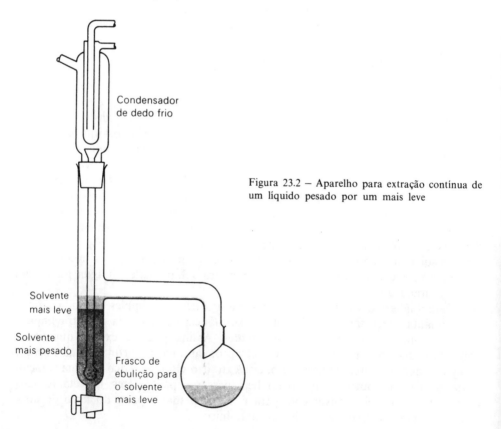

Figura 23.2 — Aparelho para extração contínua de um líquido pesado por um mais leve

Extração por solventes e métodos relacionados

EXTRAÇÃO POR CONTRACORRENTE

Devem-se usar procedimentos mais complicados para separar duas ou mais substâncias que são extraídas simultaneamente, mas em diferentes graus.

Consideremos primeiro uma mistura de 1.000 partes de A com 1.000 partes de B, onde tanto A como B são solúveis nos dois solventes 1 e 2, com coeficientes de distribuição

$$K'_A = \frac{C_1}{C_2} = 0,6$$

$$K'_B = \frac{C_1}{C_2} = 1,5$$

Isso significa que A é mais solúvel em 2 que em 1 e B mais solúvel em 1 que em 2. A distribuição entre os dois solventes, depois que se agitam juntos volumes iguais, será, para A, 375 partes em 1 e 625 em 2 e, para B, 600 partes em 1 e 400 em 2. Após a separação, cada camada é agitada com um volume igual ao do outro solvente, deixa-se depositar, então separa-se e repete-se o processo em um esquema semelhante ao da Fig. 20.1, combinando-se o solvente mais leve a cada equilíbrio com o mais pesado do recipiente adjacente. Pode-se calcular a quantidade do soluto em cada solvente, em cada tubo e em cada estágio pela expansão binomial, como se discutiu no Cap. 20.

Esse método de ataque é potencialmente de grande importância em química, pois freqüentemente permite a separação de substâncias muito semelhantes entre si para poderem ser separadas facilmente por outros meios. Por exemplo, podem-se separar quantitativamente pelo método de distribuição (ver Tab. 23.1) os vários ácidos acéticos clorados assim como os ácidos fumárico e maleico, e as nitroanilinas isômeras.

O fator que restringiu antigamente a aplicação dessa técnica é o tédio envolvido na realização de talvez algumas centenas de extrações individuais com um conjunto de funis de separação. O desenvolvimento que tornou esse método praticável deve-se a Lyman C. Craig e outros no Rockefeller Institute em Nova Iorque (ref. 2).

A técnica de Craig segue exatamente o sistema esboçado acima com uma peça especial do aparelho planejada para realizar simultaneamente um grande número de extrações.

Um tipo de aparelho, construído inteiramente de vidro, consiste de uma série de celas idênticas, uma das quais é mostrada na Fig. 23.3. Liga-se cada cela a duas adjacentes por um selo de vidro ou por uma junta esmerilhada. Monta-se toda a série de celas em um eixo metálico (Fig. 23.4), que se pode inclinar ao redor de um eixo horizontal nas três posições sucessivas mostradas na Fig. 23.3. O equilíbrio das duas fases líquidas ocorre dentro de cada cela à medida que ela é balançada para frente e para trás entre as posições A e B. As celas se deslocam, depois de um determinado número de movimentos (5 a 50), para a posição C, onde o líquido superior escorre pelo braço lateral c até d, que *se chama tubo de transferência*; o líquido inferior permanece no tubo principal da cela, debaixo do ponto marcado a. As celas voltam à posição A depois que se completa a decantação e, assim, o líquido mais leve passa de d, através de e, para a próxima cela da série. Desse modo, equilibra-se respectivamente cada um dos dois solventes com novas porções do outro

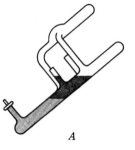
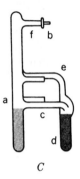
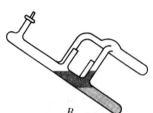

Figura 23.3 — Um único estágio do aparelho de vidro de Craig para extração em contracorrente, mostrado em três posições. As partes mais escuras e as mais claras representam, respectivamente, o solvente mais pesado e o mais leve

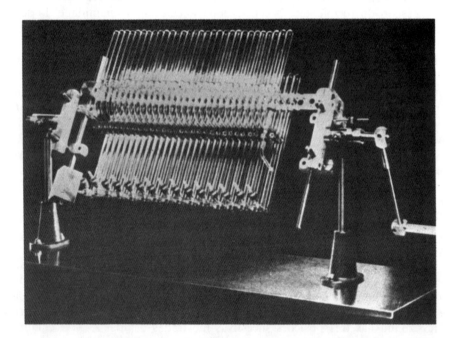

Figura 23.4 — Aparelho de vidro de 30 estágios para separação por distribuição por contracorrente (H. O. Post Scientific Instrument Co., Middle Village, N. Y.)

em uma série contínua em contracorrente. Cada cela tem uma abertura em f, normalmente fechada por uma rolha b, que é usada para encher e esvaziar. O extrator da Fig. 23.4 tem 30 celas; construíram-se outros com várias centenas de celas. Equipam-se os arranjos maiores com um motor elétrico que fornece automaticamente ao aparelho o número preestabelecido de inclinações e separações.

A Fig. 23.5 mostra o tipo de resultados obtido com um aparelho de 25 estágios (ref. 8). As curvas representam a absorbância no ultravioleta em dois comprimentos de onda dos conteúdos de cada um dos tubos depois da distribuição de uma amostra entre n-butanol e ácido acético a 10%. A amostra consistia de uma mistura de substâncias separadas da urina de pacientes que recebiam um medicamento antimalárico. Esse procedimento de extração mostra, sem dúvida, que a mistura se constituía de três componentes diferindo nas absorbâncias relativas nos dois comprimentos de onda escolhidos. Pôde-se isolá-los em bom estado de pureza a partir de tubos apropriados do aparelho.

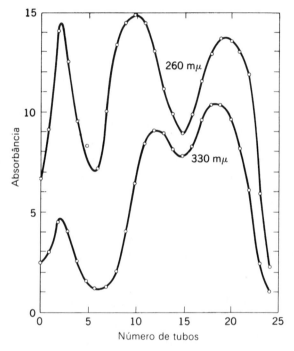

Figura 23.5 — Separação dos produtos de degradação de um medicamento antimalárico por distribuição em contracorrente (Journal of Organic Chemistry)

Na Fig. 23.6 é fornecido o diagrama de uma mistura muito mais complexa (ref. 2). Submeteu-se uma mistura sintética de 300 mg de cada um de dez aminoácidos ao fracionamento em um aparelho de vidro com 220 celas entre ácido clorídrico diluído e n-butanol. Operou-se o aparelho automaticamente até se realizarem 780 transferências (ao redor de 20 h). Um coletor automático de frações manteve separadas as porções de solvente leve eliminadas em cada decantação. Após 780 transferências, analisaram-se as amostras efluentes e os conteúdos dos tubos por pesagem dos resíduos clorídricos remanescentes após evaporação de todo o solvente. A parte direita da figura corresponde às frações do solvente leve eliminadas e marcadas de acordo com o número da transferência que as eliminou. (Possivelmente, não se pode eliminar nenhum soluto durante as primeiras 220 transferências, enquanto ele ainda está percorrendo o aparelho.) A seção à esquerda

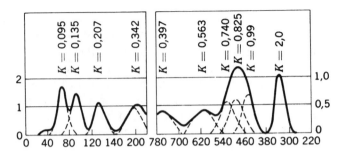

Figura 23.6 – Diagrama de distribuição para aminoácidos separados em um aparelho em contracorrente de 220 estágios. As bandas, da esquerda para a direita, representam triptofano, fenilalanina, leucina, isoleucina, tirosina, metionina, valina, ácido α-aminobutírico, alanina e glicina (Analytical Chemistry)

representa as quantidades que permaneceram no aparelho. Veremos que se resolvem todos, com exceção de três aminoácidos. Podem-se separar esses três com sucesso recolocando-os no aparelho para fracionamento contínuo.

Executaram-se algumas modificações no aparelho de Craig objetivando características como compactação ou capacidade de lidar com pequenos volumes. Post e Craig (ref. 7) descreveram um tubo modificado comparável ao da Fig. 23.3, que transfere simultaneamente o solvente leve em uma direção e o pesado em outra. Meltzer e outros (ref. 6) construíram um aparelho aperfeiçoado para realizar a distribuição diferencial automaticamente entre *três* solventes nutuamente imiscíveis, tais como heptano, nitrometano e água.

A maior dificuldade da extração com solventes é a formação freqüente de emulsões que podem ser difíceis de romper. Algumas vezes ajuda a adição de algumas gotas de um agente antiespumante ao sistema.

MÉTODOS DE SEPARAÇÃO POR BORBULHAMENTO

Recentemente, introduziram-se várias técnicas que empregam a adsorção na interface gás-líquido de bolhas (ref. 4). Dessas, discutiremos brevemente os métodos conhecidos como sublação por solvente e fracionamento por espuma.

SUBLAÇÃO POR SOLVENTE

Nessa técnica, bolhas de um gás inerte, tal como hidrogênio, são forçadas para cima através de um disco de vidro sinterizado em uma coluna contendo dois líquidos imiscíveis (Fig. 23.7). O solvente inferior, geralmente aquoso, contém as substâncias junto com uma pequena concentração de um agente tensoativo.

À medida que as bolhas sobem através do solvente inferior a substância superficialmente ativa tenderá a se ligar à superfície das bolhas e ser levada junto para o solvente superior. Pode-se fazer a separação de dois modos. Primeiro, pode-se remover um componente superficialmente ativo de uma mistura de substâncias que não têm essa propriedade. Segundo, um agente tensoativo iônico acionado formará um par iônico com substâncias de carga oposta e, assim, causará seu arraste para o solvente superior.

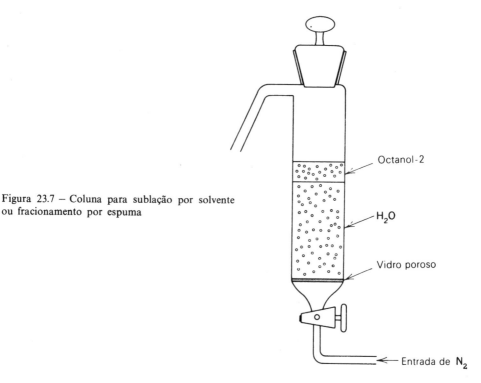

Figura 23.7 — Coluna para sublação por solvente ou fracionamento por espuma

Karger e outros mostraram as duas abordagens com os corantes metilorange (MO) e rodamina (RB) a pH 10,5, onde MO é um ânion e RB existe como *zwitterion** (refs. 1 e 3). A RB é facilmente transportada por nitrogênio da solução aquosa básica para o butanol sobrenadante, sem adição de qualquer reagente, o que indica que a RB é, em si, superficialmente ativa, pelo menos nesse pH. O MO, contudo, permanece na camada aquosa, a menos que se adicione um agente tensoativo catiônico: é muito eficiente o brometo de hexadeciltrimetilamônio (HDT). A presença de HDT, todavia, inibe o transporte da RB, o que se interpreta como uma indicação de uma competição entre duas substâncias ativas (HDT e RB) pelo espaço de adsorção na superfície da bolha.

O mecanismo de transporte não depende de nenhum tipo de equilíbrio de partição e, assim, a matemática do Cap. 20 não se aplica. De fato, é bem possível transportar uma maior quantidade de um soluto da camada aquosa para a orgânica do que seria previsto pelo coeficiente de partição para as mesmas substâncias.

A sublação por solvente atraiu tão recentemente a atenção dos químicos analíticos que suas reais possibilidades ainda não foram exploradas.

FRACIONAMENTO POR ESPUMA

Desenvolveu-se esse método de remover substâncias específicas de uma solução antes da sublação por solvente, mas depende de princípios algo semelhantes (ref. 5).

*N. do T. Pode-se traduzir este termo alemão como íon dipolar.

422 Métodos instrumentais de análise química

Usa-se o mesmo aparelho (Fig. 23.6), mas se emprega uma só fase líquida. Controla-se o escoamento de nitrogênio de modo que qualquer agente tensoativo presente produza espuma numa velocidade que a faz atingir o topo do tubo vertical antes de desmanchar. A adsorção seletiva da substância na superfície das bolhas é semelhante à descrita na seção precedente. Pode-se aumentar a quantidade do adsorvido por refluxo durante um certo período de tempo (da ordem de 15 min). Então, um aumento da velocidade do escoamento do gás causará o arraste da espuma através da saída para um recipiente, onde é rompida térmica ou mecanicamente.

Esse método apresenta a desvantagem de se transportar com a espuma uma quantidade apreciável do solvente pesado (com as concentrações correspondentes de outros solutos). Isso não é uma fonte significativa de dificuldade com a sublação por solvente. Pode-se considerar uma desvantagem a falta de um segundo solvente no método por espuma.

PROBLEMAS

23-1 Extrai-se o cobre com acetilacetona em pH de 2 a 5 em um grau de 87,3%. Quantas extrações unitárias sucessivas seriam necessárias para remover 99,99% do cobre de uma solução de sulfato de cobre?

23-2 Agitou-se um volume de 100 ml de acetilacetona contendo 70,8 mg de berílio como acetilacetonato durante 15 min com 100 ml de água acidulada (pH 3) saturada com acetilacetona. Então a camada aquosa foi separada e analisada gravimetricamente. Encontrou-se que ela contém 1,7 mg de berílio. Calcule o coeficiente de distribuição para o berílio.

REFERÊNCIAS

1. Caragay, A. B. e B. L. Karger: *Anal. Chem.*, **38**: 652 (1966).
2. Craig, L. C.; W. Hausmann; E. H. Ahrens, Jr. e E. J. Harfenist: *Anal. Chem.*, **23**: 1236 (1951).
3. Karger, B. L.; A. B. Caragay e S. B. Lee: *Separ. Sci.*, **2**: 39 (1967).
4. Karger, B. L.; R. B. Grieves; R. Lemlich; A. J. Rubin e F. Sebba: *Separ. Sci.*, **2**: 401 (1967).
5. Karger, B. L.; R. P. Poncha e M. M. Miller: *Anal. Chem.*, **38**: 764 (1966).
6. Meltzer, H. L.; J. Buchler e Z. Frank: *Anal. Chem.*, **37**: 721 (1965).
7. Post, O. e L. C. Craig: *Anal. Chem.*, **35**: 641 (1963).
8. Titus, E. O.; L. C. Craig; C. Golumbic; H. R. Mighton; I. M. Wempen e R. C. Elderfield: *J. Org. Chem.*, **13**: 39 (1948).
9. Umland, F.: *Z. anal. Chem.*, **190**: 186 (1962).

24 Métodos elétricos de separação

Este capítulo se refere às técnicas de separação, onde se usa um campo elétrico para produzir ou alterar o movimento relativo de espécies carregadas em solução. Geralmente, essas técnicas se agrupam em duas classes: eletroforese, onde apenas o campo elétrico causa movimento, e eletrocromatografia, onde se produz o movimento de uma partícula pela resultante de um campo elétrico e um gravitacional ou outra força não-elétrica. A separação por eletrodeposição com potencial controlado foi discutida no Cap. 14.

ELETROFORESE SEM SUPORTE

Esse método geral encontrou sua maior aplicação em áreas médicas e bioquímicas na resolução de misturas de proteínas, ácidos nucleicos e entidades semelhantes. A realização prática mais antiga foi no trabalho de Tiselius na Universidade de Uppsala, Suécia, descrita pela primeira vez em 1937. Tiselius desenvolveu um método baseado num *limite móvel* vertical entre uma solução tamponada de proteína e uma solução sobrenadante menos densa formada pelo tampão sozinho. Um gradiente elétrico de poucos volts por centímetro, aplicado através do limite, causa a migração da proteína na direção determinada por sua carga a um dado pH e o limite se move de acordo. Observa-se a posição do limite pela brusca mudança do índice de refração. Emprega-se um sistema óptico complexo baseado em *fotografia schlieren* a fim de dar resultados que se podem interpretar tanto qualitativa quanto quantitativamente.

Um tratamento matemático mostra que a derivada $\partial n/\partial x$, onde n é o índice de refração e x, a distância medida na direção de migração, segue uma curva gaussiana à medida que se transpõe o limite. Assim, em geral, uma mistura de proteínas mostrará, após eletroforese, uma série de picos gaussianos mais ou menos separados, de acordo com a mobilidade relativa das várias espécies. Para discussões teóricas posteriores, consulte as revisões de Cann (ref. 3) e de Alberty (ref. 1) e, para os detalhes ópticos, de Longsworth (ref. 5).

ELETROFORESE COM SUPORTE

A eletroforese também pode ocorrer nos poros de uma folha de papel de filtro ou no meio de um gel. A Fig. 24.1 mostra os elementos de um aparelho para *eletroforese em papel*. Coloca-se sobre uma placa de vidro uma tira de papel de filtro com as extremidades mergulhadas em soluções tamponadas. Um par de elétrodos ligados aos terminais de uma fonte de voltagem de c.c. ajustável fazem o contato elétrico entre as duas soluções. Umedece-se a folha com um eletrólito diluído, coloca-se a amostra no centro com um conta-gotas e aplica-se um potencial de várias centenas de volts. Deve-se cobrir a faixa de papel de algum modo para evitar

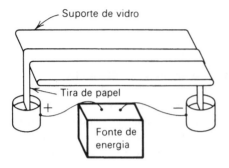

Figura 24.1 — Características essenciais de um aparelho para eletroforese em papel

a evaporação do solvente e, a não ser nas unidades menores, deve-se esfriá-la com água, pois se dissipa no papel considerável potência elétrica. Podem-se combinar essas duas funções em uma tampa colocada em contato com o papel e munida de serpentinas de refrigeração.

A separação das espécies carregadas dependerá primariamente de suas mobilidades relativas. Em alguns casos, pode haver interação específica entre o soluto e o papel, que tenderá a retardar a passagem ao longo do papel, como na cromatografia. Observar que qualquer efeito cromatográfico está agindo *paralelamente* ao campo elétrico.

Uma aplicação bioquímica típica é a análise de proteínas de soro humamno, discutida por Frijtag Drabbe e Reinhold (ref. 4). Eles verificaram que, por controle da temperatura, pré-condicionamento do papel, métodos de aplicação da amostra e secagem, os resultados se igualavam em precisão aos processos clássicos e se podiam obtê-los a partir de amostras contendo apenas 2 ou 3×10^{-4} g de proteína total, onde menos de 5% dessa quantidade constituía uma determinada proteína, determinável com um desvio-padrão ao redor de 10% (isto é, dentro de aproximadamente 1 μg).

Esse método também pode ser valioso na separação de íons inorgânicos. Um eletrólito-suporte serve para transportar a corrente. Um exemplo é a separação dos íons de Ba e La, e de Ra, Pb e Bi, realizada em ácido lático 0,1 F, com um gradiente de potencial de 3,54 V por cm (ref. 8). Em um período ao redor de 24 h, Ra percorre aproximadamente 100 cm; Ba, 90 cm; Pb, 50; La, 30 cm; e Bi, de 10 a 15 cm. Determinaram-se as posições dos íons por radioautografia com radiatividade natural ou com a adição de traçadores. Foi possível separar em solução de citrato de amônio Li e Na um do outro e de outros metais alcalinos.

Um procedimento comparável é a *eletroforese em gel*. Pode-se moldar diretamente uma camada delgada de um gel no leito de um aparelho como o da Fig. 24.1, com papel de filtro pendendo pelas extremidades, agindo como pavio a fim de estabelecer contato com os recipientes dos elétrodos. Mostraram-se úteis os seguintes géis: gel de amido, ágar, agarose, copolímeros de cloreto e acetato de polivinila, poliacrilamida e acetato de celulose (ref. 9). Também utilizou-se vidro poroso como um suporte para eletroforese (ref. 6).

Deve-se sempre proteger a eletroforese efetuada em um meio poroso contra um efeito destrutivo que é a *eletrosmose*. Esta se origina da carga adquirida na superfície do sólido (*potencial zeta*). A carga faz com que a substância aja quase como um fraco trocador de íons atraindo íons de carga oposta. Portanto haverá

Métodos elétricos de separação

um verdadeiro movimento de íons (principalmente componentes do tampão) em direção ao elétrodo de sinal oposto ao da carga do sólido. Isso produzirá um fluxo real do solvente na mesma direção, por osmose, tendendo a manter constante a concentração do tampão (ref. 7).

Suportes diferentes variam tanto em sinal como em valor dos potenciais zeta. Algumas vezes é possível misturarem-se duas substâncias na preparação de um gel, de modo que o efeito eletrosmótico de uma será compensada pela outra. Quando não se puder fazer isso (como com papel ou vidro poroso), o efeito deverá ser medido e corrigido. Geralmente, a medida é feita adicionando-se uma espécie não-carregada à amostra e observando quão distante ela se move durante a experiência.

A Fig. 24.2 mostra a bandeja-suporte de gel e as partes associadas do Spectrophor-I da B. & L*. Esse instrumento contém um monocromatizador (ultravioleta-visível) e um fotomultiplicador dispostos de tal modo que os diagramas

Figura 24.2 — Bandeja de gel para o Spectrophor I B. & L.; compartimento do fotomultiplicador em cima; fonte de luz em baixo da bandeja (Bausch & Lomb, Inc., Rochester, N. Y.)

de eletroforese produzidos simultaneamente por oito amostras podem-se varrer em seqüência e colocar a transmitância em um gráfico em um registrador embutido. A Fig. 24.3 mostra um traçado típico.

ELETROCROMATOGRAFIA

A aplicação concomitante das técnicas de eletroforese e cromatografia em um suporte de papel mostrou-se muito proveitosa. A folha de papel, comumente, é suspensa verticalmente no solvente (geralmente um tampão) descendo de um reservatório no topo. Aplica-se o campo elétrico horizontalmente através de algum tipo de tiras de contato ao longo dos lados da cortina de papel.

*Bausch & Lomb, Inc., Rochester, Nova Iorque.

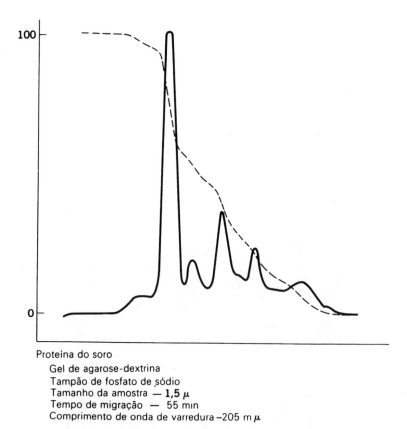

Proteína do soro
    Gel de agarose-dextrina
    Tampão de fosfato de sódio
    Tamanho da amostra — 1,5 μ
    Tempo de migração — 55 min
    Comprimento de onda de varredura –205 m μ

Figura 24.3 — Separação efetuada com o Spectrophor I B. & L. (Bausch & Lomb, Inc., Rochester, N. Y.)

A Fig. 24.4 mostra uma unidade comercial para separação contínua. Alimenta-se um capilar com a mistura em um ponto próximo do topo do papel, embaixo do qual o tampão está escoando. Estabelece-se rapidamente um estado de equilíbrio e recolhem-se os componentes em uma série de tubos alimentados por alças triangulares ao longo da margem inferior do papel. O desvio mais pronunciado da trajetória sobre o papel, em relação à vertical, corresponde a uma combinação entre a maior afinidade cromatográfica pela fase estacionária e a maior mobilidade eletrolítica.

Pode-se operar o mesmo aparelho com pequenas amostras. Colocam-se umas poucas gotas no papel com uma pipeta e deixando-as separarem-se o mais possível sem remoção do papel; então, desliga-se a voltagem, interrompe-se o fluxo de solvente e remove-se o papel para secagem. O tratamento subseqüente é o mesmo que foi previamente descrito para cromatografia em papel.

Strain fornece uma discussão crítica do projeto e características operacionais de eletrocromatógrafos em papel (ref. 10). Considerou características como tamanho e forma ótimos do papel de filtro e métodos para estabelecer o contato elétrico com o papel evitando contaminação com os produtos da eletrólise. Ele recomenda uma folha de papel afilada, mais estreita no topo que na base, de modo

Métodos elétricos de separação

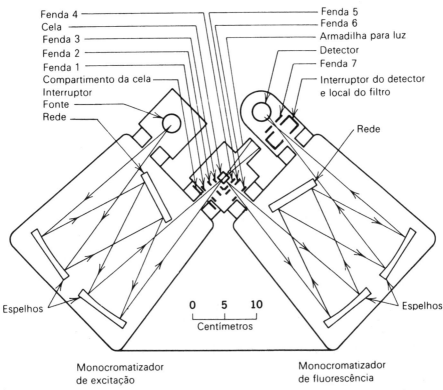

Figura 24.4 – Aparelho para eletrocromatografia de escoamento contínuo (Beckman Instruments, Fullerton, Califórnia)

que o gradiente de potencial do papel seja maior, próximo ao ponto onde se injeta a amostra. A Fig. 24.5 é um desenho de um dos trabalhos de Strain mostrando a

Figura 24.5 – Papel para eletrocromatografia cortado da maneira descrita por Strain, mostrando a separação dos íons de quatro metais (Analytical Chemistry)

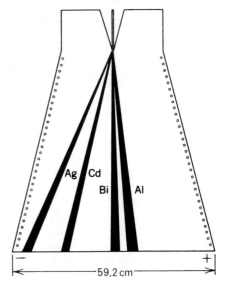

428　　　　　　　　　　　　　　　　　　　Métodos instrumentais de análise química

eficiente separação dos íons Ag, Cd, Bi e Al, em um eletrólito-suporte de malonato de amônio.

Encontram-se no mercado várias modificações desses aparelhos. Várias unidades que, num primeiro relance, parecem cair nessa categoria, realmente, são melhor descritas como instrumentos para eletroforese com escoamento transversal do solvente. O solvente ocupa todo o volume de um estreito espaço (aproximadamente 0,5 mm) entre duas placas de vidro e escoa de um lado para dentro e do outro para fora entre dois elétrodos protegidos por membranas. O líquido que escoa pode ajudar a evitar o problema do resfriamento e simplifica o dispositivo da fonte de energia e a coleta das amostras, mas não pode contribuir para a separação em si.

CROMATOGRAFIA POR ELETRODEPOSIÇÃO

Blaedel e Strohl sugeriram a possibilidade de combinar os princípios de eletrodeposição, com potencial controlado em um cátodo de mercúrio, com a cromatografia líquido-líquido, com mercúrio como na fase estacionária (ref. 2). O coeficiente de distribuição para um tal sistema é

$$K' = \frac{[M]}{[M^{n+}]} \qquad (24\text{-}1)$$

onde $[M]$ é a concentração de um metal dissolvido em mercúrio e $[M^{n+}]$, a concentração correspondente do íon aquoso. Combinando a Eq. (24-1) com a equação de Nernst, temos (a 25°C)

$$\log K' = \frac{n}{0,059}(E° - E) \qquad (24\text{-}2)$$

onde n, E e $E°$ têm seu significado usual. Isso significa que se pode controlar o coeficiente de distribuição por controle do potencial aplicado.

Os autores usaram, como fase estacionária e cátodo, um leito de pequenos pedaços de um fio de platina revestido com mercúrio junto com uma meia-cela de referência prata-cloreto de prata. As amostras estudadas continham Tl^+, Pb^{++}, In^{+++} ou Sn^{++}. Uma cela polarográfica de escoamento serviu como detector cromatográfico. Acharam que Tl^+ e Pb^{++} seguem as equações previstas. In^{+++} não o faz, presumivelmente devido à limitada solubilidade do índio em mercúrio; da mesma forma, Sn^{++}, apesar de o estanho ser bem solúvel, talvez devido à formação de um composto intermetálico.

Esse método é descrito aqui, não como um procedimento completo e pronto para o uso, mas porque indica os interessantes resultados que se podem obter por uma extensão imaginativa e combinação de técnicas bem estabelecidas.

REFERÊNCIAS

1. Alberty, R. A.: *J. Chem. Educ.*, **25**: 426, 619 (1948).
2. Blaedel, W. J. e J. H. Strohl: *Anal. Chem.*, **37**: 64 (1965).
3. Cann, J. R.: Electromigration and Electrophoresis, em I. M. Kolthoff e P. J. Elving (eds.), "Treatise on Analytical Chemistry", Parte I, vol. 2, Cap. 28, Interscience Publishers (Divisão de John Wiley & Sons, Inc.), New York, 1961.

Métodos elétricos de separação

4. von Frijtag Drabbe, C. A. J. e J. G. Reinhold: *Anal. Chem.*, **27**: 1090 (1955).
5. Longsworth, L. G.: *Ind. Eng. Chem., Anal. Edition*, **18**: 219 (1946).
6. MacDonell, H. L.: *Anal. Chem.*, **33**: 1554 (1961).
7. Morris, C. J. O. R. e P. Morris: "Separation Methods in Biochemistry", pp. 632 e segs., Interscience Publishers (Divisão de John Wiley & Sons, Inc.), New York, 1963.
8. Sato, T. R.; W. P. Norris e H. H. Strain: *Anal. Chem.*, **27**: 521 (1955).
9. Scherr, G. H.: *Anal. Chem.*, **34**: 777 (1962).
10. Strain, H. H.: *Anal. Chem.*, **30**: 228 (1958).

25 Considerações gerais nas análises

Completamos agora um levantamento de alguns dos mais úteis métodos analíticos acessíveis ao químico. Essa importante coleção de técnicas pode parecer confusa. Devemos dar alguma atenção ao problema de escolha do método mais apropriado para qualquer problema analítico que possa surgir.

Suponhamos que se solicite a você, como um químico analítico, planejar um procedimento para a determinação quantitativa da substância X. Aqui vai uma lista das perguntas que você deve formular antes de empreender a incumbência:

1. Que intervalo de valores se pode esperar?
2. Qual é a matriz ou o material em maior quantidade, onde se encontra a substância procurada?
3. Que impurezas estão presentes e, aproximadamente, em que concentração?
4. Que grau de precisão é exigido?
5. Que grau de exatidão é exigido?
6. De que padrões de referências dispomos?
7. A análise deve ser feita no laboratório, no local de fabricação ou no campo?
8. Que fontes de energia e outras facilidades se podem usar?
9. Espera-se analisar quantas amostras por dia?
10. É essencial obter uma resposta rápida? Se for, com que rapidez?
11. Em que extensão se requer segurança a longo prazo (como para uma operação contínua desacompanhada) e em que extensão podemos desprezá-la para diminuir o custo do equipamento?
12. Em que forma física se deseja a resposta (registro automático, fita impressa ou perfurada, relatório escrito, telefônico, etc.)?
13. Se for necessário treinamento especial do pessoal, pode-se consegui-lo?
14. De quais facilidades especiais e não-comuns dispomos que possam influenciar na escolha de um método (por exemplo, um reator atômico)?

Pode acontecer que seja necessário um compromisso; por exemplo, alta precisão não é compatível com velocidade. Em vários casos, a preferência pessoal pode ser um fator decisivo. Assim, pode-se fazer com que os métodos colorimétricos e polarográficos forneçam quase a mesma exatidão com amostras de diluição semelhante; o tempo consumido nos dois procedimentos é comparável e mesmo o custo do aparelho é mais ou menos o mesmo. O analista tem, pois, liberdade de escolha do método que lhe seja mais familiar. Muitos métodos de análises, geralmente aplicáveis, estão catalogados na Tab. 25.1 com comentários destinados a auxiliar na escolha de um procedimento para vários tipos de amostras.

SENSIBILIDADE

Pode-se definir a sensibilidade S como a razão da variação da resposta R em relação à quantidade C (isto é, a concentração) medida:

$$S = \frac{dR}{dC} \quad \text{ou} \quad \frac{\Delta R}{\Delta C} \tag{25-1}$$

Considerações gerais nas análises

431

Tabela 25.1 — Aplicabilidade comparativa de vários procedimentos analíticos

Tipo de amostra	Procedimento	Aplicação
1. Ligas, minérios	a. Espectrografia	Geral; rápida
	b. Eletrodeposição	Geral; mais lenta; aparelhos mais baratos
	c. Colorimetria	Mais específica; especialmente para constituintes menores
	d. Ativação	Específica; menos conveniente a não ser em casos especiais
	e. Absorção de raios-X	Quando o elemento procurado e as impurezas variam muito em massa atômica
	f. Fluorescência por raios-X	Geral; rápida
2. Traços de íons metálicos	a. Colorimetria	
	b. Nefelometria	São de sensibilidade e precisão comparáveis; altamente específicos
	c. Fluorimetria	
	d. Polarografia	
	e. Análises de desgaste	Específica e altamente sensíveis
3. Misturas gasosas	a. Cromatografia de gás	Geral; alguma especificidade
	b. Gravimétrica	Especialmente para dióxido de carbono ou água
	c. Volumétrica (Orsat, etc.)	Misturas; para determinar vários constituintes
	d. Manométricos (Warburg)	Libertação ou absorção; amostras pequenas
	e. Absorção no infravermelho	Ensaios de rotina para um único componente
	f. Espectro de massa	Geral; aparelho caro
4. Misturas (não é necessária separação completa)	a. Espectro infravermelho	Especialmente para compostos orgânicos
	b. Espectro Raman	
	c. Difração de raios-X	Sólidos cristalinos
	d. Diluição isotópica	Análise para um único componente
	e. Espectro de massa	Para compostos voláteis simples
	f. RMN	Para líquidos
5. Misturas (procedimentos de separação)	a. Troca iônica	Para substâncias iônicas
	b. Distribuição em contra-corrente	Deve ser parcialmente solúvel em cada um dos dois líquidos imiscíveis
	c. Cromatografia de partição	
	d. Cromatografia de adsorção	Principalmente para compostos orgânicos
	e. Eletrodeposição	Para cátions metálicos

será instrutivo considerar algumas funções da forma $R = f(C)$, que relacionam a resposta do instrumento a um termo de concentração, o qual pode descrever o comportamento de alguns sistemas analíticos. Na Fig. 25.1, colocam-se em um gráfico as curvas para quatro dessas funções: 1) linear $R = k_1 C$; 2) lei quadrática ou série de potência $R = k'_2 C^2 + k_2 C$; 3) recíproca $R = k_3/C$; e 4) logarítmica $R = k_4 \log C$. Também se coloca no gráfico a derivada $\partial R/\partial C$ para cada uma delas. É evidente pela figura que as funções recíprocas e logarítmicas dão curvas bem íngremes, portanto, grande sensibilidade em baixas concentrações, enquanto que a função quadrática fornece maior sensibilidade em concentrações mais elevadas. Para a função linear, como se espera, a sensibilidade, como se definiu acima, é constante em toda a escala.

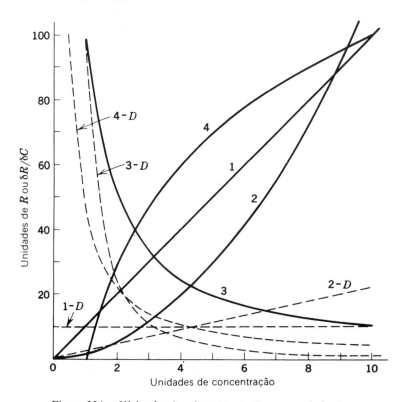

Figura 25.1 — Várias funções de concentração e suas derivadas

1) $R = k_1 C$ (1-D) $\partial R/\partial C = k_1$ $k_1 = 10$
2) $R = k'_2 C^2 + k_2 C$ (2-D) $\partial R/\partial C = 2k'_2 C + k_2$ $k_2 = k'_2 = 1$
3) $R = k_3(1/C)$ (3-D) $\partial R/\partial C = -k_3(1/C^2)$* $k_3 = 100$
4) $R = k_4 \log C$ (4-D) $\partial R/\partial C = 0{,}435 k_4(1/C)$ $k_4 = 100$

*Despreza-se o sinal negativo no traçar o gráfico.

Na Fig. 25.1, escrevem-se as inclinações como derivadas parciais para frisar o fato de haver provavelmente outras variáveis que afetarão a sensibilidade. Um exemplo é a análise espectrofotométrica, onde se pode variar a sensibilidade pela mudança do comprimento de onda. A curva-resposta será da mesma forma, mas a escala horizontal será comprimida ou expandida.

É difícil generalizar sobre as sensibilidades relativas de vários métodos, pois, em várias circunstâncias, a sensibilidade é bem diferente ao passar de um elemento ou tipo de composto para outro. Morrison (ref. 1) organizou uma valiosa comparação das sensibilidades de nove métodos analíticos como aplicados a todos os elementos para os quais se dispunham de valores. Os métodos compreendidos são espectrofotometria de absorção, fluorescência ultravioleta-visível, absorção atômica, espectrofotometria de chama, ativação por nêutrons, espectroscopia de massa com fonte de faísca e espectrografia de emissão com um arco de c.c., com uma faísca de cobre e uma de grafita. A partir dessa compilação, encontra-se, por exemplo, que se pode detectar o elemento európio em uma quantidade da ordem de 0,5 pg (picograma = 10^{-12} g) por ativação por nêutron, mas apenas 1 ng (nanograma = = 10^{-9} g) por emissão de chama, 100 ng por absorção atômica, etc. Por outro lado, o ferro é determinável apenas até 5 μg por ativação e 3 ng por emissão de chama.

A Fig. 25.2 resume, em forma de diagrama, as concentrações-limite das nove técnicas em relação ao número de elementos detectáveis.

Pode-se definir a concentração mínima limitante C_m em termos da relação *sinal-ruído S/N*, onde S é a grandeza do sinal desejado e N, o sinal espúrio chamado

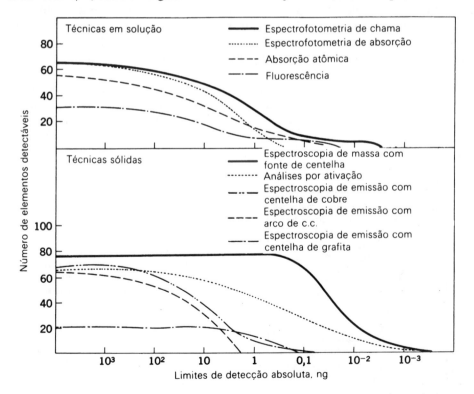

Figura 25.2 — Limites de detecção absoluta de nove métodos analíticos e número de elementos detectáveis em cada nível (John Wiley & Sons, Inc., N. Y.)

ruído, resultante do erro casual inerente ao sistema (ref. 2). O valor requerido de C_m é aquela concentração para a qual a razão S/N é dada por

$$\frac{S}{N} = \frac{t\sqrt{2}}{\sqrt{n}} \qquad (25\text{-}2)$$

onde t é a estatística Estudante-t, que se pode obter em tabelas de manuais, e n, o número de *pares* de leituras feitas (isto é, uma leitura para o branco ou *background* e uma para a amostra). Veja a referência para a derivação e a importância adicional dessa relação.

PRECISÃO

Mede-se essa quantidade inversamente pelo desvio-padrão relativo s. Quanto menor o valor de s, maior será a precisão. É intimamente ligada à *exatidão*, que é a proximidade de concordância entre o resultado observado e o valor conhecido ou "verdadeiro".

Pode-se melhorar a precisão da medida por repetição com tratamento estatístico adequado dos valores. A titulação é um procedimento que possui um efeito semelhante. Em uma titulação instrumental, tem-se a oportunidade para (e em várias situações deve-se) fazer uma série inteira de medidas, tanto antes como após o ponto final; desenhando uma curva uniforme através desses pontos, obtém-se quase o mesmo efeito na precisão total que se alcançaria tomando o mesmo número de leituras individuais em uma solução, sem titular. (Deve-se lembrar, é claro, que a informação obtida com e sem titulação não pode ser, mesmo idealmente, a mesma, mas se pode referir a diferentes estados de equilíbrio.)

A precisão conseguida por um método, quando comparada com a obtida por outro, freqüentemente é afetada pela forma da curva-resposta, independentemente da capacidade inerente do instrumento de detectar sinais. A Fig. 25.3 mostra duas

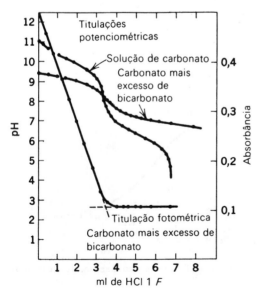

Figura 25.3 – Titulações potenciométrica e espectrofotométrica de uma solução de carbonato de sódio $3,4 \times 10^{-2} F$ contendo bicarbonato de sódio $1 F$ (Analytical Chemistry)

Considerações gerais nas análises   **435**

curvas de titulação correspondentes à mesma reação, a titulação de carbonato por ácido forte em presença de grande concentração de bicarbonato (ref. 3). A curva potenciométrica é quase inútil, mas a titulação fotométrica (a 235 nm, onde o íon-carbonato absorve, mas o bicarbonato não) mostra um excelente ponto final, obtido por extrapolação dos dois segmentos de linha reta.

COMPARAÇÃO COM PADRÕES

A maioria dos métodos analíticos discutidos envolve a comparação de uma propriedade física da amostra com a correspondente de um padrão ou de uma série de padrões contendo a mesma substância em quantidade conhecida. Pode-se conseguir isso através de uma curva de calibração, que é um gráfico da grandeza da propriedade física em função da concentração do constituinte desejado (ou alguma função simples da concentração, como seu logaritmo ou recíproco). Em alguns casos, a forma da curva é prevista pela teoria (lei de Beer, equação de Ilkovič, etc.) e pode ser mais conveniente fazer um cálculo baseado na equação de Nernst do que usar uma curva de calibração. Esse é o caso, por exemplo, da determinação de um cátion por medida do potencial da meia-cela: a equação de Nernst fornecerá diretamente a informação desejada, mas representa realmente a curva que se pode desenhar (diferença de potencial em função do logaritmo da concentração) para a comparação gráfica das amostras desconhecidas com a solução-padrão, da qual se calculou, originalmente, $E°$ (Fig. 11.1).

Outro procedimento geral para comparação entre amostras e padrões é enquadrar a amostra entre dois padrões convenientemente próximos, um pouco abaixo e um pouco acima, em relação à quantidade medida. Isso encontra aplicação especialmente em tubos de *Nessler* e em outros comparadores ópticos, onde se iguala diretamente a intensidade das cores com o olho humano.

Em todas as comparações é altamente desejável que os padrões reproduzam o mais possível as amostras desconhecidas. Esse princípio resulta na redução substancial dos erros sistemáticos, que têm o mesmo efeito em todas as soluções. Em alguns casos, pode-se aumentar muito a precisão, pois se pode aplicar a expansão da escala total do instrumento para medir a diferença entre essas duas grandezas próximas, em vez de se medir a distância de cada grandeza a partir do zero. No Cap. 3, discutiram-se as aplicações desse processo em análises fotométricas, mas o princípio pode ser igualmente valioso em outras áreas.

Estreitamente relacionado é o tipo de aparelho em que se faz a comparação entre o padrão e a amostra diretamente em uma única operação. São exemplos a cela de concentração potenciométrica, o detector de condutividade térmica na cromatografia de gás e os fotômetros e espectrofotômetros, que usam um sistema de dois feixes de luz em equilíbrio, passando através das duas amostras.

Deve-se lembrar que a comparação com padrões não pode melhorar a precisão de uma análise, mas pode ter um efeito na exatidão, que nunca pode ser melhor que a dos padrões. A preparação e preservação de padrões para soluções extremamente diluídas (micromolar a nanomolar) podem ser muito difíceis. As paredes de um recipiente de vidro apresentam uma tendência em adsorver o soluto e podem reduzir a concentração significativamente abaixo do valor pretendido. Em casos

436 Métodos instrumentais de análise química

favoráveis, pode-se contornar isso pela precaução em enxaguar o recipiente com um pouco da solução que se deve guardar.

As extensas séries de amostras-padrão, disponíveis ao custo nominal no *National Bureau of Standards*, Washington, fornecem uma importante ajuda no sentido da padronização global. Cada amostra é acompanhada de um certificado apresentando a concentração de cada constituinte a partir dos elementos principais até os presentes apenas em alguns milésimos por cento. Por meio dessas amostras, pode-se testar quase todo tipo de análise na área de metais, ligas e minérios quanto à precisão e à exatidão.

ADIÇÃO-PADRÃO

Esse é um processo geralmente aplicável para realizar a comparação com um padrão. Foi mencionado na discussão de alguns métodos instrumentais (polarografia, por exemplo) mas se pode adaptar facilmente a outros. Faz-se uma leitura com a amostra a ser analisada, em seguida adiciona-se sob agitação uma quantidade medida do padrão à amostra e repete-se a medida. Se a análise for destrutiva (a titulação geralmente o é), o padrão deverá ser adicionado a uma segunda alíquota.

Em muitas circunstâncias, esse procedimento servirá para identificar a característica do registro que se refere à substância desejada e ao mesmo tempo dará a informação necessária para uma análise quantitativa. A diluição da amostra por adição do padrão deve ser levada em consideração ou desprezada.

Essa técnica apresenta a grande vantagem de o padrão e a amostra serem medidos em condições essencialmente idênticas. Mesmo não se conhecendo exatamente o tipo e a quantidade de outras substâncias presentes, estas podem se considerar idênticas nas duas medidas.

PROBLEMAS

25-1   Identifique vários métodos instrumentais correspondentes a cada uma das funções colocadas no gráfico da Fig. 25.1 e mostre equações para a verificação da escolha.

25-2   Qual é a melhor maneira de se determinar água quantitativamente em cada uma das seguintes circunstâncias? (Esboce um procedimento quando possível.)

a) Vapor de água em tanques de H_2 e O_2 comprimidos.
b) Água dissolvida em clorofórmio ou éter "puros".
c) Conteúdo em água da atmosfera de um veículo espacial fechado.
d) Água coletada no fundo de um grande tanque de armazenagem de gasolina.

25-3   Imagine um método instrumental para a determinação do TEC (tetraetilchumbo) e TMC (tetrametilchumbo) quando um ou ambos estão presentes numa gasolina.

25-4   Uma das separações mais difíceis é a entre zircônio e háfnio. Um resultado da "contração lantanídea" é que os átomos de Zr e Hf são quase exatamente do mesmo tamanho, o que, aliado a sua estrutura eletrônica semelhante, os torna quimicamente quase idênticos. Sugira pelo menos dois métodos experimentais pelos quais se pode empreender sua separação. Em cada método, que valores deveríamos procurar para avaliar o sucesso do método? Que métodos analíticos não-separativos se podem usar para analisar misturas desses elementos?

25-5   Na análise colorimétrica de manganês e crômio em aço, a cor do íon-férrico causará interferência, a menos que se tomem precauções convenientes. É possível remover a maior parte do ferro por extração

Considerações gerais nas análises **437**

com éter na presença de ácido clorídrico ou por troca iônica em seguida à oxidação ou pode-se complexar o ferro com citrato, tartarato ou outro reagente a fim de destruir sua cor. Alternativamente, pode-se deixar o ferro na solução e corrigir sua absorbância tomando-se as leituras fotométricas antes e depois da oxidação do manganês e crômio; ou usar combinações desses métodos. Compare esses procedimentos criticamente. Por que não se aplica a eletrólise com cátodo de mercúrio como um procedimento de separação?

25-6   No Cap. 16, mencionou-se o uso de cristais de iodeto de sódio "ativados" por adição de traços de iodeto taloso, como cristais luminescentes na detecção da radiatividade. Delineie um método não-destrutivo para determinar a quantidade de iodeto taloso nos cristais de iodeto de sódio. Avalie a precisão.

25-7   Dá-se na tabela seguinte a composição química média da água do mar (em átomo-miligrama por quilograma). Note que, em certos casos, o elemento ou radical pode estar presente em mais de uma forma: assim, o dióxido de carbono pode estar em parte como gás dissolvido e em parte como carbonato ou bicarbonato; vários dos metais podem estar presentes em mais de um estado de oxidação. Surgirá métodos analíticos apropriados pelos quais se pode analisar a água do mar para cada um desses elementos ou íons. Naturalmente, será vantajoso qualquer procedimento pelo qual se pode determinar mais de um íon simultaneamente.

Cl	535,0	Br	0,81	NO_3^-	0,014	Ag	0,0002
Na	454,0	Sr	0,15	Fe	0,0036	NO_2^-	0,0001
SO_4^-	27,55	Al	0,07	Mn	0,003	As	0,00004
Mg	52,29	F	0,043	P	0,002	Zn	0,00003
Ca	10,19	Si	0,04	Cu	0,002	Au	$2,5 \times 10^{-7}$
K	9,6	B	0,037	Ba	0,0015	H	$10^{-6} - 10^{-7}$
CO_2	2,25	Li	0,015	I	0,00035		

REFERÊNCIAS

1. Morrison, G. H. e R. K. Skogerboe: General Aspects of Trace Analysis, em G. H. Morrison (ed.), "Trace Analysis: Physical Methods", Cap. 1, Interscience Publishers (Divisão de John Wiley & Sons. Inc.), New York, 1965.
2. St. John, P. A.; W. J. McCarthy e J. D. Winefordner: *Anal. Chem.*, **39**: 1495 (1967); T. Coor, *J. Chem. Educ.*, **45**: A533 (1968).
3. Underwood, A. L. e L. H. Howe, III: *Anal. Chem.*, **34**: 692 (1962).

26 Circuitos eletrônicos para instrumentos analíticos

A grande maioria dos métodos instrumentais de análise tratados neste livro exige circuitos elétricos e isso, até nos casos mais simples, implica a necessidade da eletrônica. Assim, para uma total compreensão dos instrumentos analíticos, das suas limitações e dos erros que neles possa haver, é necessário algum conhecimento de eletrônica. A breve exposição apresentada neste capítulo pode ser tomada somente como um levantamento. Não tentaremos derivar as relações matemáticas fundamentais; pode-se encontrar um tratamento mais completo em numerosos textos.

O cerne de todo dispositivo eletrônico é formado por um ou mais componentes que agem diretamente sobre os elétrons. Isso inclui válvulas a vácuo e cheias de gás, nas quais se libertam os elétrons a partir de um cátodo quente por emissão termoiônica, pelo efeito fotelétrico, por uma descarga luminosa ou por outros processos. Ele também inclui uma variedade de componentes de estado sólido, especialmente retificadores-semicondutores, transístores e fotocelas. Nenhum desses elementos ativos é auto-suficiente; todos exigem circuitos suplementares, mais ou menos complexos, formados por resistores, capacitores, indutores, medidores, etc. Na maior parte dos casos, também se requer uma fonte de energia, que pode ser uma escolha de baterias ou corrente alternada retificada. Além desses serão freqüentemente incorporados, por conveniência ou por segurança, outros componentes como interruptores, fusíveis e luzes-piloto.

A eletrônica se tornou importante para os químicos ao redor de 1930 com a introdução do elétrodo de vidro para medida de pH, o que tornou necessário o desenvolvimento de um pH-metro eletrônico. Seguiram-se outros instrumentos eletrônicos, especialmente os espectrofotômetros, para substituírem a observação fotográfica inconveniente e não raro inexata dos espectros de absorção. Durante e desde a Segunda Guerra Mundial, a tecnologia eletrônica avançando tornou obsoletos os instrumentos precedentes em quase todos os campos.

Desde os anos por volta de 1960 realizou-se outra revolução, onde se substituíram as válvulas a vácuo por transístores nos novos planejamentos de instrumentos para laboratório. Em primeiro lugar a "transistorização" foi principalmente um processo de substituição de válvulas com um mínimo de mudança nos circuitos − algo como uma tradução literal de uma língua para outra. Mais recentemente, como as capacidades idiomáticas dos transístores foram melhor compreendidas, planejaram-se novos circuitos para acomodar as necessidades existentes. Nos dias atuais, os engenheiros de instrumentos raramente escolhem válvulas a vácuo ou a gás, a não ser para algumas aplicações especializadas.

É provável que os transístores discretos sejam amplamente substituídos no futuro pelo circuito de estado sólido integrado conhecido como *microeletrônica*.

Uma vez que tantos instrumentos com válvulas a vácuo ainda estão em uso, precisamos estudar os dois circuitos de válvulas e transístores, dando ênfase às suas semelhanças e diferenças. A microeletrônica necessita, todavia, de pouca atenção em nosso contexto, pois representa primariamente uma inovação nos processos de fabricação, e usa os mesmos circuitos básicos que se aplicam aos dispositivos discretos de estado sólido.

COMPONENTES ELETRÔNICOS ATIVOS

VÁLVULAS A VÁCUO

O dispositivo eletrônico evacuado mais simples e importante é o *díodo*, que consiste de dois elétrodos em um invólucro de vidro ou de metal. Um elétrodo, o *cátodo*, é aquecido eletricamente e liberta elétrons por emissão termoiônica. O segundo elétrodo, o *ânodo* (ou *placa*), recolhe os elétrons, mas não pode por si só emiti-los em um grau significativo. Assim, a corrente pode passar através de um díodo em uma direção, mas não na outra e, portanto, este pode servir como *retificador*.

Os díodos são úteis em duas áreas principais. Usam-se os de maior tamanho como retificadores de energia para converter a corrente alternada em corrente contínua como fonte de energia para outros dispositivos. Aplicam-se os díodos menores na retificação de sinais de c.a., sendo, nesse serviço, freqüentemente chamados *detectores* ou *demoduladores*.

Os tríodos a vácuo são semelhantes aos díodos pelo fato de possuírem um cátodo emissor de elétrons e um ânodo coletor de elétrons, mas entre eles monta-se uma *grade* constituída por um conjunto de fios finos e paralelos. Esse elemento introduz outro grau de liberdade – que é a possibilidade de regular o fluxo de elétrons do cátodo para o ânodo através do controle do potencial aplicado à grade. A Fig. 26.1 mostra o esquema de um circuito-teste para um tríodo. Nesse diagrama K representa o cátodo, que é aquecido ao rubro pela energia libertada pelo aquecedor H, que, por sua vez, é ligado através da bateria A. P é o ânodo (placa) e G, a grade de controle. Liga-se o ânodo ao terminal positivo da bateria B através do resistor de carga R_L. Pode-se variar o potencial da grade por meio do divisor de voltagem R colocado ao lado de outra bateria C. M é um miliamperímetro de c.c. O fluxo de elétrons através do espaço evacuado é controlado pelo potencial da grade, que se mantém normalmente um pouco mais negativo em relação ao cátodo. Quanto mais negativa for a grade, menor será o número de elétrons que conseguirão atingir a placa; inversamente, quanto menos negativa, mais elétrons passarão. A grade negativa não atrai os elétrons provenientes do cátodo, nem os elétrons podem abandonar sua superfície fria. Assim, a grade age apenas como elemento sensível ao potencial e não transporta nenhuma corrente significativa.

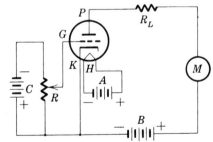

Figura 26.1 – Circuito básico de um tríodo

Define-se o *fator de amplificação* μ de uma válvula como sendo a razão entre a variação do potencial do ânodo e a do potencial da grade (de sinal oposto) que mantém constante a corrente do ânodo. Para os tríodos comuns a razão varia de 10 a 100.

Pode-se introduzir uma segunda grade, a *grade auxiliar*, entre a de controle e a placa, para diminuir a capacitância entre elas. Essa válvula é conhecida como *tetrodo*. O elétrodo adicionado, que funciona com potencial positivo, produz um considerável aumento de μ, mas ao mesmo tempo causa dificuldades devido às emissões secundárias. Em todas as válvulas, o bombardeamento da placa por elétrons faz com que esta emita mais elétrons. Isso não é objecionável no díodo e no tríodo porque a placa é o único elemento positivo e os elétrons secundários são atraídos para ela. Em um tetrodo, contudo, muitos dos elétrons secundários são barrados pela grade auxiliar carregada positivamente, o que é prejudicial à ação normal da válvula e constitui uma séria limitação à sua utilidade.

Pode-se contornar essa dificuldade inserindo-se uma terceira grade, chamada *supressora*, entre a grade auxiliar e a placa, formando um *pentodo*. Normalmente opera-se a grade supressora no mesmo potencial do cátodo, ela atua suprimindo a emissão de elétrons secundários. Isso permite um aumento do fator de amplificação de até milhares de vezes. Mostra-se na Fig. 26.2* o circuito básico para um pentodo.

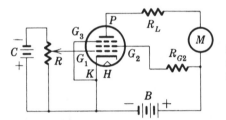

Figura 26.2 – Circuito básico de um pentodo; G_1 é a rede de controle; G_2, a rede auxiliar; G_3, a rede supressora (outros símbolos como na Fig. 26.1)

Pode-se esclarecer a operação das válvulas a vácuo pelas assim chamadas *curvas estáticas características*; mostram-se na Fig. 26.3 exemplos típicos para um tríodo e na Fig. 26.4 para um pentodo. Observar que a corrente da placa do pentodo é quase insensível a variações de voltagem da placa, a não ser em baixas voltagens, onde as curvas correspondentes são muito íngremes para o tríodo. A dependência

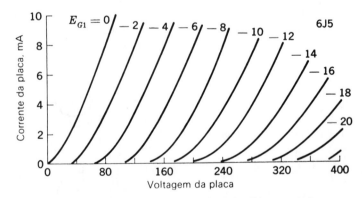

Figura 26.3 – Características da placa de 6J5, um tríodo

*Observar que uma conexão elétrica entre os fios é indicada por um ponto na intersecção: ✛. Um cruzamento de fios sem ponto + indica que não há conexão elétrica, o que antigamente se indicava pelo símbolo ⌒.

Circuitos eletrônicos para instrumentos analíticos

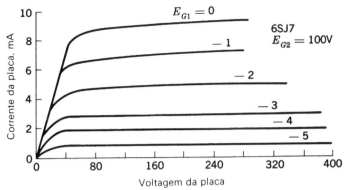

Figura 26.4 — Características da placa do 6SJ7, pentodo de corte agudo

da corrente da placa da voltagem da grade é comparável em ambas, como se indica na Fig. 26.5. Pode-se ver, por meio dessa última figura, que a corrente da placa tanto para o tríodo 6J5 como para o pentodo 6SJ7 é efetivamente reduzida a zero por uma voltagem de grade de aproximadamente −6 V, chamada ponto de *corte*. Todos os tríodos apresentam esse corte, mas os pentodos acham-se divididos em duas classes: a das válvulas de corte agudo (o 6SJ7 é um exemplo) e a das válvulas de corte muito alto onde é necessária uma voltagem de grade negativa muito grande para o corte, de modo que, comumente, sempre escoa alguma corrente de placa (um exemplo desse tipo de pentodo é o 6SK7). As curvas, como as da Fig. 26.5, que relacionam a saída com a entrada chamam-se *gráficos de transferência*.

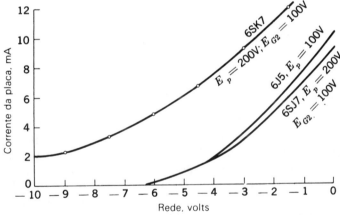

Figura 26.5 — Gráfico de transferência para a 6J5, a 6SJ7 e a 6SK7, um pentodo de corte muito alto

Há, naturalmente, uma grande variação entre os tipos de válvulas em relação à capacidade de corrente e energia manipuladas, acompanhando a variação de tamanho físico, desde válvulas subminiaturas (cerca de 20 por 6 mm) até válvulas gigantes usadas em radiotransmissão.

AMPLIFICAÇÃO POR VÁLVULAS A VÁCUO

A ação amplificadora de um tríodo ou de um pentodo aparece quando se imprime o sinal (mostrado na Fig. 26.6 como uma onda senóide) na grade, de modo que a

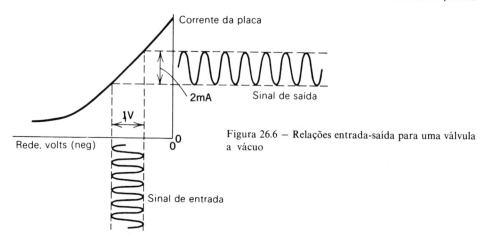

Figura 26.6 — Relações entrada-saída para uma válvula a vácuo

variação total de voltagem está dentro do trecho quase linear da característica. Suponhamos que o sinal de entrada origina-se em um circuito de impedância moderadamente alta, digamos $10^5\ \Omega$, e varia de 1 V. O nível de potência desse sinal é

$$P = EI = \frac{E^2}{R} = \frac{1^2}{10^5} = 10^{-5}\ \text{W}$$

No exemplo da Fig. 26.6, que corresponde aproximadamente à válvula 6SJ7, a variação da saída seria de cerca de 2 mA, dando um nível de potência de saída (para um resistor de carga de $10^5\ \Omega$) de

$$P = EI = RI^2 = (10^5)(2 \times 10^{-3})^2 = 0{,}4\ \text{W}$$

que mostra um ganho de potência de $0{,}4/10^{-5} = 40\,000$. Freqüentemente, é mais útil o *ganho de voltagem*; nesse exemplo, a variação de voltagem através da carga seria $RI = (10^5)(2 \times 10^{-3}) = 200$ e, portanto, o ganho de voltagem de $200/1 = 200$.

VÁLVULAS A GÁS

Válvulas eletrônicas cheias de gás a baixa pressão apresentam propriedades muito contrastantes com os tipos análogos a vácuo. São particularmente importantes em nosso contexto a válvula de descarga luminosa e o tiratron. A *válvula de descarga luminosa* consiste de dois elementos (díodo), onde ambos os dois elétrodos são frios (isto é, operam pouco acima da temperatura ambiente). Ela é enchida com um gás inerte como hélio, argônio ou neônio. Essa válvula conduzirá apenas quando o potencial aplicado for maior que certo valor-limite bem definido determinado, em parte, pelo potencial de ionização do gás e sua pressão e, em parte, pela natureza da superfície do elétrodo (sua "função de trabalho"), pela distância entre os elétrodos, etc.

Mostra-se na Fig. 26.7 a curva corrente-voltagem característica para uma válvula de descarga luminosa. À medida que se aumenta o potencial aplicado, a partir de zero, não escoará nenhuma corrente até que se atinja uma determinada voltagem. O potencial inicial varia um pouco com o grau de iluminação incidente ou com a radiação ionizante; qualquer um desses fatores ajudará a iniciar a descarga luminosa. Assim que esta inicia, o potencial através da válvula cai um pouco

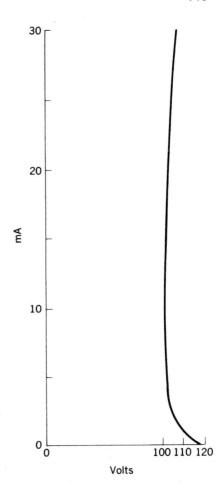

Figura 26.7 — Corrente-voltagem característica para a válvula de descarga luminosa OB2

e adquire um valor que é muito próximo de constante, mesmo que a corrente variar em um grande intervalo.

Chama-se *tiratron* a um tríodo ou tetrodo contendo gás; tem propriedades semelhantes a um relê eletromecânico: conduz ou não, está ligado ou desligado, sem estágios intermediários. Se se inserir um tiratron no circuito-teste da Fig. 26.1, não passará corrente até que o potencial da grade atinja um certo valor, quando se inicia uma descarga gasosa entre o ânodo e o cátodo. A grade é inútil enquanto houver descarga; não pode aumentar a corrente da válvula nem desligá-la. O único meio pelo qual pode-se parar a descarga é diminuindo a voltagem da placa quase a zero. Muitas vezes se aplica um potencial alternado à placa de um tiratron; a grade, nesse caso, pode readquirir o controle uma vez em cada ciclo, pois a corrente da placa não poderá escoar durante o período em que a placa for negativa. Pode-se controlar facilmente a energia libertada para uma dada carga pelo potencial da grade.

Podem-se usar tiratrons em lugar de relês e esses têm a vantagem de não apresentarem inércia mecânica nem pontos de contato com a sua tendência de corroer e congelar. Tiratrons tetrodo exigem menos energia acionante que os tríodos e,

444   Métodos instrumentais de análise química

assim, prestam-se às aplicações onde o sinal provém de uma fonte de alta impedância, tal como uma fotocela a vácuo.

SEMICONDUTORES

Um semicondutor é uma substância sólida intermediária entre os condutores metálicos de um lado e os isolantes não-condutores de outro. Caracteriza-se por um coeficiente *negativo* relativamente grande de variação da resistência com a temperatura, enquanto que o coeficiente é *positivo* para os metais; isso fornece um critério conveniente para distinguir os dois tipos de condutores. Os semicondutores mais usados são silício, germânio, selênio e uma variedade de óxidos e sulfetos metálicos.

Em um cristal de germânio de elevada pureza, cada átomo liga-se covalentemente a outros quatro átomos (a estrutura do diamante) e, como cada átomo tem apenas quatro elétrons de valência, ele é totalmente satisfeito por essa estrutura. Para fazer com que o cristal seja útil para fins eletrônicos, ele deve ser "dopado", isto é, adiciona-se um vestígio de impureza. Os átomos estranhos devem ser de natureza tal que possam substituir alguns átomos de germânio na grade do cristal. Se a impureza for um elemento pentavalente, tal como arsênio ou antimônio, cada átomo possuirá um elétron de valência extra, além dos necessários para as ligações covalentes da grade cristalina. Os elétrons extras libertam-se facilmente dos seus átomos de origem por ação da energia térmica e ficam livres para vaguear ao acaso através da grade cristalina. Os átomos da impureza tornam-se íons monopositivos, presos no cristal e, portanto, imóveis. Por outro lado, se a impureza for gálio, índio ou ouro trivalente, haverá deficiência de um elétron por átomo. Chama-se *lacuna* o lugar onde falta o elétron. Ocasionalmente um elétron de uma ligação covalente comum, localizada próximo aos átomos da impureza, terá energia térmica suficiente para que suas vibrações o leve tão perto da lacuna que ele escapará completamente de sua posição prévia e se moverá para a lacuna. O resultado desse processo é o deslocamento da lacuna de um local a outro dentro da grade. Em um pedaço de germânio dopado dessa maneira, as lacunas parecem vaguear livremente através do cristal de uma maneira análoga à do elétron excedente em um pedaço dopado com arsênio ou antimônio. Contudo, a mobilidade das lacunas é algo menor que a dos elétrons.

Se se aplicar um campo elétrico ao germânio dopado, escoará uma corrente transportada quase que exclusivamente pelos elétrons em excesso ou pelas lacunas fornecidas pela impureza*. O germânio, onde os transportadores da corrente são elétrons (negativos), é designado como germânio tipo *n*, enquanto aquele onde os transportadores predominantes são lacunas (positivas), como germânio tipo *p*.

DÍODOS DE CRISTAL

Um díodo de cristal é um dispositivo semicondutor com dois terminais que possui a capacidade de passar corrente com facilidade em uma direção, mas a de bloquear

---

*Deve-se frisar que o germânio ou silício dopados ainda são, do ponto de vista *qu mica*, extremamente puros. Uma impureza controlada da ordem de 1 ppm será na maioria das vezes adequada para conferir as propriedades elétricas desejadas.

Circuitos eletrônicos para instrumentos analíticos 445

o fluxo em outra. Assim, é análogo a um díodo termoiônico e útil como um retificador.

O díodo de cristal consiste de uma pequena barra de silício ou outro semicondutor (chamado *pastilha* ou *hóstia*), parte do qual é do tipo *p*, parte do tipo *n*, como se indica esquematicamente na Fig. 26.8. Quando ligado a uma fonte de potencial, de modo que a região *n* seja negativa e a região *p*, positiva, o transportador predominante em ambas as seções tenderá a se mover em direção à junção *p-n*. Na junção os elétrons provenientes do lado *n* neutralizam as lacunas do lado *p* e a corrente escoa facilmente. Na conexão inversa, com as regiões *n* positiva e *p* negativa, removem-se da junção tanto as lacunas como os elétrons, deixando uma região intermediária com muito poucos transportadores de qualquer dos dois tipos e, assim, com alta resistência.

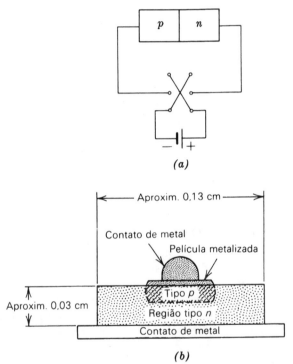

Figura 26.8 — Um díodo de junção *p-n*: *a*) esquema; *b*) estrutura física de uma forma; contrai-se o díodo por difusão de uma impureza de tipo *p* em uma substância tipo *n* [Parte *b*, cortesia do Education Development Center (antes Educational Services, Inc.), Newton, Massachusetts (ref. 2)]

Na Fig. 26.9 mostra-se a curva corrente-voltagem característica para díodos de cristal de silício e de germânio. Para valores positivos do potencial (isto é, para diante), a corrente segue aproximadamente uma função exponencial da voltagem. Para potenciais negativos (reversos) a corrente é praticamente zero (para o silício) até atingir um valor crítico E_z, onde a corrente aumenta negativamente até ser limitada devido às resistências em série do circuito. Esse ponto crítico, chamado voltagem *zener* ou de *ruptura*, corresponde ao potencial necessário para arrancar elétrons da ligação covalente no cristal, criando, assim, pares de transportadores

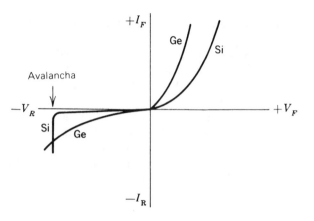

Figura 26.9 – Características de c.c. de díodos de germânio e silício

positivos e negativos que se movimentam em direção às respectivas conexões do circuito. Variando as técnicas de fabricação, podem-se preparar os díodos de silício com voltagens zener em qualquer parte entre cerca de 2 e 200 V. Díodos de germânio apresentam uma resistência reversa menor que a do silício e não têm um potencial zener de ruptura bem definido.

Podem-se usar díodos semicondutores para as mesmas aplicações mencionadas para os a vácuo. Para servir como retificador, a voltagem zener deve ser mais negativa que a maior voltagem reversa encontrada. Veremos mais adiante que o efeito zener pode ser útil para fornecer uma voltagem de referência fixa. Observar a semelhança entre a Fig. 26.7 (díodo a gás) e a parte zener da Fig. 26.9; ambas mostram independência quase completa entre a queda de voltagem e a corrente em um grande intervalo.

TRANSÍSTORES DE JUNÇÃO

O semicondutor análogo ao tríodo a vácuo é o transístor existente em várias modificações, sendo a predominante o transistor de junção, pode-se visualizá-lo com auxílio da Fig. 26.10, que mostra, esquematicamente, uma pastilha construída com dois segmentos tipo p separados por uma camada delgada de material tipo n. Um meio de se produzir essa unidade é partir de uma pastilha de silício tipo n de resistência relativamente alta (isto é, ligeiramente dopada) e depositar pedaços de índio de cada lado, então aquecer a uma temperatura suficientemente alta para fundir o índio (p.f. 155°C) para causar a sua difusão através do silício, convertendo uma região do tipo n em uma do tipo p, em cada superfície. O resultado assemelha-se ao da Fig. 26.11, que mostra uma porção muito delgada do silício n original separando duas regiões p, nas quais se fazem as conexões elétricas através do índio.

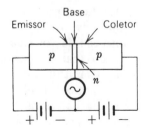

Figura 26.10 – Esquema de um transístor de junção p-n-p

Circuitos eletrônicos para instrumentos analíticos   **447**

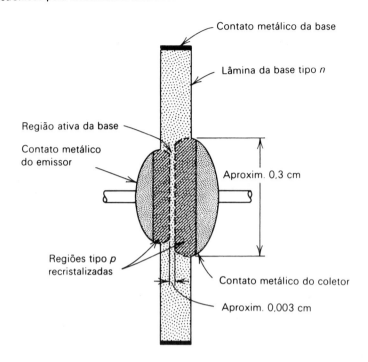

Figura 26.11 — Estrutura física de um transístor com liga *p-n-p*; obtêm-se as regiões tipo *p* pela liga de um metal que contém uma grande quantidade de impureza do tipo *p* com uma hóstia semicondutora tipo *n* [cortesia do Education Development Center (antes Educational Services, Inc.), Newton, Massachusetts (ref. 2)]

Para que haja ação do transístor, dá-se uma pequena polarização direta à junção entre a menor região *p*, chamada *emissor*, e o material *n*, chamado *base*, enquanto a junção com a maior região *p*, chamada *coletor*, possui polarização reversa. A corrente pode escoar facilmente através da junção emissor-base com polarização direta, mas, como a região emissora tem mais lacunas como transportadores do que a base tem elétrons, a maior parte da corrente do emissor é transportada pelas lacunas. A região da base, sendo delgada e ligeiramente dopada, é fraca, pobre em elétrons, de modo que muitas lacunas originárias do emissor difundem-se através dela, pois tem uma grande probabilidade de serem "recolhidos" pela grande junção coletora em vez de se combinarem com um elétron. Qualquer corrente que se possa injetar no transístor, através da conexão da base, fornecerá elétrons adicionais para transportar uma parte da corrente da base emissora e, assim, terá um considerável efeito no número de lacunas disponíveis para fluírem para o coletor. Essa é a base da capacidade de amplificação do transístor.

O transístor descrito acima é do tipo *p-n-p*, mas, da mesma forma, é possível fabricar uma unidade com características opostas, um transístor *n-p-n*. Podem-se usar os dois em circuitos equivalentes, salvo que as polaridades de todas as voltagens e correntes devem ser invertidas. A Fig. 26.12 mostra os símbolos-padrão para os dois tipos. A ponta flecha no emissor indica a direção de fluxo fácil da corrente positiva para a junção emissor-base.

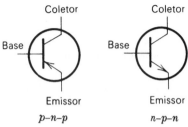

Figura 26.12 – Símbolos para transístores p-n-p e n-p-n

Um circuito simples para demonstrar a amplificação possível com um transístor, apresentado na Fig. 26.13, pode ser comparado aos circuitos de válvulas análogos mostrados nas Figs. 26.1 e 26.2. É conveniente usar uma única bateria E com um divisor para controlar a polarização do potencial de c.c. da base. Isso é possível uma vez que os potenciais aplicados ao coletor e à base são sempre da mesma polaridade, o que não é o caso em se tratando de válvulas a vácuo. Um valor razoável para E situa-se entre 5 e 20 V, comparado com várias centenas de volts para ciruitos com válvulas.

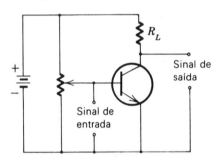

Figura 26.13 – Circuito-teste para transístor

A Fig. 26.14 mostra um grupo de características de coletor para um transístor de silício n-p-n típico, o 2N5182, mostrando o efeito da corrente de base como parâmetro (compare as Figs. 26.3 e 26.4 para válvulas a vácuo). Um gráfico de transferência para esse transístor toma a forma mostrada na Fig. 26.15 (compare com a Fig. 26.6). A capacidade de um transístor em de amplificar a corrente é geralmente expressa como a razão entre uma pequena variação na corrente do coletor e a correspondente variação na corrente da base (a voltagem do coletor constante) indicada por β.

TRANSÍSTORES DE EFEITO DE CAMPO (TEC)

Essa unidade semicondutora trabalha com um princípio algo diferente daquele dos transístores discutidos previamente. Consideremos o esboço da Fig. 26.16. Esse dispositivo consiste de uma barra de silício tipo n, chamada *canal*, com conexões nas duas extremidades designadas, respectivamente, *fonte* e *dreno*. Coloca-se o canal entre camadas de material p (ligadas junto) chamado *gatilho*. Em algumas construções o gatilho é uma peça só, envolvendo completamente a barra central. Dispõe-se de TEC de canal tanto n como p.

Classifica-se o TEC como transístor *unipolar*, pois há efetivamente apenas uma junção, enquanto que os transístores que têm duas junções (base-emissor e base-coletor) são *bipolares*.

Circuitos eletrônicos para instrumentos analíticos **449**

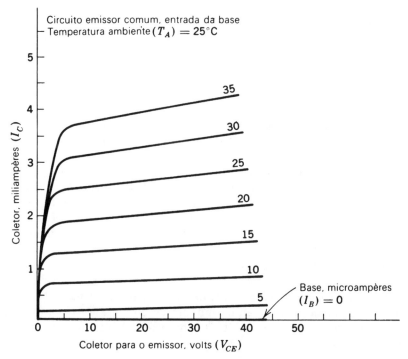

Figura 26.14 – Características do coletor de um transístor de silício tipo 2N5182 (Radio Corporation of America, Harrison, N. Y.)

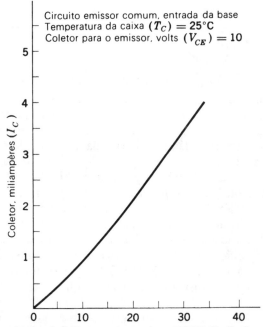

Figura 26.15 – Gráfico de transferência para o transístor 2N5182 (Radio Corporation of America, Harrison, N. Y.)

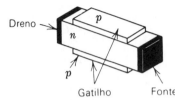

Figura 26.16 — Esquema do transístor de junção de efeito de campo

Pode-se seguir a operação de um TEC como auxílio da Fig. 26.17. Se não aplicamos nenhuma voltagem ao gatilho, a corrente escoa desembaraçadamente através do canal, os elétrons passando da fonte para o dreno (a corrente do canal é conduzida inteiramente pela maioria dos transportadores). No modo normal, a junção gatilho-canal tem polarização reversa. Isso possui o efeito de esgotar os elétrons da área mostrada em linhas pontilhadas, aumentando a resistência efetiva do canal. Esse arranjo tem a característica adicional de a polarização reversa evitar o apreciável escoamento de corrente no circuito do gatilho. A voltagem aplicada no gatilho pode ser de vários volts, digamos acima de 10 ou mais. Como nesse circuito não escoa nenhuma corrente, a característica do gatilho é dada em volts, exatamente como nas válvulas a vácuo, em vez de em unidades de corrente como nos transístores bipolares, que retiram apreciáveis correntes da base. A voltagem imposta entre o dreno e a fonte pode ser bastante alta (exigindo a presença de algum componente limitante de corrente no circuito) e, portanto, é mais praticável uma operação híbrida com válvulas a vácuo que uma com transístores bipolares.

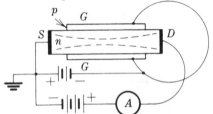

Figura 26.17 — Ligações de um transístor de campo com n-canais

As curvas características para um TEC assemelham-se às da Fig. 26.14 se se colocar a corrente de dreno (em miliampères) em um gráfico, em função da voltagem da fonte-dreno, com a voltagem do gatilho como parâmetro. A principal vantagem do TEC é a sua alta inpedância de entrada resultante da condição de polarização reversa. Essa impedância pode ser da ordem de dezenas ou, até mesmo, de centenas de megohms.

O TEC de gatilho isolado (algumas vezes chama do TECOMS para óxidos metálicos semicondutores) é uma modificação do TEC, onde uma delgada película de material isolante (dióxido de silício) separa o gatilho do canal. Isso elimina a junção retificadora, de maneira que o gatilho pode ser de qualquer polaridade, sem remover nenhuma corrente. O campo eletrostático entre o gatilho e o canal é ainda capaz de modificar a distribuição das lacunas ou dos elétrons no canal e, assim, determinar sua resistência. O TECOMS tem realmente maior resistência de entrada que qualquer transístor, maior ainda que a da maioria das válvulas a vácuo*.

* N. do T. Na edição americana suprimiu-se a seguinte ressalva existente na edição japonesa: "É, todavia, limitado à corrente contínua e à corrente alternada de baixa freqüência, devido à inerente e elevada capacitância do gatilho-canal".

Há vários outros dispositivos semicondutores que encontram aplicação ocasional em instrumentos de laboratório. Um dos mais usados é o *termístor*, um resistor com um elevado coeficiente negativo de temperatura, fabricado com óxidos de metais de transição sinterizados ou fundidos (ref. 1). Eles fornecem um detector sensível de temperatura, embora com reprodutividade um pouco menor que um termômetro de resistência fabricado com um metal, como a platina. Também pode servir em circuitos compensadores de temperatura para contrabalançar os coeficientes positivos de outros componentes ou para diminuir a polarização da base de um transístor se a temperatura aumenta, estabilizando desse modo o ganho do transístor.

CIRCUITOS ELETRÔNICOS

A maioria dos modernos instrumentos de laboratório é alimentada com linhas de c.a. de 115 V e 60 Hz. Obtém-se a energia de aquecimento para as válvulas diretamente de um transformador abaixador, exceto em circuitos muito sensíveis, onde se devem preferir as baterias. A corrente contínua é obtida por retificação tanto com díodos a vácuo como com retificadores de silício. As unidades de silício são mais convenientes para correntes de baixas a moderadas e para as voltagens necessárias aos instrumentos e, portanto, estão rapidamente substituindo os díodos a vácuo.

Há algumas conexões possíveis para os retificadores, cada uma das quais tem mérito para um determinado tipo de aplicação. A mais simples é o retificador de *meia-onda*, encontrado na Fig. 26.18 (nesse e nos diagramas subseqüentes, será usado o símbolo ─▷├─ para um retificador semicondutor, subentendendo-se que se pode substituí-lo por um díodo a vácuo). O transformador T tem duas funções: isola o circuito da linha de fornecimento de c.a. e permite uma escolha do nível de voltagem, quando necessário. A rede C_1-L-C_2 constitui um *filtro* para reduzir a ondulação residual a um valor baixo. Com o tipo de filtro mostrado, a voltagem da saída de c.c. no secundário do transformador; se omitirmos C_1, a saída será menor. Para a solicitação de correntes baixas, pode-se substituir o reator L por um resistor. O resistor R, chamado *sangrador*, garante a descarga dos capacitores quando se desliga a fonte e isso é muito importante em unidades de alta voltagem.

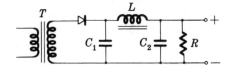

Figura 26.18 – Retificador de meia-onda com filtro

As exigências para os filtros são muito menos severas com um retificador de *onda completa* (Fig. 26.19). A voltagem da saída aproxima-se da *metade* da de um secundário de transformador. Essa é uma das configurações mais populares, especialmente com dois retificadores a vácuo gêmeos contendo dois díodos com um cátodo comum em um invólucro.

Freqüentemente usam-se semicondutores no *retificador em ponte* da Fig. 26.20, mas, raramente, válvulas a vácuo. Ele fornece retificação de onda completa exata-

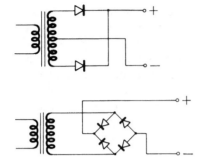

Figura 26.19 — Retificador de onda completa usando um transformador com saída central

Figura 26.20 — Retificador em ponte

mente como o faz o circuito precedente, porém com a vantagem de a voltagem de saída ser essencialmente aquela do secundário total e não apenas a metade dela.

A Fig. 26.21 mostra um modelo de retificador *duplicador de voltagem* que fornece uma saída de aproximadamente duas vezes a voltagem do transformador. Os dois capacitores carregam-se na voltagem secundária em meios-ciclos opostos da corrente alternada, mas em sentido tal que suas voltagens se adicionam na saída.

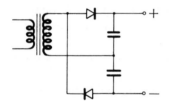

Figura 26.21 — Retificador duplicador de voltagem

São necessárias altas voltagens em baixas correntes (uns poucos quilovolts a menos de 1 mA) para câmaras de ionização, contadores, válvulas fotomultiplicadoras e aplicações em válvulas de raios catódicos. Podem-se satisfazer essas exigências por meio de um retificador de meia-onda com um único filtro RC, mas o transformador pode ser excessivamente volumoso e caro. Pode-se conseguir o mesmo resultado com um oscilador operando a talvez algumas centenas de quilohertz. Pode-se elevar a voltagem da saída por meio de um transformador de rf, com núcleo de ar, seguido por um retificador de meia-onda ou mesmo por um duplicador de voltagem para fornecer potenciais de c.c. bem elevados. Satisfazem-se facilmente as exigências de filtração devido à elevada freqüência de ondulação. A tendência moderna é usar um oscilador empregando dois transístores de potência, os quais, junto com um transformador e partes associadas, podem ser encerrados em uma única lata para blindagem. Pode-se alimentar essa unidade por uma única bateria ou por um retificador de linha.

REGULAGEM DE VOLTAGEM

Nas fontes de energia para os retificadores descritas há pouco, tanto a voltagem de saída como a corrente estão sujeitas a variações resultantes de qualquer variação na resistência de carga ou na voltagem da linha de c.a. Os efeitos das flutuações das voltagens da linha podem geralmente ser reduzidos ao ponto de se tornarem desprezíveis por inserção de um *transformador de voltagem constante* entre o instrumento e a linha. Os efeitos das variações de carga não são tão facilmente eliminados, pois dependem da resistência interna efetiva da combinação retificador-filtro. Um filtro com choque na entrada fornece uma voltagem mais estável que um capacitor de entrada, enquanto que um duplicador de voltagem mostra menor constância. Serão discutidos dois tipos de circuito para regulação de voltagem; são efetivos contra variações na voltagem de linha ou na carga. O primeiro desses usa as características de voltagem constante de uma válvula de descarga luminosa ou as de um díodo zener (Figs. 26.7 e 26.29). Liga-se o díodo através da carga, mas com um resistor em série entre ele e o retificador, como na Fig. 26.22*. A soma das correntes através da carga e do díodo deverão permanecer constantes mesmo se a resistência de carga mudar, de modo que a queda de potencial através do resistor em série R será constante para satisfazer às exigências de uma voltagem constante através do díodo. Assim, qualquer aumento na corrente de carga se dará às custas da corrente do díodo e a voltagem não variará.

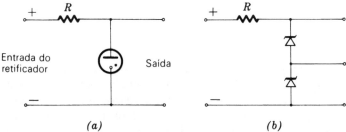

Figura 26.22 — Reguladores de voltagem: *a*) válvula de descarga luminosa; *b*) díodos zener

Dispõe-se de zeners de várias capacidades de voltagem e potência, enquanto que as válvulas de descarga luminosa são restritas a algumas poucas voltagens especificações e a correntes menores que 30 ou 40 mA.

A regulagem que se consegue com esse circuito simples é da ordem de variação de voltagem de 2% para uma mudança da carga da corrente máxima planejada até a corrente zero. Isso é conveniente para algumas finalidades, mas bastante inadequado para outras.

Pode-se obter melhor regulagem por meio de um circuito mais complexo, tal como o da Fig. 26.23. Aqui introduz-se um transístor de alta corrente Q_1 em série com a carga. Qualquer mudança na corrente de carga ou na voltagem da linha produzirá uma variação na voltagem fornecida pela ponte retificadora ao coletor Q_1, mas a voltagem zener é continuamente comparada com uma parte da voltagem da carga pelo transístor Q_2, que fornece suficiente corrente de base a Q_1 para manter constante a saída total. Esse circuito manterá a voltagem de saída dentro de aproximadamente 0,5% para uma variação de carga desde 0 a 100 mA e dentro de 2% até 400 mA. Podem-se planejar outros reguladores que forneçam uma constância várias ordens de grandeza de constância superior a essa.

Os circuitos reguladores geralmente respondem em curtos intervalos de tempo quando comparados ao período da fonte alternada e, assim, é necessário apenas um mínimo de filtração convencional.

*Um ponto preto dentro do símbolo de uma válvula (díodo, tríodo, etc.) indica que ela está cheia de gás.

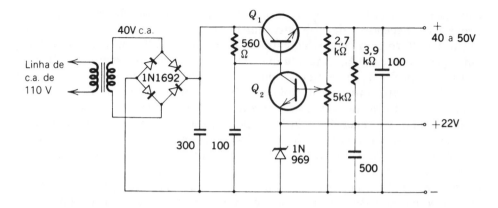

Figura 26.23 — Fonte de energia regulada de voltagem dupla; Q_1 é tipo 2N2108; Q_2, 2N697; capacitores em μfd

REGULAGEM DA CORRENTE

Para aplicações coulométricas é necessária uma fonte de corrente constante para excitar alguns tipos de fontes de luz, tal como uma lâmpada de descarga de hidrogênio. Uma aproximação, que é aplicável em eletroquímica para pequenas correntes, consiste no uso de uma fonte de alta voltagem constante com um grande resistor de queda em série com a cela de eletrólise (Fig. 26.24). Suponhamos que se desejem 10 mA e que a queda através da cela seja da ordem de 1 V. Então, para uma fonte de 300 V, o resistor em série R deve ser 299/0,01 $\simeq$ 30 kΩ. Se a resistência da cela pode variar 100%, isto é, de 100 a 200 Ω, a corrente deve mudar apenas de um fator 302/301, ou ao redor de 0,3%.

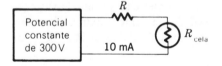

Figura 26.24 — Fonte de corrente constante

Um dispositivo mais versátil, que também elimina qualquer perigo possível de alta voltagem, consiste de um circuito regulador comparável ao da Fig. 26.23, onde a voltagem fornecida ao transístor sensível é a queda de potencial através de um resistor de precisão em série com a carga.

No caso de uma fonte de energia para uma fonte de luz, é desejável iniciar o controle com uma fotocela auxiliar que controla a lâmpada.

AMPLIFICADORES DE C.A.

Os circuitos previamente mostrados auxiliam na explicação das propriedades de tríodos, pentodos e transístores. São necessários esquemas mais detalhados para representar amplificadores operáveis. A Fig. 26.25 mostra um tal diagrama para um pentodo arranjado para amplificar pequenos sinais alternados. Introduz-se o sinal, que se admite estar no intervalo de audiofreqüência, na grade de controle da válvula através do capacitor C_1. Liga-se a grade à terra através da resistência

Circuitos eletrônicos para instrumentos analíticos

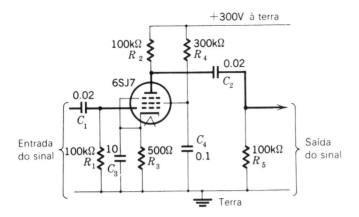

Figura 26.25 — Circuito de um pentodo amplificador para sinais de c.a. Indica-se o caminho tomado pelo sinal pelas linhas grossas; expressam-se as capacitâncias em μfd

R_1 de sorte que qualquer elétron que a grade intercepte possa escapar para a terra. O sinal amplificado que aparece na placa é removido através do *capacitor do bloqueio* C_2 para a saída (que pode ser a grade de outra válvula). A finalidade de C_2 (e, da mesma forma, de C_1) é impedir que o potencial de c.c. da placa de uma válvula possa exercer qualquer influência na grade da próxima. Obtém-se o potencial negativo de c.c. requerido para a grade por queda de voltagem através de R_3, o *resistor de cátodo*, que transporta a corrente total da válvula. O cátodo é operado a poucos volts positivos (c.c.), mas o *capacitor de derivação* C_3 garante que o cátodo esteja no potencial da terra em relação ao sinal. Mantém-se a grade auxiliar a um potencial de c.c. positivo por R_4, mas qualquer sinal que possa captar é desviado para a terra por C_4. Esse circuito é dado como *acoplado capacitivamente* na medida em que o sinal é levado para dentro e para fora através dos capacitores. Também é possível o acoplamento do transformador; o sinal passa de um estágio a outro indutivamente, enquanto que a ação bloqueadora da c.c. resulta da falta de uma conexão direta entre os enrolamentos do primário e do secundário.

Mostra-se na Fig. 26.26 um amplificador comparável usando um transístor *p-n-p*. A base do transístor é alimentada pelo sinal através de um capacitor, servindo para controlar a corrente que está escoando do emissor para o coletor. A finalidade do divisor de voltagem de 100 a 10 KΩ é estabelecer um potencial de polarização conveniente na base. Podem-se ligar estágios semelhantes em série, exatamente como nas válvulas amplificadoras.

Figura 26.26 — Circuito básico para um amplificador com transístor *p-n-p* para sinais de c.a.

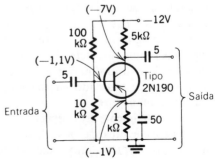

O ganho de voltagem, definido como a razão da voltagem do sinal de saída para o de entrada, é aproximadamente o mesmo para esses dois amplificadores (ao redor de 165). Observar que, em ambos os casos, inverte-se o sinal de saída em relação ao de entrada; um aumento na entrada produz uma diminuição na saída.

SEGUIDORES DO CÁTODO E SEGUIDORES DO EMISSOR

Pode-se obter a saída de um amplificador através do cátodo ou resistor do emissor em vez de no ânodo ou coletor (Fig. 26.27). Pode-se mostrar que o ganho na voltagem com esse arranjo é ligeiramente menor que a unidade −0,98 a 0,999. Essa pequena perda de voltagem é mais que compensada pelo ganho em *corrente* disponível. Isso resulta do fato de R_2 poder ser muito menor que R_1 e, como os potenciais através das duas são essencialmente iguais, é disponível muito mais potência no circuito de saída que no de entrada. Assim, temos um amplificador de potência, mas não de voltagem. O nome provém do fato de a voltagem do sinal no cátodo ou no emissor *seguir* exatamente quaisquer que sejam as variações apresentadas pela grade ou pela base. O seguidor é usado como *conversor de impedância* para acoplar um circuito de alta impedância a um de baixa impedância. A impedância de entrada é suficientemente alta para receber sinais de fontes de impedância moderadamente elevada, embora não tão elevada para medidas com o elétrodo de vidro ou câmaras de ionização.

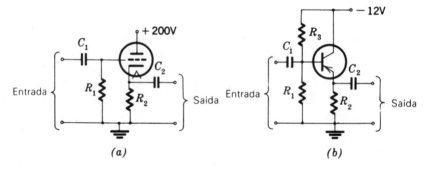

Figura 26.27 − a) Amplificador seguidor do cátodo; b) amplificador de emissão seguida

ELETRÔMETROS

Quando é necessário medir correntes extremamente pequenas (em picoampères), como as que passam por alguns tipos de medidores de ionização e detectores de CG, ou potenciais que aparecem em circuitos de resistência muito elevada (em gigohms), como nos elétrodos de vidro, é necessário um amplificador de impedância de entrada extraordinariamente elevada. Qualquer instrumento capaz de realizar esse serviço é chamado *eletrômetro*, independentemente do tipo de componentes que o formam.

Há atualmente três espécies básicas de eletrômetros em uso baseados em: 1) válvulas a vácuo especiais; 2) capacitores vibratórios; e 3) transístores de efeito de campo. Representativo das válvulas-eletrômetro especiais, o tipo 5886 é um tetrodo subminiatura construído com particular atenção à excelência de isolamento entre os elementos. É operado a um potencial de ânodo baixo, de modo que os elétrons não adquirirão suficiente energia para ejetar eléctrons secundários nem para ionizar moléculas do gás residual com as quais eles podem colidir. A válvula é protegida da luz de modo que a grade não emitira elétrons devido ao efeito fotelétrico. A corrente de repouso do ânodo não excederá o intervalo de microampères, mas isso é suficiente para permitir correntes mensuráveis e ganho em energia.

O eletrômetro de capacitor vibratório obtém alta impedância de entrada convertendo o sinal de c.c. em um de c.a. proporcional. Isso se executa por meio de um capacitor C_v, que tem ar como dielétrico (Fig. 26.28), onde se faz uma placa vibrar em alguma freqüência, preferivelmente não-múltipla ou submúltipla da freqüência da linha. A corrente do sinal carrega C_v a uma velocidade constante, mas, como C_v varia continuamente, o potencial desenvolvido através dele pela corrente de carga constante também variará com a freqüência da vibração e, assim, passará um sinal de c.a. do capacitor C para o amplificador. Esse arranjo resulta em uma impedância de entrada muito elevada.

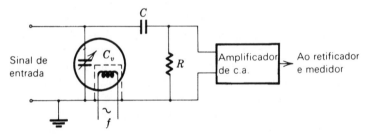

Figura 26.28 — Eletrômetro de capacitor vibratório. A linha pontilhada representa uma blindagem eletrostática. A freqüência f não é necessariamente um múltiplo ou submúltiplo da freqüência da linha

Já se mencionou a elevada resistência de entrada do TEC e especialmente dos dispositivos TECOMS. Estes fornecem os circuitos de entrada para excelentes eletrômetros.

AMPLIFICADORES DE C.C.

Um amplificador construído em torno de uma única válvula ou transístor ampliará sinais a qualquer freqüência desde 0 Hz (isto é, corrente contínua) até algum máximo que varia com o tipo de dispositivo e circuito. Com sinais de c.c., originam-se dificuldades especiais quando se exigem estágios múltiplos. Devido a placa de uma válvula, estar geralmente a um elevado potencial positivo (de repouso), assim não se pode ligá-la diretamente à grade do próximo estágio, que deve ser ligeiramente negativa. Outra dificuldade se relaciona à *deriva*. Qualquer variação gradativa no primeiro estágio, tal como a que se pode produzir por uma variação na temperatura ambiente ou por envelhecimento de algum componente, será amplificada pelos estágios sucessivos e aparecerá na saída indistinguível do sinal verdadeiro. Nenhum desses problemas ocorre em amplificadores de c.a. porque os acoplamentos capacitivos (ou indutivos) entre os estágios evitam a passagem de potenciais de c.c.

Uma possível aproximação à amplificação de c.c. baseia-se no uso de uma fonte de voltagem regulada com um resistor sangrador munido de um grande número de derivações. É então possível escolher potenciais do sangrador de modo que cada uma de uma série de válvulas apresente voltagens relativas corretas para as operações adequadas. Essa aproximação foi largamente empregada no passado (o pH-metro Beckman Modelo H-2 é um excelente exemplo), mas agora está superada porque não fornece nenhum meio para eliminar os problemas de deriva.

Um método de grande sucesso para a eliminação da deriva é por *interceptação* ou *modulação* do sinal, que tem o efeito de converter o sinal de c.c. em um igual de c.a. Pode-se usar então um amplificador de c.a. que não está sujeito à deriva. O eletrômetro de capacitor vibratório oferece um exemplo desse princípio*. Menos caro, mas não obstante capaz de excelentes desempenhos é um tipo de vibrador onde uma palheta metálica vibrante toca primeiro em um contato elétrico, depois em outro, em sincronismo com a linha de c.a.

A Fig. 26.29 mostra um exemplo de amplificação por vibrador no Indicador de pH Leeds & Northrup Modelo 7 401. Liga-se (através de um filtro RC) a entrada da primeira válvula alternativamente à terra e ao elétrodo de vidro. Se o potencial do elétrodo está acima ou abaixo do da terra, produz-se então um sinal de c.a. Passa-se o sinal através do seguidor do cátodo para conversão de impedância, então através de três estágios convencionais de amplificação para um duplo tríodo *detector de fase*. Alimentam-se as placas gêmeas do detector de fase com duas bobinas secundárias de um transformador de energia de 60 Hz, em fase, de modo que uma placa seja positiva enquanto a outra, negativa. Consideremos a situação no instante em que a placa à esquerda seja positiva e a placa à direita, negativa: apenas a parte esquerda poderá conduzir. Se o sinal que vem do amplificador nesse instante estiver no pico negativo de seu ciclo, reduzir-se-á a corrente através da

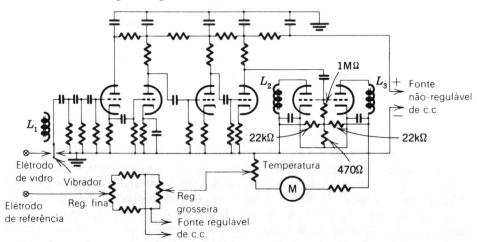

Figura 26.29 – Diagrama esquemático simplificado do Indicador de pH de L. & N. Modelo 7401. Para maior clareza, omitiu-se o interruptor de entrada. L_1, L_2 e L_3 são todos secundários do mesmo transformador de 60 Hz (Leeds & Northrup Co., North Wales, Pensilvânia)

*Observe a semelhança entre essa intercepção de um sinal elétrico de c.c. e a de um feixe de radiação por meio de um obturador mecânico, como se faz em muitos espectrofotômetros registradores.

seção à esquerda do tríodo, se for positivo, será aumentada. Com a fase do sinal se inverte com a mesma freqüência que os potenciais da placa, o efeito de um determinado sinal no tríodo à direita será exatamente oposto ao da esquerda. O medidor indicador e a rede RC nos cátodos têm uma constante de tempo suficientemente longa para que o medidor mostre uma deflexão constante que é proporcional ao sinal de entrada de c.c. e a direção da deflexão indique a polaridade da entrada. Os controles para padronização e compensação da temperatura localizam-se na linha que conduz ao elétrodo de referência. O amplificador vibrador elimina a necessidade de um retificador regulado eletronicamente para fornecer voltagem às válvulas, mas se fornece ao potencial de calibração uma fonte de baixa corrente regulada.

Há vários modos alternativos pelos quais se pode ligar um vibrador a um amplificador de c.a., cada um com suas próprias vantagens. Mostram-se dois deles na Fig. 26.30.

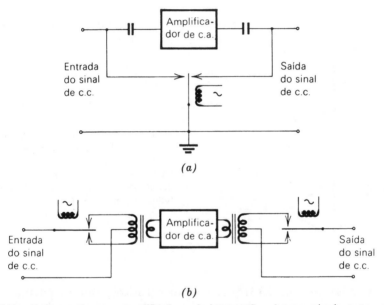

Figura 26.30 — Dois arranjos para amplificadores de interrupção: *a)* economia de partes, mais propenso a captar ruídos; *b)* mais partes, mas permite isolar a saída da entrada e fornece melhor discriminação em relação a ruídos

AMPLIFICADORES OPERACIONAIS

Consideremos agora uma classe de amplificadores de c.c. especialmente planejados para efetuar operações matemáticas (daí o nome) em sinais a eles apresentados. Conexões externas apropriadas estabelecem condições tais que a voltagem de saída será: 1) a soma algébrica de duas ou mais voltagens de entrada; 2) o produto de uma voltagem de entrada multiplicado por um fator constante; 3) a integral de tempo da entrada; ou 4) a derivada da entrada em função do tempo. Podem-se efetuar outras funções matemáticas, tais como obter logaritmos ou antilogaritmos, quadrados, multiplicação ou divisão de uma quantidade variável por outra, pelo uso de componentes não-lineares junto com os amplificadores.

A fim de ser conveniente para essas aplicações, um amplificador deve ter os seguintes atributos: 1) apresentar um alto ganho negativo de, pelo menos, -10^4, com muitas unidades comerciais bem abaixo de -10^6; o sinal negativo significa inversão – a saída é de sinal oposto ao da entrada; 2) deve ter uma grande impedância de entrada, não inferior a $10^5 \, \Omega$, acima, muitas vezes, de 10^{12} ou mesmo maior; 3) deve ser possível anulá-la, isto é, fornecer saída zero para uma entrada zero; e 4) deve ter deriva mínima.

A maioria dos amplificadores operacionais apresenta dois terminais de entrada e apenas um produz a inversão de sinais. Os terminais são convencionalmente marcados + e –, como na Fig. 26.31. Essas denominações não significam que se devam ligar os terminais apenas aos potenciais de sinal indicado, como seria o caso com marcas semelhantes em um voltímetro, porém mais exatamente que o marcado com – produz inversão de sinal e o outro não. Nos amplificadores operacionais que têm apenas uma única entrada, emite-se sempre o não-invertido. No caso de não ser necessária a saída não-invertida para uma determinada aplicação, deve-se ligá-la à terra a fim de evitar instabilidade.

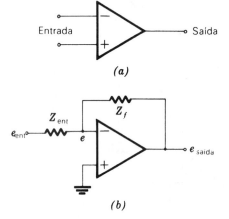

Figura 26.31 – Amplificadores operacionais: a) símbolo geral; b) ligado como um amplificador invertido; $e_{saída} = -(Z_f/Z_{ent})e_{ent}$, sendo o ganho interno $A \gg 1$; o símbolo triangular significa que se fornece uma fonte conveniente de energia; todos os potenciais referem-se à terra

Mostram-se na Fig. 26.31b as conexões básicas. Muitos circuitos usando amplificadores operacionais dependem de realimentação negativa: faz-se uma conexão, através de uma impedância conveniente Z_f, da saída para a entrada inversora. Se o sinal a ser percebido pelo amplificador é uma voltagem, então deve-se aplicá-la através de uma impedância Z_{ent}. Como a própria entrada do amplificador puxa uma corrente desprezível (pode bem ser a grade de uma válvula-eletrômetro), a corrente que escoa em Z_{ent}, isto é, $(e_{ent}-e)/Z_{ent}$ deve ser igual à do circuito de realimentação. Mas a corrente no circuito de realimentação, dada por $(e-e_{saída})/Z_f$, pode se originar apenas da saída do amplificador. Portanto, quando se aplica um sinal de entrada, deve-se ajustar o amplificador de modo que a realimentação e a corrente de entrada sejam precisamente iguais, ou

$$\frac{e_{ent}-e}{Z_{ent}} = \frac{e-e_{saída}}{Z_f} \qquad (26\text{-}1)$$

que conduz a

$$e_{\text{saída}} = \frac{e(Z_f + Z_{\text{ent}}) - e_{\text{ent}} Z_f}{Z_{\text{ent}}} \quad (26\text{-}2)$$

Essa relação simplifica-se muito levando-se em consideração o alto ganho inerente ao amplificador (freqüentemente chamado *ganho de malha aberta*). Isso significa que o potencial e na junção de soma* deve ser bem pequeno quando comparado a $e_{\text{saída}}$. Se o ganho é 10^6, então uma saída de 10 V significa que a entrada para o amplificador estará a um potencial de apenas 10 μV afastado da terra. Isso é tão próximo à terra que comumente dizemos que a junção de soma está na *terra virtual*. Assim, na Eq. (26-2) pode-se desprezar o termo envolvendo e, fornecendo

$$e_{\text{saída}} = -e_{\text{ent}}\left(\frac{Z_f}{Z_{\text{ent}}}\right) \quad (26\text{-}3)$$

que é a equação de trabalho básica de um amplificador operacional. Na prática, raramente faz-se a razão Z_f/Z_{ent} maior que 100 e tampouco menor que 0,01.

Se Z_f e Z_{ent} são puramente resistivos, podem-se substituí-los pelos correspondentes R_s e a Eq. (26-3) mostra que a voltagem de saída será o valor negativo da entrada multiplicado por uma constante, ajustável entre 0,01 e 100.

Podem-se ligar simultaneamente várias entradas à junção de soma, como na Fig. 26.32, de forma que a saída se torne a soma negativa das entradas, cada uma multiplicada por uma razão adequada. A entrada invertida chama-se *junção de soma*. Devido à essa importante propriedade, pode-se dar um sinal negativo a qualquer uma dessas entradas múltiplas, resultando em subtração.

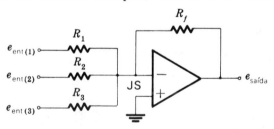

Figura 26.32 — Amplificador operacional ligado como um somador. JS indica a *junção de soma*. Para $A \gg 1$,

$$e_{\text{saída}} = -R_f \left[\frac{e_{\text{ent}(1)}}{R_1} + \frac{e_{\text{ent}(2)}}{R_2} + \frac{e_{\text{ent}(3)}}{R_3} \right]$$

Para realizar a integração, o elemento de realimentação deve ser um capacitor, como na Fig. 26.33. Como correntes desprezíveis podem entrar no amplificador

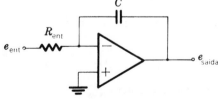

Figura 26.33 — Amplificador operacional ligado como um integrador. Para $A \gg 1$,

$$e_{\text{saída}} = -\frac{1}{R_{\text{ent}} C} \int_0^t e_{\text{ent}}\, dt$$

*Junção de soma é o nome dado à conexão de entrada invertida de um amplificador operacional por razões que aparecerão em breve.

apropriado, as correntes de entrada e a de realimentação devem ser iguais e podemos escrever

$$\frac{e_{ent}}{R_{ent}} = -C\frac{de_{saída}}{dt} \qquad (26\text{-}4)$$

que é equivalente a

$$e_{saída} = -\frac{1}{R_{ent}C}\int_0^t e_{ent}\,dt \qquad (26\text{-}5)$$

Para diferenciar, devem-se intercambiar as posições de R e C e obtemos:

$$e_{saída} = -R_f C \frac{de_{ent}}{dt} \qquad (26\text{-}6)$$

Esse circuito simples é pouco usado na prática porque ele enfatiza demais o efeito do ruído desordenado na entrada e pode ser instável.

Outra função importante é o logaritmo obtido pela utilização da característica exponencial da junção *p-n* com polarização direta. A Fig. 26.34 mostra o circuito. A equação é derivável, como antes, igualando as correntes através da ligação de entrada e de realimentação. A relação corrente-voltagem de um díodo *p-n* é aproximada por

$$\log I = k_1 V \quad \text{ou} \quad I = k_2 \,\text{antilog}\, V \qquad (26\text{-}7)$$

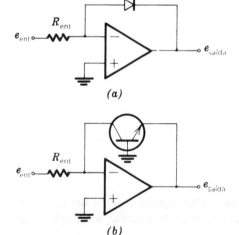

Figura 26.34 — Amplificador operacional ligado para fornecer uma função logarítmica. A realimentação é: *a)* um díodo de silício, *b)* um transístor de silício com base ligada à terra, ambos orientados para e_{ent} positivo. Para $A \gg 1$,

$$e_{saída} = k \log e_{ent} - k'$$

onde k e k' são constantes numéricas

Portanto podemos escrever

$$\frac{e_{ent}}{R_{ent}} = k_2 \,\text{antilog}\, e_{saída}$$

que fornece para $e_{saída}$

$$e_{saída} = k_3 \log e_{ent} - k_4 \qquad (26\text{-}8)$$

As experiências mostram que um díodo de silício é mais satisfatório para essa finalidade que um de germânio, mas que um transístor de silício com base ligada à terra (Fig. 26.34b) é ainda melhor; ele pode dar uma relação linear −log de até pelo menos quatro décadas logarítmicas.

Podem-se obter antilogaritmos de conexões intercambiáveis, como na Fig. 26.35. É possível realizar multiplicações ou divisões de variáveis obtendo seus logaritmos, adicionando ou subtraindo e, em seguida, extraindo o antilogaritmo. É essencial que se mantenham todos os transístores funcionais (ou díodos) na mesma temperatura ou compensados para variações de temperatura.

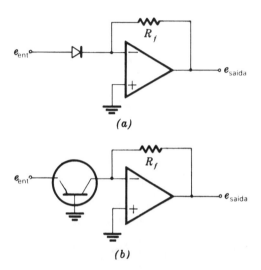

Figura 26.35 − Amplificador operacional ligado para fornecer uma função exponencial (ou antilogarítmica). Fornece-se a impedância da entrada: a) por um díodo de silício, b) por um transístor de silício, ambos mostrados para valores positivos de e_{ent}. Para $A \gg 1$,

$$e_{saida} = k \exp(-k' e_{ent})$$

onde k e k' são constantes numéricas

APLICAÇÕES DOS AMPLIFICADORES OPERACIONAIS COMO TRANSDUTORES

Podem-se classificar os transdutores que convertem informação química em sinais elétricos, de acordo com a quantidade de eletricidade que representa o sinal. Há apenas três categorias principais em que os transdutores podem funcionar, respectivamente, como: 1) um resistor variável; 2) uma fonte de potencial; ou 3) uma fonte de corrente.

A classe dos *transdutores resistivos* inclui celas fotocondutivas, fotoválvulas a vácuo (ou cheias de gás), fotomultiplicadores, termístores, termômetros de resistência metálica e celas para condutividade eletrolítica (a maioria dos amplificadores operacionais trabalha com audiofreqüências bem como com c.c.). Em princípio, pode-se usar qualquer um desses, quer como Z_{ent} quer como Z_f, no circuito da Fig. 26.31. Se se substituir e_{ent} por um potencial constante E_{ent}, então a observação de e_{saida} permitirá a determinação inequívoca da resistência do transdutor. Se a quantidade desejada for realmente a *condutância*, pode-se colocar convenientemente o transdutor colocado na entrada, de modo que o recíproco será diretamente obtido. Podemos encontrar dificuldades se a resistência a ser medida for maior que cerca de 100 MΩ, como pode ocorrer com uma cela fotelétrica quase na escuridão.

Se se deseja a *razão* entre duas resistências, como seria o caso em alguns fotômetros de feixe duplo, então é possível usá-las como Z_{ent} e Z_f com um amplificador (Fig. 26.36a). Se se deseja a *diferença*, em vez da razão, podem-se usar os circuitos da Fig. 26.36b ou c. O circuito b requer duas voltagens-padrão de igual valor, mas de sinal oposto, o que nem sempre é possível obter-se. O circuito c necessita de apenas uma única voltagem de referência, mas requer dois amplificadores; ele tem uma característica adicional que pode ser uma desvantagem, isto é, não se pode ligar o medidor de saída à terra.

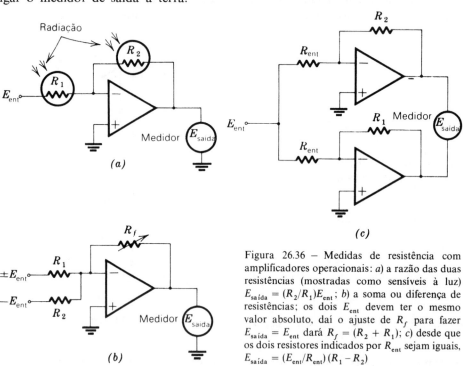

Figura 26.36 — Medidas de resistência com amplificadores operacionais: a) a razão das duas resistências (mostradas como sensíveis à luz) $E_{saída} = (R_2/R_1)E_{ent}$; b) a soma ou diferença de resistências; os dois E_{ent} devem ter o mesmo valor absoluto, daí o ajuste de R_f para fazer $E_{saída} = E_{ent}$ dará $R_f = (R_2 + R_1)$; c) desde que os dois resistores indicados por R_{ent} sejam iguais, $E_{saída} = (E_{ent}/R_{ent})(R_1 - R_2)$

Transdutores que produzem *potenciais* incluem as muitas combinações de elétrodos para potenciometria e cronopotenciometria, celas fotovoltaicas e pares termoelétricos. O circuito geral da Fig. 26.31b não é conveniente para medidas de potencial, pois requer que a corrente escoe da fonte. Em seu lugar deve-se preferir qualquer um dos circuitos da Fig. 26.37. O circuito a é melhor na medida em que o potencial a ser medido pode ser referido à terra, mas requer um amplificador diferencial. O arranjo em b para amplificadores de uma única entrada fornecerá resultados igualmente válidos, mas o potencial a ser medido deverá ser oscilante, isto é, não-ligado à terra, mesmo se uma extremidade está em uma terra *virtual*.

As *correntes* produzidas por transdutores são de importância em voltametria, polarografia, amperometria e também em celas fotovoltaicas e com detetores de CG de câmara de ionização e ionização de chama. Podem-se ligar essas fontes de corrente diretamente à junção de soma do amplificador como na Fig. 26.38. A fim de manter essa junção na terra virtual, o amplificador força uma corrente igual

Circuitos eletrônicos para instrumentos analíticos

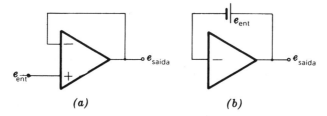

(a)   (b)

Figura 26.37 — Medidas de potencial com um amplificador operacional: a) "seguidor de potencial"; b) circuito comparável para amplificador de uma entrada. Em ambos os casos sempre $A \gg 1$, $e_{saída} = e_{ent}$

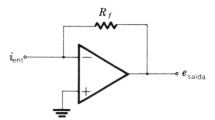

Figura 26.38 — Medida de corrente com um amplificador operacional $e_{saída} = R_f i_{ent}$

através do resistor de realimentação, desenvolvendo deste modo um potencial que é a saída $e_{saída}$.

Há uns poucos transdutores que podem ser operados de modos alternativos para produzir funções matemáticas e graus de sensibilidade desejados. Um exemplo é uma fotocela de silício de junção *p-n*. A Fig. 26.39 mostra uma família de curvas corrente-voltagem para uma tal unidade. Pode-se operar esse dispositivo como

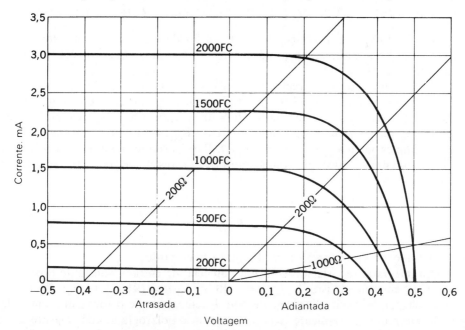

Figura 26.39 — Curvas características de um fotodiodo *p-n* que pode operar como dispositivo fotovoltaico ou fotocondutivo (Solar Systems, Inc., Skokie, Illinois)

uma cela fotovoltaica a corrente zero, usando um dos circuitos da Fig. 26.37, de tal modo que ela fornecerá uma aproximação a uma linha reta quando se coloca o logaritmo da iluminação (em unidades como pés-vela ou *lux*) em função de volts. Também pode-se dar uma polarização reversa de poucos décimos de um volt no circuito da Fig. 26.40, que corresponde a uma linha de operação vertical para a esquerda do centro da Fig. 26.39; a saída será quase uma função linear da iluminação. Se a cela for ligada diretamente a um medidor de baixa resistência, sua resposta seguirá uma curva intermediária; por exemplo, se a resistência do medidor for 200 Ω, a curva-resposta incluirá as interseções mostradas na Fig. 26.39 para uma "linha de carga" de 200 Ω, passando pela origem. Uma combinação de polarização negativa e medidor de baixa resistência pode dar resultados lineares, como indicado pela linha de carga de 200 Ω, partindo de uma polarização reversa de 0,4 V.

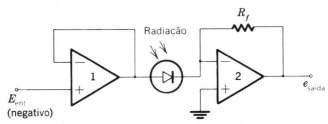

Figura 26.40 – Diodo de junção *p-n* fotossensível operado com polarização reversa constante. Pode-se omitir o amplificador 1 se a voltagem E_{ent} é suficientemente bem regulada

OUTRAS APLICAÇÕES DOS AMPLIFICADORES OPERACIONAIS

Os amplificadores operacionais, além da função de manejar a saída dos transdutores, têm grandes áreas de utilidade em posições auxiliares em conexão com outros sistemas analíticos.

Um amplificador com realimentação capacitiva age como um integrador, como indicado na Fig. 26.33. Esse circuito é, muitas vezes, usado como coulômetro em estudos eletroquímicos. Se a corrente a ser integrada for pequena, poderá ser levada diretamente à junção de soma, omitindo R_{ent}, de modo que a relação dirigente é simplesmente $e_{saída} = -C^{-1} \int_0^t i_{ent} \, dt$. Para correntes maiores i_s, e_{ent} devem ser tomados como a queda de voltagem através do resistor R_s em série e a relação total é

$$e_{saída} = -\frac{R_s}{R_{ent} C} \int_0^t i_s \, dt \qquad (26\text{-}9)$$

Um exemplo dessa aplicação será discutido mais tarde.

Um integrador abastecido com um potencial de entrada constante produzirá uma saída em rampa, isto é, $e_{saída} = -(RC)^{-1} \int_0^t dt = (RC)^{-1} (t - t_0)$, de modo que a voltagem aumenta linearmente com o tempo, o que o torna uma unidade polarizante muito conveniente para voltametria e polarografia com registro.

Um amplificador operacional pode servir como uma fonte de voltagem constante ajustável para potenciometria de comparação, de modo que, por exemplo,

Circuitos eletrônicos para instrumentos analíticos

pode-se usar o potencial-padrão definido de uma cela de Weston sem a possibilidade de avaria devida à passagem de corrente. Seria conveniente a Fig. 26.37a ou b.

Podem-se associar fontes de corrente constante seguindo-se a Fig. 26.31b, onde se mantêm constantes e_{ent} e Z_{ent}; a razão e_{ent}/Z_{ent} determina a corrente através de Z_f, que se torna a carga e é independente de Z_f. A dificuldade com isto é que não se pode ligar a carga à terra, o que, às vezes, é importante. Pode-se evitar essa restrição usando dois amplificadores ou duas fontes de potencial de referência como na Fig. 26.41.

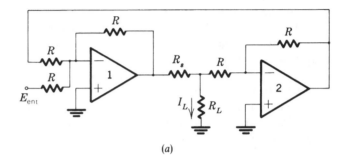

(a)

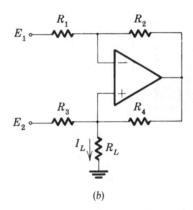

(b)

Figura 26.41 — Fontes de corrente constante com carga à terra: a) todos os resistores R são iguais; $I_L = E_{ent}/R_s$; são necessários dois amplificadores, mas apenas uma fonte de voltagem; b) circuito Howland: é necessário apenas um amplificador, mas duas fontes de voltagem; se $R_1/R_2 = R_3/R_4$, então $I_L = (E_2 - E_1)/R_3$. Observar que, em ambos os circuitos, a corrente de carga I_L é independente da resistência de carga R_L.

Deve-se frisar que, na prática, para a aplicação bem sucedida de amplificadores operacionais, não se devem menosprezar outras considerações gerais como compensação de voltagem e de corrente e efeitos de temperatura.

COMPUTADORES ANALÓGICOS

Um computador eletrônico analógico consiste de uma associação de amplificadores operacionais junto às fontes de energia necessárias e quantidades variáveis de equipamento auxiliar. Comumente, todas as conexões de entrada e de saída apresentam-se em uma disposição lógica de tomadas em um painel. Deve-se dispor de uma seleção de capacitores e de resistores fixos e variáveis munidos com tomadas macho e fêmea, junto com numerosos fios de ligação. Muitos desses computadores possuem medidores embutidos, com os quais se estabelecem os potenciais de entrada e se medem as saídas, mas os dados são geralmente obtidos do computador através de um registrador ou de um osciloscópio.

A finalidade original dos computadores analógicos foi a solução de equações algébricas ou diferenciais, especialmente em problemas de engenharia. Para esse uso, algumas vezes são necessários muitos amplificadores (centenas). Para as finalidades da instrumentação química, poucas aplicações requerem mais que cerca de 10 amplificadores. Pode-se completar qualquer um dos circuitos amplificadores operacionais discutidos nas páginas anteriores com um pequeno computador, muitas vezes com maior conveniência quando comparado com o uso de amplificadores individuais distintos.

Apresenta-se a Fig. 26.42 como um exemplo de um instrumento analítico que usa cinco amplificadores operacionais (ref. 3). Pode-se montá-lo facilmente com fios de ligação no painel de um computador analógico para fins gerais. Em coulometria de potencial controlado são de interesse três quantidades elétricas: o potencial do elétrodo de trabalho em função de uma referência, a corrente passando entre os elétrodos de trabalho e o contra-elétrodo, e o número de coulombs requeridos para realizar um processo químico. Podem-se controlar ou observar todas essas quantidades com o equipamento analógico mostrado.

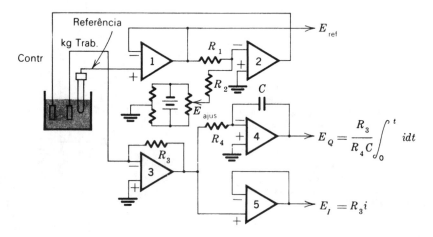

Figura 26.42 – Circuito amplificador operacional para coulometria de potencial controlado. Podem-se controlar, simultaneamente, o potencial de referência, a corrente de trabalho e os coulombs que passam

Observar primeiramente que se liga o elétrodo de trabalho diretamente à junção de soma (do amplificador 3) e, assim, está sempre efetivamente no potencial da terra. Portanto, para manter uma voltagem desejada entre os elétrodos de trabalho e os de referência, devemos estabelecer o elétrodo de referência em um potencial diferente da terra. Isso é executado com o amplificador 2, pois os potenciais do elétrodo de referência e de uma fonte de voltagem ajustável manualmente (E_{ajus}) somam-se na junção de soma. Por conveniência, pode-se fazer R_1 igual a R_2, de modo que, devido à restrição da terra virtual, devemos ter certeza de que o potencial do elétrodo de referência é igual a E_{ajus}, mas de sinal oposto. O amplificador 2 liberta tanta corrente para o contra-elétrodo quanto ele necessita para manter a condição desejada. O amplificador 1, ligado como um seguidor da voltagem, apenas evita que passe qualquer corrente para o elétrodo de referência.

A corrente que escoa através do elétrodo de trabalho também deve passar sucessivamente através de R_3 e R_4, onde carrega o capacitor C do integrador (amplificador 4), que mede os coulombs. Se houver probabilidade de o integrador sair da escala, deverá se providenciar a descarga do capacitor quando se atingir um determinado nível de voltagem (como 10,00 V) e contar em um registrador mecânico o número de descargas necessárias. O seguidor da voltagem, (amplificador 5), estando conectado entre R_3 e R_4, fornece uma medida da corrente de eletrólise em qualquer momento.

DISPOSITIVOS ESPECIAIS

OSCILADORES

Nos instrumentos de laboratório é freqüentemente necessário uma fonte de corrente alternada (que não a freqüência de linha), que se obtém com mais conveniência eletronicamente. Em princípio, pode-se transformar qualquer amplificador em oscilador, providenciando um caminho de realimentação positiva com uma freqüência característica conveniente. Isso significa voltar parte da saída para a entrada em uma fase tal que um aumento na saída cause um aumento na entrada, que, por sua vez, ocasiona um decréscimo na saída e, portanto, na entrada, e assim por diante, *ad infinitum*.

A Fig. 26.43 mostra um dentre os vários circuitos que farão o que foi relatado acima: o oscilador de Hartley, em ambas as versões tríodo e transístor. A realimentação do circuito de saída para o de entrada realiza-se através da indutância mútua das duas porções do indutor L. A freqüência de oscilação é $f = (2\pi)^{-1} (LC)^{-1/2}$ Hz e altera-se mais convenientemente por mudança da capacitância.

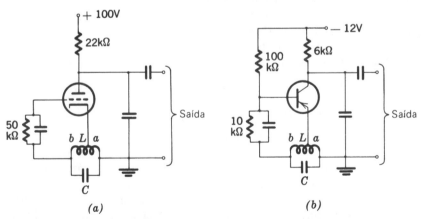

Figura 26.43 — Circuitos do oscilador Hartley usando *a*) um tríodo e *b*) um transístor

Outro meio pelo qual pode-se fixar a freqüência é com um *filtro em duplo t* (Fig. 26.44*a*). Essa rede deixará passar todas as freqüências, exceto as dadas pela fórmula $f = (2\pi RC)^{-1}$ Hz. Um gráfico da impedância como uma função da fre-

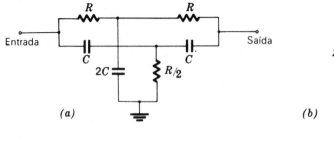

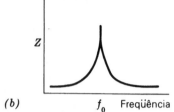

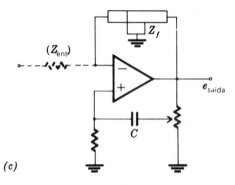

Figura 26.44 — Filtro de rejeição de t duplo: a) circuito de filtro para o qual a freqüência característica é $f_0 = 1/(2\pi RC)$ Hz; b) impedância como função da freqüência imposta; c) um amplificador operacional como um oscilador, com realimentação em t duplo

qüência mostra um pico muito agudo (em b na figura). A agudez depende de quão cuidadosamente os capacitores e os resistores são combinados. Se essa rede for conectada como impedância de realimentação negativa de um amplificador (que pode ou não ser um amplificador operacional, como mostrado), o ganho líquido, $e_{\text{saida}}/e_{\text{ent}} = -Z_f/Z_{\text{ent}}$, será menor para todas as freqüências diferentes da freqüência característica do filtro. Suponhamos que uma junção de soma não-blindada captará ruído suficiente em freqüências ao acaso para constituir uma entrada (pontilhada na figura) e isso causará o início das oscilações na freqüência do filtro, pois este *não* é realimentado negativamente e, portanto, é amplificado pelo ganho da malha aberta total do amplificador. Para manter a oscilação, deve-se injetar uma pequena realimentação dessintonizada positiva na entrada não-inversora, como mostrado. Esse oscilador é especialmente adequado para serviço em uma ou em umas poucas freqüências fixas.

O CIRCUITO *FLIP-FLOP*

Pode-se construir um interessante circuito por interligação simétrica de dois tríodos ou transístores, como mostrado (para o caso de um tríodo) na Fig. 26.45. A fim de tornar a discussão quantitativa, admitiremos que ambas as válvulas são do tipo 6J5, de modo que se aplicam as curvas da Fig. 26.3.

Suponhamos que inicialmente a válvula V_1 é condutora e que V_2 está desligada. Se a corrente de placa em V_1 é 4,5 mA; a queda no resistor de placa de 33 kΩ, 150 V, de modo que o potencial real da placa é 250 V. A queda no resistor do cátodo de 22 kΩ é 99 V. Um estudo da Fig. 26.3 mostrará que, para a corrente de placa determinada (4,5 mA) e a voltagem do cátodo e da placa (250 – 99 ≅ 150 V), o potencial da grade deve ser – 5 V, valor fornecido pelo divisor de voltagem

Circuitos eletrônicos para instrumentos analíticos

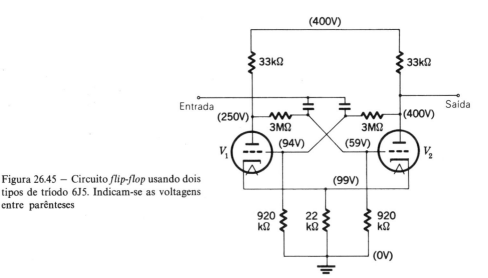

Figura 26.45 — Circuito *flip-flop* usando dois tipos de tríodo 6J5. Indicam-se as voltagens entre parênteses

3 MΩ – 920 kΩ, entre a terra e a placa da outra válvula V_2. Observar que o potencial da placa de V_2 é 400 V, pois a válvula está desligada e não há queda de voltagem através do seu resistor de placa. Uma ação análoga de divisão de voltagem entre a placa de σ_1 e a terra fixa a grade de V_2 a 59 V acima da terra, ou 40 V negativos em relação ao cátodo e, assim, V_2 permanece desligada apesar da alta voltagem da sua placa. Todos os valores de resistência da Fig. 26.45 são simétricos, de modo que as voltagens indicadas por V_1 podem ser substituídas igualmente bem pelas de V_2, enquanto V_1 fica desligada e V_2 conduz. Esse é um dispositivo *biestável*.

Se impusermos uma pulsação positiva através dos capacitores nas duas grades, não haverá efeito primário em V_1, que já é condutor, mas a grade de V_2 se tornará mais positiva do que ela era, o que resultará numa redução do potencial da sua placa, que, por sua vez, tornará a grade de V_1 negativa. Assim, o resultado líquido de uma pulsação positiva é transferir a condução de uma válvula para outra; uma segunda pulsação positiva o faz voltar à primeira condição. Essa ação é chamada *flip-flop*. As pulsações negativas têm o mesmo efeito das positivas, apesar do mecanismo ser um pouco diferente.

A utilidade desse circuito origina-se do fato de a saída obtida da placa de qualquer uma das válvulas mostrar uma única pulsação para cada *duas* pulsações de entrada. Desse ponto de vista, o circuito é muitas vezes chamado *escala de dois*. Pode-se colocar em série qualquer número dessas unidades, resultando nos fatores de escala completa de 2, 4, 8, 16. . . . . Descreveu-se no Cap. 16 a aplicação desses contadores em medidas nucleares.

Uma modificação simples desse circuito, incluindo uma conexão de realimentação, permite engatilhar-se e funcionar livremente, sem necessidade de pulsações de entrada. Nessa configuração, é chamado *multivibrador* e é uma fonte conveniente de ondas quadradas. A freqüência é determinada pelas constantes de tempo RC no percurso de acoplamento.

472 Métodos instrumentais de análise química

SERVOMECANISMOS

Um instrumento servossistema em sua forma mais comum consiste em um pequeno motor de c.a. de duas fases, geralmente do tipo que é controlado em velocidade e direção de rotação por um amplificador. O sistema é munido com alguma espécie de realimentação, de modo que o desligar do motor produz um sinal que é automaticamente comparado a um sinal-padrão ou a um de referência. A diferença chamada *sinal de erro* volta ao amplificador para controlar o motor.

Pode-se incluir um servo, por exemplo, em um espectrofotômetro registrador para controlar a largura da fenda. O feixe da radiação que passa através da cubeta de referência (solvente) serve como sinal para operar o motor de controle da fenda, de modo a manter a energia transmitida constante enquanto está-se varrendo o espectro. Para outra aplicação, veja a Fig. 14.3.

Uma importante aplicação dos servomecanismos é o registrador potenciométrico auto-equilibrado; será descrito na próxima seção.

REGISTRADORES AUTOMÁTICOS

Os registradores elétricos classificam-se em duas classes gerais: a dos instrumentos de deflexão e a dos de zero. Os medidores de deflexão, galvanômetros, voltímetros, amperímetros, wattímetros, etc., são geralmente menos complexos em projeto e podem dar respostas mais rápidas, seguindo variações na entrada acima de talvez 100 Hz. Sua precisão, contudo, é geralmente inferior à dos tipos de zero e se restringe a papel de registro estreito, algumas vezes com coordenadas curvilíneas.

A maior desvantagem dos instrumentos de deflexão é o efeito de carga no sistema que está sendo medido. Requer uma considerável quantidade de energia para operar o sistema de deflexão e esta deve ser fornecida pelo circuito ligado ao medidor. Assim, um milivoltímetro de deflexão retira uma corrente significativa, e um miliamperímetro de deflexão causa uma queda de voltagem significativa no circuito.

Os registradores de deflexão especialmente planejados para alta velocidade de resposta são chamados oscilógrafos registradores. São particularmente úteis em engenharia na medida de sistemas dinâmicos, estudos de vibração e semelhantes e também se aplicam a estudos clínicos e biológicos, incluindo encefalografia e eletrocardiografia. A principal aplicação em química é na espectrometria de massa, especialmente de alta resolução (Fig. 17.14).

Podem-se representar os registradores de zero pelo potenciômetro de auto--equilíbrio mostrado esquematicamente na Fig. 26.46. O potencial desconhecido E_x é ligado em oposição em série com o potencial E_p, tomado de um potenciômetro de fio corrediço. Liga-se um vibrador de modo a lançar os dois potenciais alternadamente na entrada do amplificador de c.a. e na freqüência da linha de energia. A saída do amplificador fornece energia a uma bobina de um motor de duas fases; a outra bobina do motor é ligada à linha de energia. O motor controla o fio corrediço do vibrador do potenciômetro. No ponto de equilíbrio, $E_x = E_p$ e o amplificador não recebe um sinal de 60 Hz do vibrador, assim não fornece uma saída de 60 Hz e o motor é inativo. Se E_x se tornar maior que E_p, observa-se e amplifica-se um sinal proporcional e o motor gira em uma direção de modo a aumentar E_p para reequilibrar o circuito. Se E_x torna-se menor que E_p, ocorre uma ação seme-

Circuitos eletrônicos para instrumentos analíticos

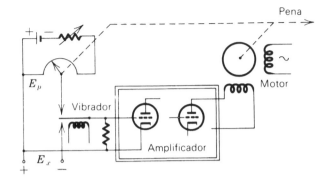

Figura 26.46 — Esquema típico de um potenciômetro de auto-equilíbrio

lhante, mas a saída do amplificador é deslocada em fase, de modo que o motor gira na direção oposta para alcançar o equilíbrio. Liga-se o eixo do motor mecanicamente a pena registradora, obrigando-a a se movimentar uma distância proporcional ao deslocamento angular do contato móvel. Essa é, portanto, uma medida do potencial desconhecido E_x.

Pode-se ajustar a corrente de trabalho através do fio corrediço de modo que a deflexão concorde com a calibração da escala e do papel. Geralmente isso é obtido através de uma cela-padrão e reostato.

REFERÊNCIAS

1. Boucher, E. A.: *J. Chem. Educ.*, **44**: A935 (1967).
2. Gray, P. E.; D. DeWitt e A. R. Boothroyd: "SEEC Notes I; PEM: Physical Electronics and Circuit Models of Transistors", *copyright* 1962 pelo Education Development Center (antes Educational Services, Inc.), publicado por John Wiley & Sons, Inc., New York.
3. Propst, R. C.: "A Multipurpose Instrument for Electrochemical Studies", A. E. C. Research and Development Report DP-903 (1964).

REFERÊNCIAS GERAIS COM COMENTÁRIOS

Os quatro livros seguintes são introduções à eletrônica destinados a químicos e a outros cientistas que não fazem da eletrônica a sua profissão:

Benedict, R. R.: "Electronics for Scientists and Engineers", Prentice-Hall, Inc., Englewood Cliffs, Nova Jérsei, 1967.
Brophy, J. J.: "Basic Electronics for Scientists", McGraw-Hill Book Company, New York, 1966.
Malmstadt, H. V.; C. G. Enke e E. C. Toren, Jr.: "Electronics for Scientists", W. A. Benjamin, Inc., New York, 1962. (Incluem-se muitas experiências de laboratório.)
Phillips, L. F.: "Electronics for Experimenters in Chemistry, Physics, and Biology", John Wiley & Sons, Inc., New York, 1966. (Disponível como brochura.)

Os dois próximos, representativos de uma grande seleção, são textos sobre eletrônica geral:

Angelo, E. J., Jr.: "Electronics Circuits. A Unified Treatment of Vacuum Tubes and Transistors", 2.ª ed., McGraw-Hill Book Company, New York, 1964.
Lurch, E. N.: "Fundamentals of Electronics", John Wiley & Sons, Inc., New York, 1960.

474 Métodos instrumentais de análise química

Um pouco mais especializados:

Sevin, L. J., Jr.: "Field-effect Transistors", *copyright* da Texas Instruments, Inc., 1965; publicado por McGraw-Hill Book Company, New York.
Walston, J. A. e J. R. Miller (eds.): "Transistor Circuit Design", *copyright* da Texas Instruments, Inc., 1963; publicado por McGraw-Hill Book Company, New York.

O mais completo e extenso dos manuais dos fabricantes a respeito da teoria e circuitos de semicondutores:

Cleary, J. F. (ed.): "G. E. Transistor Manual", 7.ª ed., General Electric Co., Syracuse, New York, 1964.

Experiências de laboratório

Nos procedimentos que se seguem daremos ênfase aos princípios analíticos envolvidos, a preparação da amostra, o ajuste de condições como pH, concentração, etc., e ao tratamento dos resultados. Na maior parte, onde são necessários aparelhos especiais, não se incluem detalhes de operação. Admite-se que o professor demonstrará o uso de tal aparelho ou fornecerá cópias das instruções do fabricante. Se se deve empregar o aparelho modular da A. R. F. Products, Inc., Raton, Novo México, obtêm-se as instruções para seu uso do manual escrito para essa finalidade*.

Há algumas características comuns a várias montagens instrumentais diferentes, que se devem discutir antes de iniciar o trabalho de laboratório.

MEDIDORES INDICADORES

Esses geralmente são instrumentos de bobina móvel (d'Arsonval) e devem-se tratá-los com cuidado. Pequenos medidores são munidos de mancais de safira ou suspensões rígidas. O primeiro tipo, em que se fazem as conexões elétricas com a bobina através de um par de molas enroladas assemelhando-se à mola de cabelo de um relógio, é mais sensível à avaria por choque mecânico que o último tipo. Os medidores de suspensões rígidas para a montagem em painéis usam os mesmos fios metálicos ou tiras para suporte mecânico da bobina e para as conexões elétricas. Os galvanômetros mais sensíveis usam uma fibra de quartzo para suspensão e são extremamente delicados; não são tão encontrados no laboratório analítico como antigamente.

Quando se deve transportar ou armazenar um medidor sensível, sempre se deve colocar a bobina em curto-circuito ligando seus terminais com um fio. Isso reduz apreciavelmente a probabilidade de avaria proveniente de um movimento rápido da bobina.

Quase todos os medidores são munidos com algum dispositivo mecânico para ajustar o indicador ao zero da escala, quando não há escoamento de corrente. Nos medidores de painel, geralmente se ajusta o zero mecânico com uma chave de parafuso e é construído de modo que girando o ajustador além do limite não se danifique o medidor. Em alguns tipos de suspensão, um botão serrilhado no topo presta-se à mesma finalidade e pode-se quebrar a suspensão se girá-lo além do limite.

Geralmente, planejam-se os medidores de modo a não se danificarem por uma sobrecarga de 150 a 200%. Alguns são munidos de fusíveis embutidos para proteção.

Medidores registradores são descritos no Cap. 26.

PARTES ÓPTICAS

Lentes, prismas, cubetas e outros itens com superfícies ópticas expostas à atmosfera ou a soluções químicas exigem freqüente limpeza, que se deve fazer com cuidado

---

*G. W. Ewing, "Analitical Instrumentation, a Laboratory Guide for Chemical Analysis", Plenum Publishing Corp., Nova Iorque, 1966.

476 Métodos instrumentais de análise química

para evitar a possibilidade de riscar as superfícies. Geralmente, podem-se remover as impressões digitais (que se devem evitar em primeiro lugar), as películas de cloreto de amônio e as substâncias não-arenosas semelhantes por passagem cuidadosa de um feltro um pouco úmido, se necessário por embaciamento da superfície de vidro com o hálito (*não* em superfícies de cloreto de sódio!), os lenços de papel, se totalmente livres de partículas sólidas, são satisfatórios em lugar do feltro.

Quando for necessária uma lavagem, usar-se-á uma solução de detergente seguida por lavagem com água corrente e destilada. Não se devem usar soluções sulfocrômica nem água-régia, a menos que absolutamente necessário, e nunca sem aprovação específica do professor. Devem-se limpar as redes de difração e os espelhos de superfície frontal somente com as mais leves pinceladas de uma escova de pelo de camelo limpa; se isso não for adequado, o trabalho deve ser feito por um perito.

Se alguma superfície óptica se tornar suja com cola ou outra substância sólida, deve-se consultar um perito. O mesmo é verdadeiro se se suspeita que o sistema óptico não esteja alinhado.

MECANISMOS E MOTORES

Deve-se tomar cuidado ao lubrificar as partes móveis. A tendência normal quando um mecanismo mostra sinais de emperramento é por-lhe óleo. Deve-se deixar esse serviço para o professor como uma proteção para evitar excesso de óleo. Muito óleo é tão prejudicial como muito pouco e é mais difícil de se corrigir.

AMOSTRAS DESCONHECIDAS

As amostras desconhecidas podem ser sólidas, líquidas ou, ocasionalmente, gasosas. A dissolução de amostras sólidas, às vezes, traz problemas. Podem-se encontrar instruções específicas para dissolver minérios, aços, etc. em vários textos de análise quantitativa e, assim, não daremos detalhes aqui.

Em várias experiências, sugerem-se que a determinação seja realizada em duplicata com aparelhos diferentes. A finalidade é fornecer uma base de comparação entre as vantagens e as desvantagens de instrumentos comparáveis.

ÁGUA

Em quase todas as ocasiões em que se especifica água destilada, pode-se usar, em seu lugar, água demineralizada (deionizada).

RELATÓRIOS

Devem-se anotar todos os dados numéricos obtidos numa aula de laboratório em um caderno permanente, junto com o material descritivo adequado para a identificação posterior das entradas numéricas e notas destinadas a relembrar cada etapa executada especialmente quaisquer desvios ou adições às instruções escritas. *Sempre date tudo.* Deve-se apresentar ao professor um relatório completo escrito depois, para aprovação e julgamento. O relatório final deveria seguir um esboço definido; sugerimos o seguinte:

Experiências de laboratório

1. Nome (e, entre parênteses, nome do colega, se houver).
2. Data da realização da experiência e data do relatório escrito.
3. Número e título da experiência.
4. Objetivo da experiência.
5. Teoria. (Exposição sucinta; forneça as referências bibliográficas para quaisquer trabalhos ou livros consultados, outros que o texto.)
6. Procedimento. (Forma resumida; não é proveitoso copiar instruções do livro, mas deve-se descrever e justificar qualquer mudança do procedimento.)
7. Aparelhos. (Identifique os instrumentos individuais quando possível, preferivelmente fornecendo os números de série.)
8. Dados. (Devem-se copiar do caderno de laboratório os registros pertinentes; não é necessário incluir os errados ou tentativas fracassadas.)
9. Cálculo da amostra. (Não é preciso fornecer o cálculo detalhado para todos os dados, especialmente se longo, mas se deveria apresentá-los uma vez com apenas os resultados das determinações restantes.)
10. Os gráficos devem ser limpos e cuidadosamente construídos em papel para gráficos de boa qualidade. Devem-se tomar cuidados especiais na escolha das escalas. É desejável ter as curvas cobrindo quase todo o papel, mas, freqüentemente, se deve modificar essa finalidade por conveniência da escala. Pode-se tomar uma unidade para cada 1, 2, 5 ou 10 divisões do papel para a representação gráfica conveniente de uma variável com valores fortuitos.
11. Os resultados. (Deve-se calcular cada resultado separadamente, seguido de qualquer procedimento de cálculo da média adequado. Seja cuidadoso na indicação correta do número de algarismos significativos e, onde possível, do desvio-padrão.)
12. A discussão dos resultados. (Deveriam se incluir aqui a comparação dos resultados obtidos com diferentes processos ou através de diferentes instrumentos e também, se disponível, a comparação com os valores "verdadeiros". São adequados quaisquer comentários sobre o método ou sugestões para aperfeiçoamento. Essa seção deveria combinar com a verificação anterior do objetivo da experiência, indicando como esse objetivo foi alcançado.)
13. Na conclusão do relatório deve-se responder a qualquer pergunta incluída nas instruções.

EXPERIÊNCIA 1. ABSORCIOMETRIA: COMPARAÇÃO DE MÉTODOS

REFERÊNCIA: Texto, Cap. 3.

PLANO: Vários meios de determinação e colocação dos dados fotométricos serão estudados com uma série de soluções de sulfato de cobre de concentrações variando gradativamente. Estas serão medidas em um espectrofotômetro de baixa dispersão ou em um fotômetro de filtro com filtro vermelho e verde. As cores observadas serão as dos íon-cúprico hidratado e amoniatado. Os resultados serão postos em gráficos, em vários modos, para apresentar as vantagens de cada um.

PROCEDIMENTO: 1) Pese 5,0 g de $CuSO_4 \cdot 5H_2O$ granular (balança grosseira), dissolva e dilua a 100 ml em um balão volumétrico com H_2SO_4 0,05 F. Rotule

478 Métodos instrumentais de análise química

essa solução como A. Monte um par de buretas de 50 ml, uma contendo a solução A; a outra, H_2SO_4 0,05 F. 2) Em uma série de 5 béqueres de 50 ml coloque as seguintes soluções: a) 10 ml de A; b) 8 ml de A + 2 ml de ácido; c) 6 ml de A + 4 ml de ácido; d) 4 ml de A + 6 ml de ácido; e e) 2 ml de A + 8 ml de ácido. 3) Retire 10 ml de A da bureta para um balão volumétrico de 100 ml e dilua até a marca com ácido; designe essa solução como B. Esvazie a quantidade restante de A da bureta, lave-a com um pouco da solução B e encha-a com B. 4) Em 5 outros béqueres de 50 ml coloque uma série de diluições de B com H_2SO_4 0,05 F, seguindo as mesmas séries como na etapa 2, substituindo A por B. Rotule estas como f, g, h, i e j. 5) Repita o procedimento de diluição da etapa 3 para fornecer uma solução C que é 1/10 da concentração de B. 6) Repita a etapa 4 substituindo B por C. Rotule esses 5 béqueres adicionais como k, l, m, n e o. 7) Faça o ajuste inicial do fotômetro a 620 nm ou com um filtro vermelho, com água na cubeta. Em seguida, insira porções das 15 soluções de cobre, de a a o devolvendo cada uma ao béquer apropriado depois da medida. Observar que nem todas as 15 soluções darão leituras úteis. 8) Repita 7 a 500 nm ou com um filtro verde. 9) Repita 7 no vermelho, mas com o ajuste inicial feito com a solução B na cubeta (apenas é necessário medir as soluções de a a e). 10) A cada uma das cubetas ou béqueres adicione exatamente 2 ml de amoníaco concentrado. Se o precipitado que se forma não redissolve completamente em algumas das amostras mais concentradas, adicione mais amônia, gota a gota, até que se obtenha dissolução completa. Repita 7 com as soluções amoniacais. 11) Repita 9 com as soluções amoniacais, fazendo o ajuste inicial com a solução f. 12) Repita 10, fazendo o ajuste inicial com a solução k. Meça as soluções de g a j. 13) Coloque as leituras fotométricas em um gráfico como porcentagem de T em função das concentrações relativas para cada série de dados (isto é, cada combinação de água ou amônia, filtro verde ou vermelho, água ou solução de referência contendo cobre). Este é o Gráfico 1. 14) Coloque em um gráfico a absorbância em função da concentração para cada série (Gráfico 2). 15) Coloque em um gráfico a porcentagem de T em função do logaritmo da concentração (Gráfico de Ringbom) para cada série. Querendo-se, pode-se usar papel para gráfico monologarítmico.

PERGUNTAS: 1) Em qual intervalo de concentração cada um dos métodos mostraria sua maior precisão? 2) Em quais regiões de concentração se obedece à lei de Beer para cada método? 3) Qual método você preferiria para uma amostra contendo ao redor de a) 20 mg de Cu por ml, b) 2,0 mg de Cu por ml e c) 0,2 mg de Cu por ml?

EXPERIÊNCIA 2. DETERMINAÇÃO ABSORCIOMÉTRICA DE CLOROFÓRMIO

REFERÊNCIAS: 1) Texto, Cap. 3; 2) M. Mantel, M. Molco e M. Stiller, *Anal. Chem.* 35: 1737 (1963).

PLANO: Deve-se determinar a solubilidade de clorofórmio em água em uma série de temperaturas por meio da reação de Fujiwara, ou seja, a produção de uma espécie absorvente*, por reação com piridina na presença de hidróxido de

*Encontra-se na ref. 2 especulação sobre a natureza da reação e das espécies cromóforas.

Experiências de laboratório

479

sódio. Sugere-se que vários grupos de estudantes selecionem temperaturas diferentes e combinem seus resultados para obter uma curva de solubilidade mais extensa.

SUBSTÂNCIAS A PROVIDENCIAR:

1) Solução-padrão contendo 1 g de $CHCl_3$ por litro de água
2) Hidróxido de sódio aquoso a 40% (em peso)
3) Piridina

PROCEDIMENTO: 1) Misture bem várias porções de 1 ml de clorofórmio com porções de 15 a 20 ml de água destilada em frascos de *erlenmeyer* em banhos termostatizados a várias temperaturas selecionadas. Após o equilíbrio, transfira 0,5 ml da camada aquosa para um balão volumétrico de 1 litro, encha com água até a marca e agite bem. (Se o equilíbrio for acima da temperatura ambiente, o frasco maior deverá conter um pouco de água à temperatura ambiente antes de transferir a solução. Observar que se pode usar água de torneira para essa diluição uma vez que esta é livre de clorofórmio.) 2) Elabore várias diluições da solução de clorofórmio-padrão no intervalo de concentração adequado (0,2 a 5 ppm). Deve-se fazer, durante o procedimento, um "branco" sem clorofórmio. 3) Pipete 5 ml da amostra e de cada padrão para frascos *erlenmeyers* com rolhas esmerilhadas, adicione a cada um 5 ml de piridina e 10 ml de hidróxido de sódio a 40%, e agite bem. Aqueça em banho-maria a 70°C durante 15 min com agitação ocasional. Esfrie e transfira cada um para um funil de separação e deixe que as fases se separem. Transfira a camada de piridina colorida a um frasco volumétrico de 10 ml e dilua com água até a marca. 4) Leia a absorbância em relação à água a 336 nm e prepare uma curva de calibração a partir dos padrões. Se o "branco" mostra absorbância apreciável, podem-se medir as outras amostras em relação ao "branco" na cubeta de referência ou pode-se proceder a uma correção numérica. 5) Relate seus resultados em termos da solubilidade do clorofórmio em água nas temperaturas apropriadas.

(Esta experiência foi sugerida por R. F. Hirsch.)

EXPERIÊNCIA 3. DETERMINAÇÃO COLORIMÉTRICA DE CRÔMIO E MANGANÊS EM AÇO

REFERÊNCIAS: 1) Texto, Cap. 3; 2) J. J. Lingane e J. W. Collat, *Anal. Chem.*, 22: 166 (1950).

PLANO: Demonstrar-se-ão a determinação simultânea de dois constituintes de uma amostra e o uso das absortividades no cálculo dos resultados.

SUBSTÂNCIAS A PROVIDENCIAR:

1) Cristais de persulfato de potássio ($K_2S_2O_8$)
2) Cristais de periodato de potássio (KIO_4)
3) Solução de nitrato de prata $0,5 F$ em frasco conta-gota
4) Mistura de ácidos (H_2SO_4-H_3PO_4 ou $HClO_4$-H_3PO_4, etc.)

480 Métodos instrumentais de análise química

PROCEDIMENTO: 1) Pese 1 g da amostra do aço e dissolva-o na mistura de ácidos. Dilua (cuidado) a cerca de 150 ml e aqueça para dissolver todos os sais. Esfrie, transfira para um balão volumétrico de 250 ml e encha com água até a marca. 2) Pipete uma alíquota de 25 ml da solução da amostra (filtre ou centrifugue se não for clara) para um *erlenmeyer* de 250 ml. Adicione 10 ml da mistura de ácidos junto com cerca de 4 gotas de nitrato de prata $0,5\,F$ (um catalisador de oxidação) e 50 ml de água. Adicione 5 g de persulfato de potássio, agite o frasco para dissolver a maior parte do sal, então aqueça até a ebulição. Conserve a ebulição durante 5 min, esfrie um pouco e adicione 0,5 g de periodato de potássio. Aqueça novamente e mantenha a ebulição por mais 5 min. Esfrie, transfira para um balão volumétrico de 100 ml e dilua com água até a marca. 3) Transfira uma porção para uma cubeta de vidro de 1 cm e determine em um espectrofotômetro a absorbância a 440 e 545 nm em relação à água como referência. 4) Calcule a porcentagem de crômio e de manganês na amostra por meio das equações simultâneas da ref. 2. 5) Para maior precisão, devem-se determinar previamente no mesmo espectrofotômetro as absorbâncias dos íons-permanganato e dicromato em cada um dos comprimentos de onda. Devem-se fazer correções para as absorções presentes devidas aos íons de vanádio, cobalto, níquel e ferro, se presentes em quantidades consideráveis (ref. 2). O professor fornecerá explicações sobre esses constituintes com a finalidade de fazer as correções.

EXPERIÊNCIA 4. IDENTIFICAÇÃO DE UM COMPLEXO

REFERÊNCIAS: 1) Texto, Cap. 3; 2) S. P. Mushran, O. Prakass e J. N. Awasthi, *Anal. Chem.*, 39: 1307 (1967).

PLANO: A fórmula do complexo absorvente entre o vanádio tetravalente e o violeta de pirocatecol (VPC), pirocatecossulfonftaleína, será estabelecida pelos métodos de Yoe-Jones e de Job.

SUBSTÂNCIAS A PROVIDENCIAR:

1) Sulfato de vanadilo $VOSO_4$, $2,00 \times 10^{-3}\,F$
2) VPC, $2,00 \times 10^{-3}\,F$

PROCEDIMENTO: 1) Prepare uma série de diluições de ambos, $VOSO_4$ e VPC, nas seguintes concentrações: 2,00, 1,75, 1,50, 1,25, 1,00, 0,75, 0,50 e $0,25 \times 10^{-4}\,F$. Ajuste cada solução a pH 4,2 por adição de HCl ou NaOH, conforme necessário. 2) Determine as absorbâncias das duas soluções $2,00 \times 10^{-4}\,F$ a 450 e 600 nm, em cubetas de 1 cm, com um espectrofotômetro Beckman DU ou equivalente. 3) Para o método de Job, misture porções das duas substâncias de modo a obter uma concentração total de $2 \times 10^{-4}\,F$ nas várias combinações sugeridas pelas séries de soluções que você preparou e determine a absorbância de cada uma a 450 l 600 nm. 4) Para o estudo pelo método de Yoe-Jones, misture quantidades sucessivas da solução do corante a concentrações iguais $(1,00 \times 10^{-4}\,F)$ de $VOSO_4$, medindo a absorbância de cada uma nos dois comprimentos de onda. 5) Prepare gráficos para cada método em cada comprimento de onda e deduza os valores de n e m na fórmula do complexo $V_n^{(IV)}(VPC)_m$. Comentar criticamente a precisão e utilidade dos quatro gráficos.

Experiências de laboratório

481

SUGESTÕES PARA TRABALHOS POSTERIORES: 1) Determine o intervalo de concentrações de $VOSO_4$ para o qual VPC forneceria um reagente analítico satisfatório. Os gráficos Ringbom auxiliariam nessa determinação. 2) Estude o grau de interferência na análise de vanádio pela presença de outros metais de transição.

EXPERIÊNCIA 5. ESPECTRO DE ULTRAVIOLETA DE UM COMPOSTO ORGÂNICO

REFERÊNCIAS: 1) Texto, Cap. 3; 2) Qualquer atlas de espectro de ultravioleta.

PLANO: Deve-se identificar um composto aromático pelo seu espectro de absorção no ultravioleta. O estudante receberá como uma amostra uma substância pura tomada da seguinte lista de compostos:

Ácido benzóico	Acenafteno
p-Benzoquinona	1-Naftol
Ácido pícrico	2-Naftol
Difenilacetileno	Fluoreno
Difenilo	Fenantreno
Triptofano	Antraceno
Naftaleno	Antroquinona
Formaldeído-2,4-dinitrofenilidrazona	

O espectro de absorção da amostra será determinado com um espectrofotômetro de ultravioleta e identificado por comparação com espectros autênticos.

SUBSTÂNCIAS A PROVIDENCIAR:

Em acréscimo à amostra desconhecida, é necessário apenas um solvente de pureza espectrográfica. Água, etanol e um hidrocarboneto, tal como cicloexano ou isooctano (2,2,4-trimetilpentano), cobrirão todas as possibilidades.

PROCEDIMENTO: 1) Pese 3,0 mg da amostra em uma balança semimicro. Coloque-a num balão volumétrico de 100 ml, dissolva em pequena quantidade do solvente e encha até a marca. (Deve-se fazer uma experiência preliminar a fim de estabelecer se o solvente é apropriado.) Chame essa solução de A. 2) Transfira 10 ml da solução A para outro frasco volumétrico de 100 ml e encha com o solvente até a marca. Esta é a solução B. 3) Encha uma cubeta com solvente puro, uma segunda com a solução A e uma terceira com a solução B. Coloque todas as três no suporte do espectrofotômetro; no caso de o suporte aceitar apenas duas, use primeiro solvente e A; depois, o solvente e B. CUIDADO: as cubetas de sílica são muito caras e devem ser manipuladas com muito cuidado, especialmente quando lavá-las. 4) Determine a absorbância das duas soluções em relação ao solvente, através do ultravioleta, desde 400 nm para baixo até onde o espectrofotômetro alcançar, geralmente a cerca de 210 nm. Se usarmos um instrumento registrador, deveremos colocar a velocidade de varredura a aproximadamente 15 ou 20 nm por min. Em um instrumento manual, deve-se determinar a absorbância ponto por ponto. Devem-se variar os intervalos entre as leituras, de acordo com a ingre-

482 Métodos instrumentais de análise química

midade da curva. Quando a curva não é íngreme, são suficientes intervalos de 5 nm, mas onde a curva *a* varia rapidamente, na vizinhança imediata do máximo, devem-se fazer as leituras a cada 1 nm. 5) Coloque a absorbância das duas soluções *A* e *B* em um gráfico em função do comprimento de onda, de preferência na mesma folha de papel de gráfico; naturalmente, isso já está feito, se você usou um espectrofotômetro registrador. Inspecione as curvas publicadas para os compostos arrolados a fim de identificar sua amostra desconhecida. 6) Depois da identificação da amostra é possível calcular a absortividade molar ε. Determine este valor para cada máximo na curva publicada e coloque em uma tabela junto a seus próprios valores. 7) Comente a concordância entre suas curvas e as publicadas, em relação à posição dos máximos e mínimos na escala de comprimentos de onda e nos valores de ε.

SUGESTÕES PARA TRABALHOS POSTERIORES: 1) Identifique uma substância fornecida pelo professor e que *não* esteja na lista acima. 2) Escolha uma amina aromática ou um composto *N*-heterocíclico, e determine seu espectro de ultravioleta em *a*) HCl 0,1 *F*, *b*) alcool neutro e *c*) NaOH 0,1 *F*. Interprete os espectros em termos dos cromóforos esperados em cada meio.

EXPERIÊNCIA 6. ANÁLISE ABSORCIOMÉTRICA DO COMPRIMIDO DE AFC

REFERÊNCIAS: 1) Texto, Caps. 3 e 23; 2) M. Jones e R. L. Thatcher, *Anal. Chem.*, 23: 957 (1951).

PLANO: O comprimido de AFC é um preparado farmacêutico comum constituído de uma mistura de aspirina, fenacetina e cafeína. Cada uma dessas substâncias possui absorções características no ultravioleta, o máximo principal localizando-se a 277 nm para a aspirina, 275 nm para a cafeína e 250 nm para a fenacetina (todos em solução clorofórmica).

O método de análise recorre à partição da amostra dissolvida entre clorofórmio e bicarbonato de sódio aquoso a 4%; só a aspirina passa para a solução aquosa. Analisam-se simultaneamente a fenacetina e a cafeína em clorofórmio. A solução de aspirina é acidulada, reextraída com clorofórmio e determinada espectrofometricamente.

SUBSTÂNCIAS A PROVIDENCIAR:

1) Clorofórmio de pureza espectrográfica; devem-se guardar as soluções usadas de clorofórmio em um recipiente destinado a esse fim, para a recuperação do solvente
2) Bicarbonato de sódio 4%, ao qual se adicionaram poucas gotas por litro de ácido clorídrico concentrado

PROCEDIMENTO: 1) Pese cuidadosamente um comprimido (Um tamanho comum contém 3,5 grãos de aspirina, 2,5 grãos de fenacetina e 0,5 grão de cafeína, mais talvez uma pequena quantidade de amido ou outro material inerte como aglutinante; 1 grão é aproximadamente 65 mg). Triture o comprimido em um béquer com 80 ml de clorofórmio, depois transfira para um funil de separação de 250 ml, lavando todas as partículas com um pouco mais de clorofórmio. Extraia a solução

Experiências de laboratório

de clorofórmio com duas porções refrigeradas de 40 ml de bicarbonato de sódio a 4% e depois com uma porção de 40 ml de água. Lave os extratos aquosos combinados com três porções de 25 ml de clorofórmio e adicione a solução de clorofórmio original. (Antes de prosseguir, acidule a solução de bicarbonato como se descreve na etapa 2, para evitar a hidrólise da aspirina.) Filtre a solução de clorofórmio através de um papel previamente molhado com clorofórmio (para remover traços de água) para um balão volumétrico de 250 ml, dilua com clorofórmio até a marca e depois dilua uma alíquota de 2 a 100 ml com clorofórmio. 2) Acidule a solução de bicarbonato, ainda no funil de separação, com 25 ml de ácido sulfúrico 1 F. Deve-se adicionar o ácido lentamente em pequenas porções. Misture bem apenas depois que cessou o desprendimento da maior parte do dióxido de carbono. O pH nesse ponto deve ser de 1 a 2 (papel indicador universal). Extraia a solução acidulada com oito porções de 25 ml de clorofórmio e filtre através de um papel molhado com clorofórmio para um balão volumétrico de 250 ml. Dilua até o volume com clorofórmio e depois retire uma alíquota de 10 ml e dilua a 100 ml com clorofórmio. 3) Prepare soluções-padrão em clorofórmio, contendo respectivamente ao redor de 75 mg de aspirina, 20 mg de fenacetina e 20 mg de cafeína por litro. 4) Meça as absorbâncias das soluções, padrão e desconhecida, de aspirina a 277 nm em cubetas de sílica de 1 cm. Corrija as desigualdades ópticas das cubetas intercambiando o branco e a solução em cada caso, e tirando a média dos resultados. 5) Usando precauções semelhantes, meça as absorbâncias do padrão e da amostra contendo fenacetina e cafeína a cerca de 250 e 275 nm. 6) Calcule a quantidade de aspirina por aplicação direta da lei de Beer e de fenacetina e cafeína através de equações simultâneas. 7) Relate os resultados em termos de miligramas de cada constituinte por comprimido e também como porcentagem da massa total.

SUGESTÕES PARA TRABALHOS POSTERIORES: Experimente a exeqüibilidade de substituir o clorofórmio por um solvente com melhor transmissão no ultravioleta, quer executando as extrações com o novo solvente, quer com clorofórmio seguido por transferência para o novo solvente para fotometria.

EXPERIÊNCIA 7. ESTUDO DE UM INDICADOR

REFERÊNCIA: Texto, Cap. 3.

PLANO: Deve-se determinar a constante de ionização de um indicador através de seus espectros de absorção em uma série de valores de pH, como se determina com um espectrofotômetro fotelétrico. Para esse estudo escolhe-se azul de timol porque ele muda duas vezes de cor: abaixo de pH 1,2 e vermelho, a partir de 2,8 a 8,0 é amarelo, e acima de 9,6 é azul. (Pode-se substituir qualquer outro indicador ácido-base por ajuste dos valores pH que se devem observar.)

Os espectros de azul de timol serão registrados em cada um dos seguintes valores de pH: 1,0, 1,2, 1,6, 2,0, 2,4, 2,8, 3,2, 4,0, 7,0, 7,6, 8,0, 8,4, 8,8, 9,2, 9,6 e 10,0. Cada estudante terá tempo para determinar apenas alguns desses espectros numa aula de laboratório. Sugere-se que o professor determine os valores de pH entre os estudantes, de modo que cada um registre 3 ou 4 espectros, e cada espectro seja conferido por vários estudantes. Todas as curvas satisfatórias serão colocadas em um gráfico em uma única folha para serem discutidas em um colóquio posterior. Para a teoria dos indicadores, veja qualquer texto sobre análise quantitativa.

484   Métodos instrumentais de análise química

SUBSTÂNCIAS A PROVIDENCIAR:

1) Glicina 1,0 F
2) HCl 0,1 F
3) NaOH 0,1 F
4) Uma solução aquosa de azul de timol a 0,5% preparada por pulverização de 0,5 g do corante em um almofariz com 21,5 ml de NaOH 0,05 F e diluída com água a 100 ml

PROCEDIMENTO: 1) Prepare tampões nos valores de pH determinados pelo seguinte método: coloca-se num béquer uma porção da solução de glicina em contato com os elétrodos de vidro e de referência de um pH-metro. Em seguida, adiciona-se lentamente, sob agitação, ácido ou base, até que o medidor indique o pH desejado. A solução resultante tem uma capacidade-tampão e precisão bem adequadas para a finalidade dessa experiência. 2) Junte com uma pipeta 2,00 ml da solução do indicador com 25 ml do tampão determinado e misture cuidadosamente. Prepare outras soluções da mesma maneira para outros tampões. 3) Encha uma cubeta com água; coloque porções das soluções coloridas em outras cubetas iguais. Esteja certo de que as faces ópticas externas das cubetas estejam limpas e secas e de que não haja bolhas de ar aderentes às paredes internas. 4) Determine as absorbâncias de cada uma das soluções coloridas, referida à água, em intervalos de 10 nm no intervalo de 400 a 700 nm. Se em algum ponto as absorbâncias se tornarem tão grandes que não se possam fazer leituras precisas (A maior que cerca de 0,9) será necessária uma diluição ulterior da amostra para a referida região. Deve-se realizar quantitativamente a diluição por adição do mesmo tampão. 5) Coloque todas as suas curvas em uma única folha de papel para gráficos, como absorbância em função do comprimento de onda, e determine os dois valores de pK. 6) Inclua em seu relatório as fórmulas estruturais do indicador em cada uma de suas formas.

SUGESTÕES PARA TRABALHOS POSTERIORES: 1) Pode-se determinar o valor de pK de um ácido ou base fraca incolor por estudos semelhantes no ultravioleta. Veja as referências citadas no Cap. 3 do texto. 2) Idealize e execute uma experiência semelhante para o estudo de um indicador redox.

EXPERIÊNCIA 8. ANÁLISE NO INFRAVERMELHO

REFERÊNCIAS: 1) Texto, Cap. 5; 2) Qualquer atlas de espectros de infravermelho.

PLANO: O xileno comercial será analisado quantitativamente com relação a seus isômeros e impurezas comuns por comparação de seu espectro de infravermelho com os espectros dos compostos puros. Então, as concentrações dos três isômeros serão determinadas por aplicação da técnica da linha de base à amostra e aos padrões.

SUBSTÂNCIAS A PROVIDENCIAR:

1) Amostras puras dos xilenos isômeros
2) Xileno comercial
3) Cicloexano de pureza espectrográfica

PROCEDIMENTO: 1) Obtenha o espectro de infravermelho do xileno comercial em uma cela de 0,025 mm com janelas de cloreto de sódio. Escolha uma velocidade

Experiências de laboratório

485

de varredura de aproximadamente 1μ por min e uma largura de fenda ajustada para variar automaticamente de 20 a 770μ para a região do cloreto de sódio (2 a 15μ). Deve-se colocar no feixe de referência uma placa de sal de espessura equivalente à espessura combinada das duas janelas da cela da amostra para compensar as perdas por absorção e reflexão. 2) Compare o espectro registrado com os espectros apropriados do atlas. Registre os compostos identificados com estimativas aproximadas de suas quantidades (como constituinte maior, menor ou traço). 3) Prepare uma solução de 10 ml de xileno comercial em 40 ml de cicloexano de pureza espectrográfica. 4) Prepare uma solução-padrão contendo 1 ml de o-xileno, 15 ml de m-xileno e 6 ml de p-xileno. Complete a 100 ml com cicloexano. 5) Obtenha os espectros de infravermelho das soluções 3 e 4 na mesma cela de cloreto de sódio de 0,05 mm no intervalo de 12 a 15 μ. São satisfatórias uma velocidade de varredura de 0,4 μ por min e uma resposta da pena para a escala total em 10 s para um papel de registro de 10 pol. 6) Aplique a técnica da linha de base para calcular as absorbâncias das bandas a 12,6 μ (p-xileno), 13,5 μ (o-xileno) e 14,5 μ (m-xileno) para os dois espectros. Os pontos entre os quais se constrói a linha de base são 12,2 e 14,0 μ para o- e p-xilenos e 14,05 e 14,75 μ para m-xileno. A partir desses dados calcule a composição aproximada do xileno comercial. 7) Prepare outra solução-padrão de modo que a amostra seja enquadrada entre ela e a solução 4. Obtenha o seu espectro na mesma cela usada previamente. Aplique o procedimento da linha de base, como antes. 8) A partir dos dados para os dois padrões, construa uma curva da lei de Beer (absorbância em função da concentração) para cada um dos três comprimentos de onda. 9) Determine as concentrações exatas dos isômeros na amostra através das curvas de trabalho provenientes da 8. Relate seus resultados em termos da porcentagem em volume na amostra original.

EXPERIÊNCIA 9. DETERMINAÇÃO TURBIDIMÉTRICA DE SULFATO

REFERÊNCIA: Texto, Cap. 6.

PLANO: Deve-se determinar o conteúdo de sulfato através da turbidez produzida por tratamento com cloreto de bário.

SUBSTÂNCIAS A PROVIDENCIAR:

1) Solução condicionadora: dissolva 120 g de cloreto de sódio em cerca de 400 ml de água destilada, adicione 10 ml de ácido clorídrico concentrado e 500 ml de glicerol e dilua a 1 litro
2) Cristais de $BaCl_2 \cdot 2H_2O$, 30 a 40 *mesh*
3) Solução-padrão de K_2SO_4 contendo 50 ppm de íon-sulfato (0,0905 g de K_2SO_4 por litro)

PROCEDIMENTO: 1) Prepare uma série de 8 béqueres de 100 ml numerados consecutivamente. No n.º 1 coloque 50 ml de água destilada (branco); no n.º 2, 50 ml da amostra (com pipeta); e no n.º 3, 25 ml de amostra e 25 ml de água destilada. Se a amostra apresentar qualquer turvação, deverá ser filtrada através de um papel espesso. 2) Em um balão volumétrico de 50 ml, pipete 2 ml da solução-padrão de sulfato, dilua com água até a marca, misture completamente e coloque no béquer n.º 4, sem lavar. Repita, tomando os seguintes volumes do padrão: 5,

486 Métodos instrumentais de análise química

10, 25 e 50 ml. 3) A cada um dos 8 béqueres adicione 10 ml da solução condicionadora. 4) Em cada béquer adicione 0,3 g de cristais de cloreto de bário, agite por um 1 min, deixe em repouso por 4 min, agite por 15 s, e determine a turbidez em um turbidímetro fotelétrico ou nefelômetro ou, preferivelmente, em ambos. Deve-se consultar o professor sobre a maneira de operar. 5) Construa uma curva de calibração a partir das leituras do instrumento para as amostras conhecidas após fazer uma correção para o branco. 6) Relate a concentração do sulfato na amostra desconhecida em partes por milhão. Se tanto o turbidímetro quanto o nefelômetro forem usados, compare sua precisão.

SUGESTÕES PARA TRABALHOS POSTERIORES: Corra o espectro de uma das amostras em um espectrofotômetro registrador e comente sobre a dependência da turbidez com o comprimento de onda.

EXPERIÊNCIA 10. ESPECTROGRAFIA DE EMISSÃO: ANÁLISE QUALITATIVA

REFERÊNCIAS: 1) Texto, Cap. 7; 2) W. R. Brode "Chemical Spectroscopy", 2.ª ed., John Wiley & Sons, Inc., Nova Iorque, 1943; 3) W. C. Pierce, O. R. Torres e W. W. Marshall, *Ind. Eng. Chem. Anal. Ed.* **11**; 191 (1939).

PLANO: O objeto desta experiência é fazer uma análise qualitativa de uma liga não-ferrosa por meio de um espectrógrafo fotográfico. Admite-se que o instrumento já foi focalizado e ajustado corretamente, estando pronto para o uso.

Antes de iniciar o trabalho, o estudante deve familiarizar-se com as instalações da câmara escura e do procedimento fotográfico a seguir. Serão necessárias para a revelação duas bacias e também um grande recipiente para água corrente. Deve-se dispor de uma copiadora de contato ou de uma copiadora heliográfica bem como de uma luz de segurança conveniente.

MATERIAIS A PROVIDENCIAR:

1) Elétrodos de ferro (ou aço doce), cobre, zinco e latão ou bronze desconhecido em forma de varetas (dois de cada)
2) Revelador fotográfico: deve-se dissolver Ma ou revelador universal em pó como exigido de acordo com as instruções do fabricante
3) Fixador fotográfico preparado a partir de tiossulfato de amônio que age mais rápido que o sal de sódio. A solução deve conter um endurecedor ácido
4) Chapas fotográficas ou filmes e papel para cópia de contato são preferidos às Chapas Espectroscópicas Tipo 103-F ou 103-L da Eastman. Também podem-se obter resultados satisfatórios com os filmes *Eastman Constrast Process Ortho* ou outros filmes em tiras que se encontram em 5 por 7 pol e tamanhos maiores que se podem cortar para ajustar no espectrógrafo. Deve-se apoiar o filme com um pedaço de papelão para igualar a espessura das chapas de vidro-padrão. Alguns espectrógrafos são equipados para manejar um filme de 35 mm diretamente. Devem-se manipular as chapas ou filmes em completa escuridão ou sob um tipo de luz de segurança satisfatório para o material particular em manuseio

Experiências de laboratório

487

PROCEDIMENTO: 1) Após familiarizar-se com a construção e operação do espectrógrafo, coloque a chapa ou filme no suporte da chapa, assegurando-se que o lado sensível está colocado para dentro (isto é, com a face para baixo no suporte aberto). Recoloque o suporte no espectrógrafo e coloque-o na posição mais elevada (n.° 1). 2) Coloque os elétrodos de ferro no suporte do arco e acenda um arco de c.c. entre eles (Consulte o professor). CUIDADO: *Não olhe diretamente para o arco, sem óculos de proteção*. Ajuste a posição do suporte do arco e da lente de quartzo para convergir a luz em um sítio de cerca de 1 cm de diâmetro cobrindo a fenda do espectrógrafo. Fixe a abertura da fenda em 0,01 mm. Retire a corrediça de segurança que cobre a chapa e deixe exposta por 10 s. Agora abaixe a chapa para a próxima posição (n.° 2) e a exponha durante 5 s, depois, na posição n.° 3, exponha por 1 s. Recoloque a corrediça de segurança e desligue a corrente do arco. Remova os elétrodos de ferro e insira os de cobre. Acenda o arco novamente e faça exposições de 10,5 e 1 s nas três posições seguintes na mesma chapa. 3) Leve o suporte da chapa para a câmara escura, mergulhe a chapa ou filme por 4 min no revelador, então lave-a rapidamente em água e coloque-a no fixador por outros 2 min. Enquanto a chapa está no fixador, coloque uma nova no suporte. Depois que se remover a chapa do fixador, deverá ser examinada criteriosamente através da luz transmitida a fim de que o estudante possa escolher o tempo de exposição mais conveniente para usar com a próxima chapa. Este pode, é claro, ser diferente para o ferro e para o cobre. Podemos admitir que a exposição para o cobre seja quase igual para o zinco, latão e outros metais semelhantes. 4) Devem-se determinar sobre os espectros a se registrarem na segunda chapa após consultar o professor. Para um latão ou bronze desconhecido, uma série conveniente seria ferro, cobre, amostra, zinco, zinco, ferro. Deve-se estudar esta chapa com detalhes, portanto deve-se lavá-la em água corrente pelo menos durante 5 min para garantir permanência. Então pode-se mergulhá-la em álcool por não mais do que 3 min e secá-la em água quente. Pode-se omitir o álcool se a velocidade não for essencial. 5) Descreve-se na ref. 3 um método conveniente para identificar as linhas. Em acréscimo, serão úteis as tabelas de comprimento de onda dadas no apêndice da ref. 2. Devem-se identificar tantas linhas quantas possíveis no espectro da amostra quer por comparação direta, com os espectros colocados ao lado na própria chapa, quer projeção sobre um diagrama, como na ref. 3, ou por outros meios sugeridos pelo professor. Será útil uma curva de dispersão do espectrógrafo. Ela fornece os comprimentos de onda aproximados das linhas localizadas a distâncias medidas a partir da extremidade da chapa. Pode-se identificar facilmente na chapa o proeminente *dublete* do cobre nos comprimentos de onda de 3.247,5 e 3.274,0 Å e localizá-lo na curva para estabelecer a escala das distâncias. 6) Relate os elementos seguramente presentes e os identificados por tentativas em uma amostra. Não se pode aceitar uma única linha atribuída a um determinado elemento como prova de sua presença, sem a evidência auxiliar de outras linhas. 7) Deve fazer parte do relato uma cópia de contato de cada chapa.

EXPERIÊNCIA 11. ANÁLISE DE ÁGUA POR FOTOMETRIA DE CHAMA

REFERÊNCIAS: 1) Texto, Cap. 8; 2) P. W. West, P. Folse e D. Montgomery, *Anal. Chem.*, 22: 667 (1950); 3) J. A. Dean e J. H. Lady, *Anal. Chem.*, 27: 1533 (1955).

488

Métodos instrumentais de análise química

PLANO: Curvas-padrão de emissão de chama para sódio potássio, magnésio e cálcio serão preparadas. Far-se-á, com base nessas curvas, a análise aproximada de uma água desconhecida. Então se preparará uma amostra sintética para duplicar a amostra desconhecida o mais próximo possível. Essa amostra será analisada para estabelecer os fatores de correção a serem aplicados à amostra.

SUBSTÂNCIAS A PROVIDENCIAR:

1) Soluções-padrão de $NaCl$, KCl, $MgSO_4$ e $CaSO_4$, cada uma contendo 100 ppm de metal. Essas soluções devem ser guardadas em frascos de polietileno para impedir a contaminação com sódio proveniente do vidro
2) Água destilada (a água demineralizada geralmente não é satisfatória para essa finalidade)
3) Cilindro de oxigênio com válvula redutora e manômetro

PROCEDIMENTO: 1) Prepare uma série de diluições para cada um dos quatro padrões para conter 75, 50, 25, 10, 5 e 1 ppm do elemento metálico. Deve-se limpar cuidadosamente toda a vidraria usada nessa etapa e nas seguintes, preferivelmente com solução sulfocrômica, seguida de água corrente e água destilada. 2) Ajuste a escala de comprimento de onda do fotômetro de chama na posição apropriada da linha D do sódio a 589 nm. Coloque um pouco da solução de 100 ppm de sódio no aspirador. Após uma demonstração do professor, acenda a chama. (Gás natural e oxigênio dão chama conveniente; acetileno não é necessário, mas caso deva ser usado, leia e observe a nota de advertência incluída na experiência 12.) Obtenha uma leitura fotométrica seguindo as instruções do fabricante. Deve-se abrir a fenda apenas o necessário para trazer a leitura perto da extremidade superior da escala fotométrica. Deve-se ajustar o controle do comprimento de onda para fornecer a resposta máxima, mesmo se for necessário usar um valor um pouco diferente do especificado (isto é, para corrigir qualquer inexatidão na calibração de comprimento de onda). Repita com cada uma das outras soluções de sódio e com água destilada como branco, deixando inalterado os controles de largura da fenda e comprimento de onda. Após cada uso, deve-se aspirar água destilada para lavar a passagem dos líquidos no conjunto do maçarico. 3) Repita 2 com as soluções de potássio no comprimento de onda de 767 nm. Será necessário reajustar a largura da fenda. 4) Repita 2 com as soluções de cálcio no comprimento de onda de 556 nm. 5) Repita com as soluções de magnésio no comprimento de onda de 371 nm. 6) Encha o aspirador limpo com água de torneira (a amostra desconhecida) e obtenha as leituras fotométricas em cada um dos quatro comprimentos de onda com a fenda colocada nas mesmas larguras usadas para os padrões. 7) Coloque em um gráfico em uma única folha as quatro curvas de calibração das etapas de 2 a 5. A partir dessas curvas, e dos dados de 6, determine a composição aparente da água de torneira. 8) Prepare uma amostra sintética de concentração conhecida igual às concentrações aparentes da amostra por mistura de volumes medidos dos quatro padrões. No caso de se saber que a água corrente contém quantidades consideráveis de outros elementos (tais como o ferro ou o manganês), pode ser desejável incluir quantidades apropriadas na amostra sintética. 9) Examine a amostra sintética no fotômetro de chama da mesma maneira que a amostra desconhecida.

Experiências de laboratório

10) Determine as concentrações aparentes da amostra sintética por referência às curvas de calibração. Qualquer discrepância entre a concentração aparente e a conhecida representa o resultado de interferência entre os íons e deve-se empregá-la como correção para a amostra desconhecida. 11) Relate as concentrações dos quatros metais na amostra desconhecida em partes por milhão.

Notas: 1) Se a água de torneira contém uma quantidade significatica de bicarbonato, deve-se removê-lo por ebulição antes da análise, para evitar interferência. 2) Se se desejar, poder-se-á usar a técnica do tampão de radiação descrita na referência, mas, provavelmente, não serão necessárias as etapas adicionais caso não se exigindo maior precisão. 3) Não se espera que a precisão da análise de magnésio seja tão elevada como as outras três, mas pode ser satisfatória se usarmos uma chama quente, tal como oxigênio-hidrogênio.

SUGESTÕES PARA TRABALHOS POSTERIORES: Analise uma amostra de calcário ou uma liga não-ferrosa quanto ao seu conteúdo em ferro, seguindo o método de Dean e Lady (ref. 3).

EXPERIÊNCIA 12. ESPECTROFOTOMETRIA DE ABSORÇÃO ATÔMICA

REFERÊNCIAS: 1) Texto, Cap. 8; 2) "Analytical Methods for Atomic Absorption Spectrophotometry", pp. Cr-1, Ni-1, Perkin-Elmer Corporation, Norwalk, Connecticut, 1966.

PLANO: Será fornecida uma solução desconhecida que contenha crômio e níquel. Esta permite o uso de uma única lâmpada multielemento de cátodo oco. A linha analítica do crômio é a 358 nm, mas é difícil de achar porque a lâmpada fornece outras linhas próximas que não são absorvidas pela chama; a maneira de achar o comprimento de onda adequado será descrita no "Procedimento".

O níquel tem duas linhas utilizáveis, 341 nm, que é fácil de achar e fornece boa precisão, mas sensibilidade relativamente baixa; e 232 nm, que é mais sensível, porém mais difícil de achar, e que fornece uma resposta não-linear em altas concentrações.

SUBSTÂNCIAS A PROVIDENCIAR:

1) Soluções-estoque de um sal de Cr(III) [é conveniente $KCr(SO_4)_2 \cdot 12H_2O$, peso-fórmula 500], contendo 1.000 ppm de crômio 2) Solução-estoque de um sal de Ni(II) [tal como $Ni(NH_4)_2 (SO_4)_2 \cdot 6H_2O$, peso-fórmula 395], contendo 1.000 ppm de níquel 3) Acetileno e ar comprimido em cilindros, com válvulas redutoras e manômetros CUIDADO: 1) As misturas ar-acetileno podem ser perigosamente explosivas: não tente acender a chama até que isso tenha sido demonstrado; *nunca* deixe o fotômetro abandonado com a chama queimando; não inutilize as proteções fornecidas pelo fabricante. 2) Como se devem aspirar metais pesados para dentro da chama, podem-se formar vapores tóxicos, o que torna indispensável uma ventilação adequada.

490 Métodos instrumentais de análise química

PROCEDIMENTO: 1) Dilua a solução desconhecida quantitativamente a 100 ml de água. 2) Sob a supervisão do professor, acenda e ajuste a chama e então ache a linha do crômio a 358 nm. A melhor maneira para se obter isso é girando o controle do monocromatizador lentamente para trás e para frente nas proximidades do comprimento de onda desejado, enquanto se aspiram alternativamente água e uma solução contendo crômio até que se localize o ponto de sensibilidade máxima. 3) Sem mexer no controle do monocromatizador, coloque o medidor no zero com água destilada e no fim da escala com uma diluição da solução-padrão de crômio contendo 20 ppm do elemento. Então aspire a amostra e registre a leitura do medidor. 4) Recoloque o monocromatizador na linha do níquel a 232 nm e proceda como na determinação do crômio. 5) Repita a determinação do níquel a 341 nm. 6) Calcule e relate as concentrações dos dois elementos na sua amostra, em partes por milhão.

SUGESTÕES PARA TRABALHOS POSTERIORES: 1) Prepare uma solução contendo 150 ppm de níquel e, usando-a a 341 nm, coloque a leitura no fim da escala depois gire o maçarico lateralmente e observe a leitura. Investigue esta mesma solução a 232 nm com o maçarico nas duas posições. 2) O nível interfere um pouco na determinação de crômio. Repita a experiência com crômio em presença de grandes quantidades de níquel (500 a 2.000 ppm) e comente.

(Esta experiência foi sugerida por J. M. Fitzgerald.)

EXPERIÊNCIA 13. TITULAÇÃO POTENCIOMÉTRICA ÁCIDO-BASE

REFERÊNCIAS: 1) Texto, Cap. 12; 2) F. J. C. Rossotti e H. Rossotti, *J. Chem. Educ.*, 42: 375 (1965).

PLANO: Estudar-se-á a titulação de ácido fosfórico e fosfato de sódio como um exemplo das reações potenciométricas de neutralização. Usaremos para seguir as titulações um pH-metro de laboratório, operado com corrente de linha ou com bateria, equipado com elétrodos de referência e de vidro.

SUBSTÂNCIAS A PROVIDENCIAR:

1) H_3PO_4, 0,2 F
2) Na_3PO_4, 0,2 F
3) NaOH, 0,5 F
4) HCl, 0,5 F
5) Indicador universal, em frasco conta-gotas
6) Tampão-padrão, pH 7, para pH-metro

PROCEDIMENTO: 1) Padronize o pH-metro com tampão a pH 7 de acordo com as instruções do fabricante (ou do professor). Certifique-se que o controle esteja na posição de espera sempre que os elétrodos não estejam mergulhando na solução. 2) Pipete 10 ml de ácido fosfórico em um béquer de 250 ml; adicione cerca de 50 ml de água e algumas gotas do indicador universal. 3) Coloque a solução em posição

Experiências de laboratório

ao redor dos elétrodos e, após ter certeza de que o agitador não pode bater nos elétrodos, comece a operação. Meça e registre o pH. Agora titule com hidróxido de sódio adicionado com uma bureta de 10 ml. Após cada adição, registre o pH e a leitura da bureta. Os intervalos podem ser de 0,5 ml nas regiões onde o pH muda lentamente, mas deve ser de 0,05 ml próximo aos pontos finais esperados. Registre também os pH correspondentes a qualquer mudança de cor do indicador. Continue a titulação até que o pH não mude apreciavelmente (cerca de pH 11). 4) Coloque o pH em um gráfico em função do volume do reagente. Na mesma folha coloque o gráfico da curva de titulação diferencial a partir de pontos obtidos medindo a inclinação da primeira curva, ponto por ponto. 5) De modo semelhante, titule uma porção de fosfato trissódico com HCl e construa o gráfico. 6) Coloque em um gráfico todos os dados aplicáveis pelo método de Gran (ref. 2) e comente os resultados.

SUGESTÕES PARA TRABALHO POSTERIOR: Titule uma amostra de cloreto de glicina, $(H_3NCH_2COOH)^+Cl^-$, com NaOH e de glicinato de sódio, $Na^+(H_2NCH_2COO)^-$, com HCl, e interprete as curvas. Observe a relação deste sistema com os tampões de glicina usados na experiência 7.

EXPERIÊNCIA 14. REAÇÃO REDOX IODOMÉTRICA

REFERÊNCIA: Texto, Caps. 12 e 13.

PLANO: Seguir-se-á uma reação redox típica por titulações potenciométricas e biamperométricas com vários sistemas de elétrodos diferentes. Pode-se usar um potenciômetro de laboratório, com galvanômetro, ou um voltímetro eletrônico ou um pH-metro calibrado em milivolts com elétrodos de platina, tungstênio e calomelano (ou outra referência). É indispensável um agitador magnético ou equivalente. Como se devem registrar as titulações é necessária uma bomba de fornecimento constante ou uma bureta de seringa ou, na falta destas, um frasco de volume constante (mariotte). O registrador pode ser do tipo de deflexão direta ou um servo (potenciométrico); no último caso, deverá ser suficientemente sensível para que os elétrodos sejam ligados diretamente sem necessidade do voltímetro eletrônico.

SUBSTÂNCIAS A PROVIDENCIAR:

1) KIO_3 cristalino
2) KI aquoso, ao redor de 20%
3) $Na_2S_2O_3$ aquoso, $2 N$, contendo Na_2CO_3 0,1% como preservativo
4) H_2SO_4, $1,0 F$
5) Carbonato de sódio anidro
6) Acetato de amônio

PROCEDIMENTO: 1) Pese numa balança analítica de 0,35 a 0,40 g de iodato de potássio, transfira-o para um balão volumétrico de 250 ml, dissolva, dilua até a marca com água e agite bem. 2) Em um béquer de 250 ml coloque 10 ml da solução de iodeto de potássio a 20% e 50 ml de ácido sulfúrico 1,0 F. Adicione 2,0 g de carbonato de sódio, cubra com um vidro de relógio e agite até a dissolução

492 Métodos instrumentais de análise química

completa. Introduza com uma pipeta na solução agitada uma alíquota de 25 ml da solução do iodato. A cor marrom do KI_3 aparecerá imediatamente. Adicione cerca de 5 g de acetato de amônio e insira os elétrodos de platina e calomelano. Ponha em funcionamento o registrador e o agitador e titule com tiossulfato fornecido por um dispositivo de escoamento constante. Continue até que se ultrapasse o ponto de equivalência de cerca de 100%. 3) Repita a titulação com elétrodos de tungstênio e calomelano. 4) Repita com elétrodos de tungstênio e platina. 5) Repita com dois elétrodos de platina em uma ligação biamperométrica (os elétrodos em série com uma fonte de cerca de 30 a 40 mV e um resistor, com o registrador ligado para medir a queda de voltagem através do resistor; o valor deste depende das características do registrador). 6) Faça uma titulação em branco com qualquer conjunto de elétrodos que preferir, usando o mesmo procedimento, exceto a omissão de iodato. 7) Compare criticamente as diferentes curvas de titulação que você obteve e, através delas, calcule a normalidade da solução de tiossulfato; pode-se considerar o iodato de potássio como um padrão primário. Deve-se levar em consideração o branco do reagente. 8) No gráfico de 4, calcule, ponto por ponto, a diferença entre as curvas da platina-calomelano e tungstênio-calomelano: e compare com a curva observada para platina-tungstênio. 9) No seu relatório, comente a conveniência e exatidão dos vários métodos de titulação.

EXPERIÊNCIA 15. POLAROGRAFIA: UM ESTUDO DAS VARIÁVEIS

REFERÊNCIA: Texto, Cap. 13.

PLANO: A reação eletroquímica a ser estudada é a redução catódica de chumbo divalente em cloreto de potássio 0,1 F. O eletrólito-suporte será examinado, primeiro sozinho, depois com chumbo adicionado.

O cuidado com o capilar é muito importante. Veja na p. 234 as principais precauções. As soluções usadas devem ser desprezadas do modo normal, mas deve-se tomar cuidado em não derramar mercúrio na pia ou em qualquer outro lugar. Deve-se fornecer um recipiente para o mercúrio usado.

Pode-se realizar a experiência tanto com um polarógrafo manual como com um registro. Consulte as instruções do fabricante para o instrumento em uso.

SUBSTÂNCIAS A PROVIDENCIAR:

1) Solução-estoque, eletrólito-suporte, KCl 2,5 F
2) Solução-estoque de $PbCl_2$, $3 \times 10^{-2} F$, preparada com KCl 0,1 F
3) Triton X-100, solução a 0,2% em frasco conta-gotas
4) Cilindro de gás nitrogênio, com válvula redutora

PROCEDIMENTO: 1) Prepare 500 ml de KCl 0,1 F por diluição da solução-estoque (não é necessário grande exatidão). Referir-nos-emos a essa solução como "o eletrólito". 2) Tome cerca de 10 ml do eletrólito em um frasco *erlenmeyer* e agite para garantir saturação com ar. Coloque-o numa cela polarográfica munida de um elétrodo de referência de calomelano e insira o capilar gotejante de mercúrio, *com o mercúrio já gotejando*. 3) Ajuste o controle de sensibilidade do polarógrafo a 10 μA da escala total, a altura do mercúrio, dar um tempo de queda entre 3 e 5 s,

Experiências de laboratório

e registre ou construa manualmente o polarograma de 0 a –2,0 V. Deverão aparecer os máximos do oxigênio (ver Fig. 13.10). 4) Coloque o potencial a cerca de –1,5 V e borbulhe nitrogênio através da solução. Pare o borbulhamento a cada minuto (mais freqüentemente se for usado um dispersor de vidro sinterizado) e determine a corrente de difusão depois que a solução estiver em repouso. Continue até não ocorrer mais diminuição apreciável. Registre então outro polarograma completo da solução desoxigenada. Deve parecer a curva c da Fig. 13.10; se não for, provavelmente deverão estar presentes impurezas reduzíveis e o professor deverá ser consultado para orientação. 5) Prepare uma solução contendo Pb(II) $3,0 \times 10^{-3}$ F em KCl $0,1$ F e borbulhe nitrogênio durante o tempo necessário determinado na etapa anterior. Ajuste a sensibilidade a 20 ou a 25 μA da escala total e registre um polarograma de 0 a $-1,0$ V. Deve aparecer uma onda devido à redução do chumbo, mas com um máximo agudo inicial. Adicione uma gota de solução de Triton X-100, borbulhe nitrogênio suficiente para provocar a mistura e registre a parte do polarograma cobrindo a região onde apareceu o máximo. Repita com uma gota a mais do supressor cada vez até que o máximo desapareça e então registre o polarograma de 0 a $-1,0$ V. 6) Prepare uma solução contendo chumbo $2,0 \times 10^{-3}$ F no mesmo eletrólito, com a quantidade ótima de Triton X-100, desoxigene e registre o polarograma de 0 a $-1,0$ V. 7) Repita com íon de chumbo $1,0 \times 10^{-3}$ F. 8) Coloque em um gráfico os valores da corrente de difusão (corrigida para a corrente residual) correspondentes ao ponto $0,15$ V mais negativo que o potencial de meia-onda em função da concentração para as três soluções 5, 6 e 7. 9) Com qualquer uma das soluções precedentes na cela e com o potencial ajustado no ponto $0,15$ V mais negativo que o potencial de meia-onda, recolha cerca de 20 gotas de mercúrio em uma pequena concha feita com um tubo de vidro, anotando o tempo necessário. Segue o mercúrio cuidadosamente e pese-o. Determine os valores de m (mg/s) e t (s/gota) e a partir deles calcule a quantidade $m^{2/3}t^{1/6}$. 10) Calcule a constante da corrente de difusão, $\bar{i}_d(Cm^{2/3}t^{1/6})$, para cada valor de C. Comente sua constância. 11) Calcule o coeficiente de difusão D por aplicação da equação de Ilkovič. 12) Coloque em um gráfico a quantidade $\log \imath/(\imath_d - \imath)$ em funç o do potencial e a partir da curva determine n e $E_{1/2}$.

EXPERIÊNCIA 16. DETERMINAÇÃO POLAROGRÁFICA DE COBRE E CÁDMIO

REFERÊNCIA: Texto, Cap. 13.

PLANO: Tanto Cu(II) como Cd(II) formam complexos com amônia em um tampão NH_3/NH_4Cl e podem-se reduzir ambos no cátodo gotejante de mercúrio. Contudo, o cobre mostra duas etapas de um elétron, enquanto que o cádmio, não possuindo estado univalente estável, é reduzido em uma única etapa de dois elétrons. Nesta experiência estes elementos serão polarografados separadamente em seguida em combinação e se avaliará uma mistura desconhecida.

Observar as precauções relativas ao cuidado com o capilar e manejo do mercúrio na experiência 15.

494
Métodos instrumentais de análise química

SUBSTÂNCIAS A PROVIDENCIAR:

1) Solução-estoque de eletrólito contendo NH_3 e NH_4Cl, cada um $2,5 F$
2) Solução-padrão de um sal de Cu(II), $1,0 \times 10^{-2} F$
3) Solução-padrão de um sal de Cd(II), $1,0 \times 10^{-2} F$
4) Sulfito de sódio, cristais

PROCEDIMENTO: 1) Prepare 500 ml do eletrólito-suporte $0,1 F$ em cada componente, por diluição da solução-estoque. Adicione ao redor de 1 g de Na_2SO_3 para reduzir o oxigênio dissolvido. Registre um polarograma de ensaio dessa solução (0 a $-1,0$ V). Se a corrente residual for muito grande, consulte o professor; pode ser que se requeira uma pré-eletrólise entre um cátodo de mercúrio e um ânodo de platina. 2) Prepare soluções-padrão $10^{-3} F$ de cobre e cádmio em seu eletrólito, por diluição das soluções-estoque preparadas. Coloque um pouco da solução de cobre na cela e insira o EGM. Ajuste o potencial a $-1,0$ V e regule a sensibilidade para manter o registrador na escala. Então retroceda para zero volt e registre um polarograma de 0 a $-1,0$ V. 3) De modo semelhante, registre um polarograma da solução de cádmio. 4) Misture iguais quantidades de soluções de cádmio e cobre e registre outro polarograma. 5) Obtenha uma solução desconhecida contendo ambos os metais, dilua-a com seu eletrólito, de acordo com as instruções do professor e registre o polarograma. 6) Calcule sua amostra desconhecida por comparação com os padrões. Pode ser conveniente registrar um ou mais polarogramas adicionais com os padrões misturados em diferentes proporções, simulando a amostra desconhecida. Não omita a correção para a corrente residual, a menos que você possa demonstrar que ela é verdadeiramente desprezível.

EXPERIÊNCIA 17. TITULAÇÃO AMPEROMÉTRICA DE CHUMBO COM DICROMATO

REFERÊNCIAS: 1) Texto, Cap. 13; 2) I. M. Kolthoff e Y. D. Pan, *J. Am. Chem. Soc.*, **61**: 3402 (1939); **62**:3332 (1940).

PLANO: Deve-se determinar chumbo por titulação com dicromato de potássio. A solução contém nitrato de potássio $(0,1 F)$ como eletrólito-suporte e um acetato-tampão para manter o pH a 4,2. O elétrodo de referência é o ECS; o indicador, o EGM. O cátodo gotejante de mercúrio é mantido tanto a 0,0 como a $-1,0$ V. O efeito da mudança de concentração será observado.

Tudo de que se necessita é um polarógrafo manual ou mais simplesmente um microamperímetro (10^{-7} A, da escala total) munido de uma resistência de derivação variável e de uma fonte de potencial de 1,0 V. Pode-se usar, é claro, um polarógrafo registrador, mas é muito mais sofisticado do que o necessário para titrimetria.

SUBSTÂNCIAS A PROVIDENCIAR:

1) Eletrólito-suporte, consistindo de 11,0 g de KNO_3, 10 ml de $HC_2H_3O_2$ (glacial) e 5,0 g $NaC_2H_3O_2$ por litro
2) Solução de nitrato de chumbo, $0,10 F$ [33 g de $Pb(NO_3)_2$ por litro]

Experiências de laboratório

3) Cristais de $K_2Cr_2O_7$, padrão primário
4) Triton X-100, 0,2%, em frasco conta-gotas

PROCEDIMENTO: 1) Prepare 500 ml de uma solução de dicromato de potássio aproximadamente 0,05 F, seu valor conhecido com quatro algarismos significativos. Dilua 10,00 ml desta a 100 ml como uma segunda solução titulante. 2) Dilua 10,00 ml da solução-estoque de chumbo a 100 ml com o eletrólito-suporte. Destes, dilua novamente 10,00 a 100 ml com o mesmo eletrólito. 3) Transfira 25 ml de nitrato de chumbo 0,01 F para a cela polarográfica, adicione duas gotas de Triton X-100 e ligue os elétrodos diretamente ao galvanômetro e à resistência de derivação (ou ajuste o polarógrafo a zero volt). Titule com dicromato de potássio 0,05 F usando uma bureta de 10 ml. Ajuste a resistência de derivação conforme se requer para manter o medidor na escala, sempre guardando um registro da posição da resistência de derivação. 4) Repita com soluções mais diluídas. 5) Repita 3 com o cátodo a $-1,0$ V em relação ao ECS. 6) Repita 4 a $-1,0$ V. 7) Titule 20 ml de dicromato 0,005 F ao qual se adicionaram 20 ml de eletrólito-suporte com chumbo 0,01 F a zero volt. 8) Repita 7 a $-1,0$ V. 9) Corrija todas as leituras de corrente com o fator de diluição $(V + v)/V$, onde V é o volume original e v, o volume de reagente adicionado. 10) Coloque em um gráfico as curvas de corrente corrigidas em função do volume para todas as titulações de dicromato com chumbo em uma folha de papel para gráfico e a de chumbo com dicromato em outra. Calcule a precisão com que se pode determinar a concentração da solução desconhecida de chumbo em cada um desses processos de titulação.

Nota: Sua limpeza se tornará fácil caso você se lembre de que $PbCrO_4$ é solúvel em HNO_3 diluído.

EXPERIÊNCIA 18. SEPARAÇÃO DE METAIS EM UM CÁTODO DE MERCÚRIO: FLUORIMETRIA

REFERÊNCIAS: 1) Texto, Caps. 4 e 14; 2) "1950 Book of ASTM Methods for Chemical Analysis of Metals", p. 431, American Society for Testing and Materials, Filadélfia, 1950; 3) A. Weissler e C. E. White, *Ind. Eng. Chem., Anal. Ed.*, **18**: 530 (1946); 4) D. C. Freeman, Jr. e C. E. White, *J. Am. Chem. Soc.*, **78**: 2678 (1956).

PLANO: Dissolve-se em ácido uma amostra de uma liga à base de zinco para fundição em molde, que contém pequenas quantidades de alumínio, cobre, magnésio, ferro, etc., e eletrolisa-se uma alíquota em um cátodo de mercúrio para depositar metais menos ativos que o alumínio. Determina-se este, então, por um método fluorimétrico.

SUBSTÂNCIAS A PROVIDENCIAR:

1) $K_4Fe(CN)_6$, 5%, em frasco conta-gotas
2) Acetato de amônio, 10%
3) *Pontachrome Blue Black RM*, 0,1%, em alcool
4) Solução-padrão de alumínio (1 ml = 0,01 mg Al). [Dissolva 0,1760 g de $KAl(SO_4)_2 \cdot 12H_2O$ em 1 litro]

496 Métodos instrumentais de análise química

5) Solução-estoque de sulfato de quinina (0,025 g em 20 ml de H_2SO_4 0,05 F diluído a 1 litro com água) 6) Indicador vermelho de metila, em frasco conta-gotas.

PROCEDIMENTO: Pese 0,1 g da liga em um béquer de 400 ml. Cubra-a com 25 ml de água; então adicione 5 ml de H_2SO_4 concentrado. Quando a amostra estiver completamente dissolvida (menos umas partículas de cobre), transfira quantitativamente a solução para a cela de cátodo de mercúrio, que já contém a quantidade necessária de mercúrio. Adicione cerca de 200 ml de água. A solução nesse ponto deve ser ao redor de 1 N em ácido. 2) Eletrolise a cerca de 1 a 1,5 A, durante 1 hora, com agitação (ou durante a noite sem agitação). (Podem-se preparar os padrões de fluorescência e os equipamentos enquanto a eletrólise se processa.) Após esse período, retire 1 ml da solução e adicione algumas gotas da solução de $K_4Fe(CN)_6$. Pode-se considerar completa a deposição do zinco se não aparece precipitação ou turbidez. 3) Após o término da eletrólise, retire o mercúrio com a corrente ainda ligada. Deve haver suficiente eletrólito de modo que o ânodo se mantenha coberto até que todo o mercúrio seja removido. Agora, desligue a corrente e transfira o eletrólito para um balão volumétrico de 500 ml, lavando a cela, o ânodo e o agitador com uma corrente de água de uma pisceta. Encha com água até a marca e misture. 4) Prepare seis balões volumétricos de 100 ml numerados em série. Nos dois primeiros, transfira 5,00 e 10,00 ml, respectivamente, da solução eletrolisada de 3. Nos três próximos pipete, respectivamente, 1, 2 e 4 ml da solução-padrão de alumínio. O frasco n.º 6 é um branco. 5) Em cada frasco, adicione 10 ml de acetato de amônio a 10%, 50 ml de água e 10 gotas de vermelho de metila. Adicionando ácido acético ou hidróxido de amônio 1 F, ajuste a acidez de cada um ao ponto neutro para o vermelho de metila. É importante que todas as soluções tenham a mesma tonalidade. Adicione 3,0 ml de *Pontachrome Blue Black RM*. Encha com água até a marca, agite bem e deixe todas as amostras em repouso ao menos por 45 min, preferivelmente por 1 hora. 6) Determine a intensidade da fluorescência de cada amostra excitada com luz ultravioleta de um arco de mercúrio filtrada através de um vidro transmissor de ultravioleta. A luz fluorescente é vermelha e, conseqüentemente, deve-se colocar um filtro vermelho antes da fotocela. O professor descreverá o método de operar o fluorímetro, padronização em relação à quinina, etc. 7) Prepare uma curva de calibração colocando a porcentagem de fluorescência em função da concentração de alumínio. Relate os resultados como porcentagem de alumínio na liga.

Nota: Podem-se usar certos outros corantes no lugar do *Pontachrome Blue Black RM*, especialmente *Alizarin Garnet R*. Este produz uma fluorescência amarela e é um pouco mais sensível à presença de traços de ferro (ver ref. 4).

EXPERIÊNCIA 19. ELETRODEPOSIÇÃO EM CÁTODO CONTROLADO

REFERÊNCIAS: 1) Texto, Cap. 14; 2) J. J. Lingane "Electroanalytical Chemistry", 2.ª ed., Cap. 15, Interscience Publishers (Divisão de John Wiley & Sons, Inc.), Nova Iorque, 1958.

PLANO: Separar-se-ão cobre, chumbo e estanho eletroliticamente em um cátodo com potencial controlado. Obter-se-ão resultados quantitativos por gravimetria.

Experiências de laboratório

SUBSTÂNCIAS A PROVIDENCIAR:

1) $CuSO_4 \cdot 5H_2O$, granulado
2) $Pb(NO_3)_2$, cristais
3) $SnCl_2$, cristais
4) Tartarato de sódio
5) Ácido succínico
6) Dicloreto de hidrazina
7) Ácido sulfâmico
8) Gelatina em pó

PROCEDIMENTO: 1) Prepare uma solução-teste contendo 0,4 g de $CuSO_4 \cdot 5H_2O$; 0,1 g de $Pb(NO_3)_2$; 0,1 g de $SnCl_2 \cdot 2H_2O$; 10 g de tartarato de sódio; 2 g de ácido succínico e 2 g de dicloreto de hidrazina. (Os sais metálicos devem ser pesados com exatidão analítica.) Dilua a 200 ml e ajuste o pH a 5,5 $\pm$ 0,4 com NH_3 ou HCl. 2) Monte um potenciostato comparável àquele mostrado nas Figs. 14.2 e 14.3. Pese cuidadosamente o grande cátodo de platina. Monte os três elétrodos na cela fornecida e verifique se o dispositivo de agitação funciona sem interferir com os elétrodos. 3) Transfira a solução-teste inteira para a cela de eletrólise e inicie a agitação. Ajuste a voltagem a 0,35 V e eletrolise até desaparecer a cor azul do cobre. Para testar o término da deposição do cobre, retire algumas gotas da solução com um conta-gotas e coloque-as em uma placa de porcelana para análise de toque e misture com algumas gotas de amônia concentrada; podemos considerar a deposição completa se não aparecer a cor azul-escuro do composto tetramin. Remova o cátodo com muito cuidado, com a voltagem ainda aplicada, abaixando o béquer, e lave os elétrodos com um jato de água de uma pisceta. Seque e pese o cátodo. 4) Para a determinação do chumbo, adicione, à solução na cela, 1 ml de solução de gelatina a 0,2%. Ajuste o pH a 5,2 $\pm$ 0,2 e eletrolise a 0,65 V até que a corrente se torne constante (ao redor de 10 mA). Pode-se testar o término da deposição do chumbo pela análise de toque com dicromato. Remova o cátodo como antes e pese. CUIDADO: Não deposite chumbo ou estanho diretamente na platina para não danificar o elétrodo; se não há cobre presente na solução, pode-se revestir ligeiramente o elétrodo com cobre. 5) Adicione 20 ml de HCl concentrado à solução da qual se removeram o cobre e o chumbo e eletrolise a 0,70 V. Após quase cessar a produção do gás, adicione 1 g de ácido sulfâmico e 2 g de dicloreto de hidrazina e continue a eletrólise até que a corrente diminua (a cerca de 50 mA). O precipitado amarelo de SnI_2 produzido por uma solução de KI constitui uma análise de toque para o estanho. Pese o cátodo como antes. 6) Relate seus resultados para os três elementos em termos de quantidade tomada, comparada com a quantidade recuperada e também a quantidade *total* tomada e recuperada. Explique qualquer discrepância. Pode-se despojar o cátodo de todos os três depósitos com ácido nítrico 1:1 (capela) ou por eletrólise inversa.

EXPERIÊNCIA 20. TITULAÇÃO COULOMÉTRICA DE ARSÊNIO COM BROMO

REFERÊNCIAS: 1) Texto, Caps. 13 e 14; 2) J. J. Lingane, *J. Am. Chem. Soc.*, 67: 1916 (1945).

PLANO: Deve-se determinar arsênio por titulação oxidativa, usando bromo gerado eletroliticamente como reagente e o método biamperométrico para determinação do ponto de equivalência. A reação é realizada em um béquer de 250 ml montado sobre um agitador magnético. Inseridos no béquer estão quatro elétrodos de platina (ver a figura). Dois deles, E_3 e E_4, fazem parte do sistema indicador. Os outros dois agem como elétrodos geradores para a titulação coulométrica. O cátodo E_1 é isolado da solução por um tubo de vidro com ponta sinterizada. Ligam-se os elétrodos geradores a uma fonte de corrente constante (ver Cap. 26) e a um miliamperímetro I.

Ligam-se os elétrodos indicadores a uma fonte de cerca de 50 mV, como medida com o voltímetro V. Insere-se no circuito de detecção um potenciômetro registrador com um resistor R_1 de uns 200 Ω ligado através de seus terminais. (Um polarógrafo registrador é bem adequado para servir como polarizador e detector combinados.) Se não se dispõe de um registrador, pode-se substituí-lo por um medidor e resistência de derivação e é necessário um cronômetro de segundos, como se mostra.

A reação a ser estudada é a oxidação do arsenito por bromo:

$$AsO_2^- + Br_2 + H_2O \longrightarrow AsO_3^- + 2Br^- + 2H^+$$

O bromo é gerado por eletrólise de brometo aquoso:

$$2Br^- + 2H_2O \longrightarrow H_2 + Br_2 + 2OH^-$$

Uma barreira porosa impede que o gás hidrogênio e os íons OH^- libertados no cátodo passem para a solução agitada. O bromo gerado anodicamente reage com o arsenito e se acumula na solução apenas depois que todo o arsenito se oxida, isto é, depois do ponto de equivalência. Os elétrodos indicadores transportam corrente só quando estão presentes tanto Br_2 como Br^- e a deflexão do registrador será proporcional à concentração de Br_2, pois Br^- está presente em grande excesso.

É essencial eliminar do recipiente de reação qualquer substância estranha que possa reagir com bromo, o que inclui borracha, polietileno e, especialmente, o íon-hidróxido.

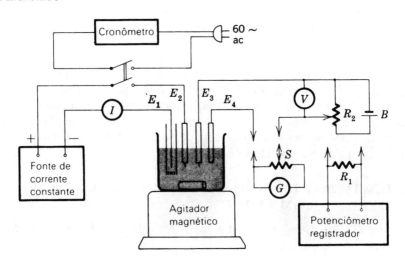

Experiências de laboratório

SUBSTÂNCIAS A PROVIDENCIAR:

1) Metarsenito de sódio, $NaAsO_2$, cristais
2) HCl 0,2 F
3) KBr cristais

PROCEDIMENTO: 1) Pese duas amostras de $NaAsO_2$ puro como padrão e duas porções do arsenito desconhecido. Cada porção deve conter o equivalente a 30 ou 40 mg de As_2O_3. Dissolva cada uma em HCl 0,2 F e complete o volume a 200 ml. 2) Em um béquer de 250 ml dissolva aproximadamente 5 g de KBr em 75 ml de HCl 0,2 F. Insira os quatro elétrodos e ligue o aparelho como na figura. Ligue o agitador e a chave do circuito gerador e eletrolise durante alguns minutos a uns 5 mA. Essa *pré-titulação* serve para oxidar qualquer substância oxidável na solução. Nesse ponto o registrador deve mostrar uma deflexão, indicando a presença de bromo livre. Adicione às gotas uma solução diluída de arsenito até que o registrador cesse de apresentar deflexão (na sensibilidade máxima). Então eletrolise outra vez até que o registrador indique deflexão de meia-escala ou maior. 3) Transfira uma alíquota de 10 ml de uma das amostras de arsenito para o béquer de brometo acidulado. Eletrolise até que o registrador apresente deflexão outra vez. 4) Repita 3 com cada uma das outras soluções de arsenito, cada uma adicionada ao mesmo béquer sem necessidade de esvaziá-lo (se o béquer encher demais, pode-se remover um pouco do seu conteúdo). 5) No papel de gráfico, extrapole cada deflexão até o nível zero para medida. Meça o tempo de eletrólise para padrões e amostras desconhecidas. Construa uma curva de calibração a partir dos valores para os padrões, com o tempo de eletrólise em função da massa da amostra. 6) Calcule o resultado em porcentagem de As_2O_3 na amostra por dois métodos: a) a partir da curva de calibração e b) a partir dos dados coulométricos. Compare os resultados e comente a precisão que se espera em cada método.

EXPERIÊNCIA 21. TITULAÇÕES CONDUTOMÉTRICAS

REFERÊNCIA: Texto, Cap. 15.

PLANO: Serão seguidas condutometricamente algumas titulações representativas. Pode-se usar tanto uma ponte de Wheatstone como um circuito amplificador operacional semelhante ao da Fig. 26.36a, onde R_1 é a cela de condutância e R_2, um resistor ajustável por etapas.

SUBSTÂNCIAS A PROVIDENCIAR:

1) Ácido clorídrico 0,05 F e 0,25 F
2) Ácido acético 0,05 F
3) Solução de NaOH 0,25 F
4) Cloreto de zinco, $ZnCl_2$, cristais
5) Sulfato de alumínio $Al_2(SO_4)_3 \cdot 18H_2O$, cristais
6) Solução platinizante contendo uns 4 g de K_2PtCl_6 e 0,02 g de $Pb(C_2H_3O_2)_2$ em 100 ml de água

PROCEDIMENTO: 1) Platinização dos elétrodos: mergulhe os elétrodos de platina em um pouco da solução platinizante e eletrolise com corrente contínua

500 Métodos instrumentais de análise química

de aproximadamente 25 mA até que um elétrodo seja revestido com um depósito cinza-escuro ou preto; então inverta a polaridade e recubra o outro elétrodo. Remova os elétrodos e, sem deixá-los secar, coloque-os numa solução de ácido sulfúrico diluído e eletrolise, primeiro com uma polaridade, depois com a outra (ou com corrente alternada) durante uns 10 min para remover traços de cloro. CUIDADO: *Não* jogue fora a solução platinizante que é cara e pode ser usada repetidamente. Os elétrodos depois da platinização devem ser guardados, mergulhados em água destilada quando não estão em uso; um tratamento platinizante pode durar semanas ou mais. 2) Em um béquer de 200 ml contendo uma barra de agitação coloque 25 ml de HCl 0,05 F. Insira os elétrodos de condutância e meça a condutância (ou resistência). Adicione incrementos de 1 ml de NaOH 0,25 F com uma bureta de 10 ml, medindo a condutância a cada vez, até adicionar todos os 10 ml. 3) Repita 2 com ácido acético. 4) Pese amostras de $ZnCl_2$ de aproximadamente 100 mg cada em duplicata em béqueres de titulação, adicione 5 ml de HCl 0,05 F e titule com NaOH 0,25 F como acima. Calcule antes (grosseiramente) onde se esperam os pontos finais, assim eles não serão perdidos. 5) Pese amostras de $Al_2(SO_4)_3 \cdot 18H_2O$ de uns 375 mg em duplicata em béqueres de 200 ml, dissolva em água e complete o volume a aproximadamente 100 ml. Titule com NaOH 0,25 F, usando 10 ml da base. Agora, sem esvaziar o béquer, titule com HCl 0,25 F com uma bureta de 10 ou 25 ml, até adicionar cerca de 12 a 15 ml. 6) Coloque em um gráfico as curvas de titulação convencionais ($1/R$ em função do volume adicionado) para 2, 3 e 4. 7) Para 5, coloque em um gráfico a titulação com NaOH como é habitual e depois a titulação com HCl da direita para a esquerda nas mesmas coordenadas. 8) Explique cada curva de titulação com auxílio de diagramas comparáveis aos das Figs. 15.6b e 15.7b. Na titulação do alumínio, descreveu-se um composto do tipo $Al_2(SO_4)_3 \cdot n\,Al_2O_3$. Você pode determinar um valor para n a partir de suas curvas?

EXPERIÊNCIA 22. TITULAÇÕES TERMOMÉTRICAS

REFERÊNCIAS: 1) Texto, Cap. 19; 2) J. Jordan e T. G. Alleman, *Anal. Chem.*, **29**: 9 (1957).

PLANO: Seguir-se-ão várias titulações termometricamente. Se não dispusermos de um aparelho pronto, recomenda-se um circuito amplificador operacional como o da Fig. 26.36a; R_1 e R_2 serão um par de termístores, R_1 no recipiente de comparação e R_2, no de titulação. Os dois recipientes devem ser idênticos e colocados próximos de modo que qualquer mudança na temperatura ambiente os afetará igualmente. Eles devem conter grosseiramente o mesmo volume de água, de modo que suas capacidades caloríficas sejam aproximadamente as mesmas (isso não é crítico). É altamente desejável que a titulação seja realizada automaticamente com um dispositivo de fornecimento constante (ver experiência 14) e um registrador.

SUBSTÂNCIAS A PROVIDENCIAR:

1) Ácido clorídrico 0,05 F
2) Ácido acético 0,05 F

Experiências de laboratório

3) Solução de hidróxido de sódio 0,25 F
4) EDTA, sal tetrassódico 0,01 F
5) Solução de cloreto de cálcio 1 F
6) Solução de cloreto de magnésio 1 F

PROCEDIMENTO: 1) Coloque 25 ml de HCl 0,05 F no frasco de titulação. Inicie a agitação e deixe-a em movimento durante alguns minutos até que se estabeleça uma linha reta, não muito longe da horizontal. Então inicie o fluxo do titulante (cerca de 5 ml/min) que é NaOH 0,25 F e continue até que se estabeleça suficientemente uma segunda mudança de inclinação. O tempo decorrido entre as duas interseções representa a quantidade necessária de titulante, o qual se pode calcular por conhecimento da velocidade de escoamento. 2) Repita 1 com ácido acético 0,05 F. 3) Coloque 25 ml de EDTA 0,01 F no recipiente e titule com $CaCl_2$ 1 F, com velocidade de escoamento de 1 ml/min. 4) Repita 3 com $MgCl_2$. 5) Repita 3 com uma mistura equimolar de $CaCl_2$ e $MgCl_2$. 6) Calcule a precisão de cada titulação e explique as formas das várias curvas.

EXPERIÊNCIA 23. CROMATOGRAFIA DE GÁS

REFERÊNCIA: Texto, Cap. 21.

PLANO: Empregar-se-á uma fase líquida polar para separar uma mistura de acetona, metanol, cicloexano e acetato de n-butila a fim de demonstrar a seletividade de um substrato líquido na cromatografia de gás. Deve-se escolher um cromatógrafo de gás munido de um detector de condutividade térmica e de uma coluna consistindo de Celite 30 a 60 *mesh* ou equivalente, coberta com Carbowax, óleo de Ucon, ou uma substância semelhante. Será necessário uma seringa hipodérmica para injeção.

SUBSTÂNCIAS A PROVIDENCIAR:

1) Acetona
2) Metanol
3) Cicloexano
4) Acetato de n-butila
5) Uma mistura de volumes iguais dos compostos acima
6) Cilindro de hélio, com válvula redutora e manômetro

PROCEDIMENTO: 1) Comece a operar o cromatógrafo nas seguintes condições:

Fluxo de hélio	50 ml/min
Temperatura da coluna	85°C
Temperatura do vaporizador	125°C
Velocidade do papel	0,5 pol/min ou 1 cm/min

2) Aspire na seringa 0,001 ml de metanol seguido de uma pequena quantidade de ar. Injete essa amostra no instrumento e marque no papel o tempo zero. Aparecerá no papel quase imediatamente um máximo devido ao ar e, depois de alguns minutos, o máximo correspondente ao metanol. Repita várias vezes, ajustando a sensibi-

502 Métodos instrumentais de análise química

lidade de resposta até que o máximo do metanol esteja a cerca de meia-escala (não importa que o pico do ar saia fora da escala). 3) Repita 2 para cada um dos outros líquidos puros. 4) Repita para a mistura. Ajuste a sensibilidade até que os quatro máximos estejam convenientemente na escala. Identifique os máximos por comparação do tempo de retenção, convenientemente medido a partir do pico do ar, com o dos compostos puros.

SUGESTÕES PARA TRABALHO POSTERIOR: 1) Prepare uma série de diluições conhecidas de um líquido em outro, por exemplo, cicloexano em metanol, e determine o grau de linearidade da altura do pico (ou área integrada) com a concentração. Determine a quantidade mínima detectável de cada composto. 2) Determine a AEPT da coluna (ver Fig. 20.4). 3) Se dispuser de outra coluna, realize experiências semelhantes com ela, para comparar a capacidade de vários substratos em separar os mesmos compostos (observe que uma mudança na coluna geralmente exige uma demora para permitir a obtenção do equilíbrio térmico). 4) Tente separar os isômeros do xileno comercial com uma coluna de utilidade geral, tal como óleo de silicona. Compare seus resultados com a análise de infravermelho da experiência 8.

EXPERIÊNCIA 24. SEPARAÇÕES POR TROCA IÔNICA

REFERÊNCIAS: 1) Texto, Caps. 20 e 22; 2) C. V. Banks, J. A. Thompson e J. W. O'Laughlin, *Anal. Chem.*, **30**: 1792 (1958); 3) J. S. Fritz e M. J. Richard, *Anal. Chem. Acta*, **20**: 164 (1959); 4) F. W. E. Strelow e C. J. C. Bothma, *Anal. Chem.*, **39**: 595 (1967).

PLANO: Os lantanídeos e os actinídeos possuem propriedades semelhantes. Eles freqüentemente ocorrem juntos em minerais, tais como a monazita. Os lantanídeos estão entre os produtos predominantes da fissão do urânio ou plutônio. Assim, o fracionamento de misturas desses elementos é necessário para o estudo de sua química. A troca iônica é o único processo de separação geralmente aplicável.

O procedimento a ser seguido na presente experiência usa os complexos com sulfato formados pelo tório mas não pelos lantanídeos. Estes são representados pelo samário. Adsorve o tório com uma resina de troca iônica em forma de sulfato, enquanto o samário passa desimpedido através da coluna. O tório é eluído da coluna com ácido sulfúrico $0,4\,F$ (ref. 4).

Mede-se a concentração dos dois metais nas frações eluídas pela absorção da luz devida a seus complexos com Arsenazo I.

Este reagente é sensível, mas não muito seletivo e, portanto, só pode ser usado em uma mistura separada (refs. 2 e 3).

Experiências de laboratório

SUBSTÂNCIAS A PROVIDENCIAR:

1) Uma resina de troca iônica fortemente básica, tal como Dowex 1 × 8 ou Amberlite CG-400, 100 a 200 *mesh*, em forma de sulfato
2) Ácido sulfúrico, soluções a 0,40 F e 0,025 F
3) Tampão, 0,5 F em trietanolamina e 0,25 F em ácido nítrico
4) Solução de Arsenazo I, 0,15% (aquoso)
5) Solução-teste de Sm(III) e Th(IV) 1 a 2 mF em ácido sulfúrico 0,025 F

PROCEDIMENTO: 1) Prepare um leito de troca iônica colocando algodão de vidro na extremidade inferior da coluna cromatográfica, depois adicione uma suspensão de 10 ml da resina em ácido sulfúrico 0,025 F. Deve-se remover o excesso de ácido depois que a resina ajuste, mas o nível do líquido nunca pode ser inferior ao topo do leito. 2) Pipete cuidadosamente 1,00 ml da solução-teste no topo do leito da resina. Extraia líquido suficiente através da torneira no fundo para abaixar o nível justamente ao topo do leito de resina, então adicione 2,0 ml de ácido sulfúrico 0,025 F. Deixe o líquido escoar pela torneira para um balão volumétrico de 50 ml, substituindo o fornecimento no topo por outros 2,0 ml do mesmo ácido. Continue esse processo, recolhendo porções de 2,0 ml em balões volumétricos de 50 ml sucessivos (numerados). À medida que se remove cada balão, adicione nele 2,0 ml de solução de Arsenazo e 15 ml de tampão, dilua com água até a marca e misture. Meça a absorbância a 595 nm em relação a um branco do reagente em um fotômetro Spectronic-20 ou equivalente. Quando a absorbância de porções sucessivas cair próximo de zero podemos concluir que se elui todo o samário. 3) Agora mude para ácido sulfúrico 0,40 F e continue como antes. Observe que é necessário agora fazer um diferente branco com o reagente para a fotometria. 4) Quando se eluir todo o tório pode-se guardar a resina usada em um frasco apropriado e o limpar o recipiente de vidro. 5) Coloque em um gráfico a absorbância em função do volume eluído. Marque no gráfico as regiões correspondentes às diferentes concentrações de ácido no eluente.

SUGESTÕES PARA TRABALHO POSTERIOR: A ref. 4 mostra que se podem separar muitos outros metais nessa coluna com várias concentrações de ácido sulfúrico. Tente a mesma experiência com adição de mais um ou dois elementos. Poderá ser necessário mudar as técnicas analíticas; por exemplo, o urânio é melhor determinado por fluorimetria ou polarografia. A absorção atômica seria apropriada para muitos elementos.

(Esta experiência foi sugerida por R. F. Hirsch.)

EXPERIÊNCIA 25. RAZÕES DE DISTRIBUIÇÃO DETERMINADAS POR TRAÇADOR RADIATIVO

REFERÊNCIAS: 1) Texto, Caps. 16 e 20; 2) E. R. Tompkins e S. W. Mayer, *J. Am. Chem. Soc.*, **69**: 2859 (1947); 3) G. E. Moore e K. A. Kraus, *J. Am. Chem. Soc.*, **74**: 843 (1952); 4) K. A. Kraus e F. Nelson, *Proc. Intern. Conf. Peaceful Uses At. Energy*, **7**: 113 (1956).

504 Métodos instrumentais de análise química

PLANO: O procedimento a ser seguido investiga o uso de um traçador radiativo para determinar a razão de distribuição K de complexos aniônicos de cloreto de cobalto (II) em uma resina de troca aniônica como uma função da variação da concentração de HCl.

Antes de iniciar o trabalho, estude as precauções e processos de segurança relativos à radiatividade. Devem-se usar capas de laboratório aprovadas e luvas de plástico durante todas as etapas preparatórias, e, durante todo o tempo, um distintivo dosimétrico numerado.

SUBSTÂNCIAS A PROVIDENCIAR:

1) HCl concentrado
2) Solução-estoque de $CoCl_2$, 10^{-4} a 10^{-3} F, em HCl concentrado; essa solução contém o traçador ^{60}Co
3) Uma resina de troca aniônica, fortemente básica, seca ao ar

PROCEDIMENTO: 1) Pese cinco porções de 2,00 g da resina de troca iônica seca e coloque em frascos de *erlenmeyer* numerados. Devem-se colocar os frascos na área da capela, onde se manipula o traçador, prontos para serem usados depois. 2) Transfira cinco porções de 5,00 ml da solução radiativa de $CoCl_2$ para balões volumétricos de 100 ml. Ao primeiro balão adicione água destilada até a marca. Aos outros adicione, respectivamente, 20, 45, 70 e 95 ml de HCl concentrado e encha com água até a marca. 3) Retire alíquotas de 20,00 ml das cinco soluções dos cinco *erlenmeyers* contendo resina. Feche-os e agite suavemente. Repita a agitação cinco vezes em intervalos de 5 min. Após cada agitação abra os frascos cuidadosamente para remover a pressão que se possa ter formado durante a agitação. 4) Depois que a resina se depositou, transfira 5,00 ml do líquido sobrenadante de cada frasco para um tubo de ensaio de tamanho adequado para se ajustar no poço do contador de cintilações. Feche os frascos e os tubos. 5) Nesse ponto, o experimentador (ou um membro da equipe) deve remover suas luvas de proteção (que podem estar contaminadas) e limpar as superfícies externas dos tubos de ensaio com panos, primeiro úmido e depois seco e testar os panos com o monitor até que eles estejam livres da radiatividade. 6) Leve os tubos para o lugar de contagem e conte cada um no contador de cintilação de poço durante 10 min ou 2.500 contagens, o que acontecer primeiro. Determine a contagem de fundo durante um período de 5 min. 7) Pipete porções de 5,00 ml das soluções preparadas em 2 nos tubos de ensaio, limpe os tubos como acima e conte-as. 8) Limpeza. Colocam-se todas as soluções no recipiente destinado a resíduos de líquidos radiativos. Colocam-se as resinas usadas em recipientes semelhantes destinados para sólidos junto com os panos contaminados, luvas de plástico, etc. Lave cada peça de vidro com água, com detergente e, novamente, com água no recipiente para resíduos; podem-se despejar na pia quaisquer outras lavagens. Controle a área de trabalho, o chão, seus sapatos, etc. com o monitor portátil. No caso de qualquer contaminação de uma superfície não-absorvente, limpe com papel absorvente, testando cada pedaço de papel com o monitor, até que tudo esteja limpo. No caso de qualquer contaminação que você não consiga eliminar, consulte o professor. Devolva seu distintivo dosimétrico. 9) Calcule a razão de distribuição K para cada concentração

Experiências de laboratório

505

de HCl pela equação [derivada da Eq. (20-4)]:

$$K = \frac{(A_i - A_f)V}{A_f w}$$

onde A_i = atividade inicial da solução (corrigida para radiação de fundo)

A_f = atividade após equilíbrio com a resina (corrigida para a radiação de fundo)

V = volume da solução contada

w = massa da resina seca usada

(O professor fornecerá a massa seca verdadeira como uma fração da massa seca ao ar.) Coloque em um gráfico log K em função da concentração de HCl. Explique o significado da curva.

(Esta experiência foi sugerida por R. F. Hirsch.)

Índice alfabético

Absorbância, 50
  atividade da, 56
  relativa, 62
Absorção, atômica, 152
  espectrofotômetros de, 159
  experiência, 489
  fontes de, 156
  sensibilidade da, 433
  coeficiente de (raios X), linear, 167
    massa, 168
  espectros de, 10
  de microonda, 122
  de radiação, 41
  ultravioleta, 41
    experiência, 481
Absorciometria, 42
  experiências, 477, 478-480, 482, 483, 484
Absorciômetro, 64
Absortividade, 50
Acetona, determinação por absorciometria, 78
Acido benzóico, determinação por absorcio-
    metria, 79
Acoplamento *spin-spin*, 342
Actinômetro, 33
Acton, espectrofotômetro de infravermelho da,
    112
Adição-padrão, 250, 436
AEPT, 371
Alumina, como material para ultravioleta, 22
Alumínio, determinação, por absorciometria, 80
  por fluorimetria, 96
Aminco-Chance, espectrofotômetro de duplo
    comprimento de onda, 75
Aminco Titra-Thermo-Mat, 360
Amperometria, 207
Amperométrica, titulação, 255, 258
  experiências, 491, 494, 498
Amplificação, fator de, 439, 448
  transistor, 448
  válvula a vácuo, 441
  por vibrador, 458
Amplificadores, de corrente alternada, 454
  de corrente contínua, 457
  eletrômetro, 456
  ganho de, 442, 448, 460
  logarítmicos, 462
  operacionais, 246, 247, 283, 459
  seguidores da voltagem, 456
Analisador Fotométrico Du Pont, 68
Analisadores de gás, infravermelho, 109
  massa, 329

Análise, da altura de pulsação, 307
  por ativação, 310
    sensibilidade das, 433
  de desgaste, 275
  de gradiente de eluição, 401
  térmica diferencial, 354
    calorimétrica, 358
  termogravimétrica, 351
    derivada, 354
Análises, radiométricas, 313
  de traços, fotométrica, 62
  por análise de desgaste, 277
Angstrom, unidade, 5
Ânodo, eletroquímico, 198
  em válvulas a vácuo, 439
Aparelho de ATD da Du Pont, 357
Arco de carbono, 141, 142
Arsênio, determinação por absorciometria, 80
Aspiradores, chama, 153
Aspirina, determinação por fosforimetria, 98
Astigmatismo, 28
Atividade óptica, 14, 189
Auto-radiografia, 298
Auxócromo, 43

Banda, largura da, efetiva, 29
Bausch & Lomb Spectronic-20, 30, 69
Bausch & Lomb Spectronic-505, 30
Bausch & Lomb Spectrophor-I, 425
Beckman, espectrofotômetros, Infravermelho de
    Varredura Rápida, 394
  Microspec, 113
  Modelo, B, 30
    DU, 30, 70
    FS-620, 114
    IR-4, 30, 107, 113
    IR-5A, 111
    IR-8, 111, 113
    IR-11, 112, 113
    IR-102, 119
Beer, lei de, 48
Bouguer-Beer, lei de, 49
"Billion-Aire" da Mine Safety Appliances, 309
Birrefringência, 14
  circular, 193
Bismuto, determinação por titulação fotomé-
    trica, 83
Bolhas, fracionamento por, 420
Bolômetro, 37
Brometo de potássio, técnica da pastilha de, 121

508   Métodos instrumentais de análise química

Cálcio, determinação por absorciometria, 79
Calorimetria, varredura de, 359
Calorímetro, Dinâmico Adiabático Deltatherm, 359
   de Varredura Diferencial da Perkin-Elmer, 359
Câmara, de ionização, 302
   de pó (raios X), 176
     da General Electric, 177
Capacitor vibratório, 457
Capilar, polarográfico, 234
Captura de elétrons, detector de CG, 384
   fonte de raios X, 172
Catarômetro, 383
Cátodo, eletroquímico, 198
   de mercúrio, eletrólise com, 268
     experiência, 495
   em válvula a vácuo, 439
Cela, de concentração, 211
   de Faraday (óptica), 195
   de Pockels, 196
Cela-padrão, 223
Cetonas insaturadas, 46
Chapas de Schumann, 32
Chumbo na gasolina, determinação, por absorção de raios X, 172
   por emissão de raios X, 183
Circuito, de coincidência, 301
   de Feussner, 141
Circuitos contadores, 471
Círculo de Rowland, 28
   raios X, 174
Classificador de ordem, 25
Cloro, determinação por absorção de raios X, 172
Cobalto, determinação por absorciometria, 79
Cobre, determinação, por absorciometria, 80
   por titulação fotométrica, 83
Coeficiente, de absorção linear (raios X), 168
   de difusão, 233, 237
   de distribuição, 414
   de extinção, 50
Coincidências, 306
Colorimetria, 42
Colorímetro, Klett-Summerson, 67
   Lumetron, 67
   Photovolt, 67
Colorímetros, 64
Coluna capilar para CG, 377
Comparador de Duboscq, 65
Complexos, determinação da razão de ligante, 76
   experiência, 480
Computadores analógicos, 467
Conductimetria, 207, 280
Condutância, 280
   medida de, por ponte, 282
     por amplificador operacional, 463
     sem elétrodos, 284
   equivalente, 280

Condutividade térmica (detectores CG), 382
Constante da corrente de difusão, 251
Contador, de escoamento, 304
   Geiger, 303
Contadores proporcionais, 303
Contracorrente, extração por, 417
Convenção de sinais (potenciais), 205
Cor, comprimentos de onda da, 41
Corning, filtros de vidro, 19, 96
Cornu, prisma de, 23
Corpo negro, radiação do, 15
Correção da diluição na titulação, 81, 256
Corrente, de carga, 237
   de difusão, 233, 237
   de migração, 236
   residual, 237
     compensação para, 250
Coulometria, 208, 269
   de potencial controlado, 468
Coulômetros, 270 (*veja também* Integrador)
Cromato-dicromato, absorção ultravioleta-visível, 54
Cromatografia, 370
   em camada delgada, 412
   de gás, 376
     associada, com espectrometria de massa, 394
       com infravermelho, 394
     experiência, 501
   de líquido, 398
   em papel, 409
   de permeação em gel, 403
   com reciclo, 408
   (*veja também* Eletrocromatografia)
Crômio, determinação por absorciometria, 80
Cromóforo, 43
Cronoamperometria, 207, 233
Cronopotenciometria, 207, 259
Cubeta, 38
Cuidados ópticos, 475

Debye-Scherrer, câmara de pó, 176
Densidade óptica, 31, 50
Densitômetro, 31
Desacoplamento *spin-spin*, 344
Deslocamento químico na RMN, 340
Detector, de argônio (CG), 385
   de emissão de chama (CG), 388
   de fase, 458
   de Golay, 109
   de hélio (CG), 385
   infravermelho de sulfeto de chumbo, 108
   de ionização de chama (CG), 386
     ultrassônico (CG), 386
   de vapor de mercúrio, 160
   Varian-Aerograph para fósforo (CG), 387
Detectores, CG, 381
   de cintilação, 37, 299

Índice alfabético

de energia radiante, infravermelho, 108
    fotográfico, 29
    fotoquímico, 29
    ionização (de um gás), 302
    semicondutor, 35, 108, 185, 304
    Micro-Tek para CG, 386, 388
    de radiatividade, 296
    cintilação, 299
    ionização (de um gás), 302
    Ge ou Si impurificado com lítio, 304
    térmicos de radiação, 37
Destilação simulada (CG), 393
Diagrama de fragmentação, 330
Dicroísmo circular, 193
    fotômetro de, 193
Dicromato-cromato, absorção ultravioleta-visível, 54
1,1-difenil-2-picrilidrasil, padrão de RSE, 347
Diferenciação com amplificador operacional, 461
Difração, por nêutron, 309
    por raios X, 174
    redes de, 24, 27, 28
Diluição isotópica, massa, 334, 335
    radiatividade, 312
Díodo Zener, 446, 453
Díodos, cristal (Ge ou Si), 444
    gás, 442
    vácuo, 439
Dispersão, do espectrógrafo, 28
    raios X, 179
    óptico-rotatória, 192
    refrativa, 12
    rotatória, 14, 192
Distribuição Gaussiana, 368
Ditizona, 84
Duocromatizador, 75
Dupla refração, 14
Durrum, espectrofotômetro de fluxo interrompido, 30

EDTA, reagente, 83
    titulações, potenciométricas com, 220
    termométricas com, 359
    experiências, 500
Efeito Cotton, 193
Eletrocapilar, máximo, 235
Eletrocromatografia, 425
Eletrodeposição, 264
    experiências, 495, 496
    com potencial controlado, 266
Elétrodo, de antimônio, 213
    gotejante de mercúrio, 233
    de hidrogênio, 200
    de membrana, 216
    de quinidrona, 213
Elétrodos, classes de, 204
    eletroquímico, 197

espectrográfico, 142
gotejante de mercúrio, 233
pares bimetálicos, 227
de referência, 204
rotativo, 257
seletivos, a íons Beckman, 216, 218
    a íons Corning, 216, 218
    a íons Orion, 217
    a íons Pungor, 218
    de vidro, para pH, 214
    para outros fins, 216
Eletroforese, em gel, 424
    limite móvel, 423
    em papel, 423
    Beckman, 427
Eletrômetros, 456
Elétron-volt, 6
Elétrons, microssonda de, 185
Eletrosmose, 424
Eluição Interrompida Philips (CG), 394
Emissão secundária, 34, 440
Energia, radiante, 5
    sônica, absorção de, 132
Equação, de Bragg, 175
    de Ilkovič, 235
    de Karaoglanoff, 260
    de Nernst, 199
    de Randles-Ševčik, 253
    de Sand, 260
    de Van Deemter, 372
Espalhamento, de Rayleigh, 129
    de Tyndall, 129
Espectro, regiões do, 6
Espectros, atômicos, 7
    moleculares, 9
Espectrofluorímetros, 93
Espectrofotofluorômetro Aminco-Bowman, 94
Espectrofotometria, 42
    sensibilidade da, 433
Espectrofotômetro, Cary, 30, 72
    LEP, 30
Espectrofotômetros, 22, 64
    de absorção atômica, 159
    de duplo comprimento de onda, 75
    de infravermelho, 110
    calibração de, 114
    interferométrico, 114
    de varredura rápida, 117
    para o infravermelho afastado, 112
    de visível-ultravioleta, 70
Espectrografia de emissão, 140
    experiência, 484
    sensibilidade da, 433
Espectrógrafos, 22
    Bausch & Lomb, 30
    fotelétrico, 147
    fotográfico, 147

510

Métodos instrumentais de análise química

Espectrometria de massa, 317
    associada com CG, 394
    sensibilidade da, 433
Espectrômetro, Interferômetro Block, 114
    de massa, da Electronic Associates, 327, 395
        Mattauch-Herzog, 321
        Picker-EAI, 323
    de Tempo de Trânsito Bendix, 324, 394
    de raios X Philips, 182
    Raman da Cary, 136
    de RMN Varian, 339
Espectrômetros, de massa, 317
    da Consolidated Eletrodynamics, 322
    de focalização eletromagnética, 318
        cicloidal, 322
        de foco duplo, 322
        de íon ressonante, 327
        quadrupolar, 325
        de radiofreqüência, 327
        de tempo de trânsito, 323
    de nêutrons, 309
    de raios X, 179
        não-dispersivo, 183
    de RMN, de alta resolução, 339
        de linhas largas, 339
    nuclear, 308
Espectropolarímetros, Cary, 195
    Durrum-Jasco, 194
Espectros de absorção, 10
Espectroscopia, de emissão, 140
    (raios X), 182
    Mössbauer, 314
Estatística da radiatividade, 305
Estereoespectrograma, 48
Estrutura, determinação, por infravermelho, 103
    por polarografia, 251
    por ultravioleta, 44
Exposição (fotográfica), 31
Extração, por contracorrente, 417
    por solventes, 414
        experiência, 482

Faraday, constante de, 270
Fase, titulações de, 134
Fator, de amplificação, 439, 448
    de separação, 365
Fick, lei de, 233
Filamento de Nernst, 15, 108
Filtros, eletrônico, 451
    em duplo t, 469
    ópticos, 19
        em fluorimetria, 91
        de interferência, 19
        de raios X, 171
        de vidro Corning, 19, 96
Flip-flop, 470

Fluorescência, 11
    atômica (chamas), 162
    de ressonância, 162
    chapas fotográficas para ultravioleta, 32
    gerador de, 91
    nuclear (Mössbauer), 314
    de raios X, 174
    visível-ultravioleta, 89
        experiência, 495
        sensibilidade da, 433
Fluorimetria, 89
Fluorímetros, 90
Fluorômetro, de Razão da Beckman, 93
    Farrand, 91
Fontes, de radiação, contínua, 15
    no infravermelho, 108
    de linha, 17
    de raios X, 170
    radiativas, 171
Fosforescência, 11, 89
Fosforimetria, 98
Fotocelas semicondutoras, 35
Fotografia, 29
Fotometria, de chama, 151, 161
    experiência, 487
    sensibilidade da, 433
    diferencial, 62
    de feixe único e duplo, 39
    de precisão, 61
    relativa, 62
Fotométrica, exatidão, 58
Fotômetro, de dispersão óptico-rotatória, 194
    de filtro, 66
    Gilford, 72
    de infravermelho não-dispersivo, 109
    de luz dispersa Brice-Phoenix, 133
Fotomultiplicadores, 34
    em contagem de cintilação, 299, 301
Fotoválvulas, a gás, 34
    a vácuo, 33
Fracionamento por espuma, 421
Franjas de interferência, 116
Freqüência de Larmor, 337

Gás, ionização de, 302
Gases combustíveis, 154
Globar, 15, 108
Goniômetro de raios X, 177
    Philips, 178
Gráficos de transferência, 441, 448

Háfnio, determinação por emissão de raios X, 183
Hach, nefelômetros de, 133
Halogênios, determinação por absorção de raios X, 172, 183
Hertz (unidade), 5
Heterometria, 134

Índice alfabético

Hidrogênio, medida do íon, 211
8-hidroxiquinolina, 80
Hilger, *steeloscope*, 144

Impedância, conversor de, 456
Indicador de pH Leeds & Northrup, 458
Indicadores pK a partir da absorbância, 46
   experiência, 483
Índice, de refração, 12
   de retenção Kováts, 392
Infravermelho, absorção no, 110
   análises quantitativas por, 115
   combinada com CG, 394
   detectores de, 108
   espectrofotômetros de, 110, 113, 117
   experiência, 484
   fontes de, 108
   fotômetros de, 109
   materiais para, 107
Integração, por amplificadores operacionais, 461, 466
   em detectores de CG, 394
Integrador, amplificador operacional, 246, 271
   para emissão de raios X, 183
Interferência do oxigênio na polarografia, 243
Interferometria, 114
Inversão (fotográfica), 32
Ionização de gases, 33, 302

Jackson, unidade de turbidez, 133
Junção de soma, 461

Kaiser (unidade), 5

Lambert-Beer, lei de, 49
Lâmpada, de deutério, 17
   de hidrogênio, 17
   de mercúrio, 17, 108
   de quartzo-iodo, 16
   de tungstênio, 16
   de xenônio, 17
Lâmpadas de cátodo oco, 17, 156
Lantanídeos, determinação por absorciometria, 79
Lasers, 18
   como fonte espectrofotométrica, 55
   na espectroscopia, de emissão, 142
      Raman, 136
Lei, de Beer, 48
   desvios da, 53, 55
   para raios X, 167
   de Bouguer-Beer, 49
   de Fick, 233
   de Lambert-Beer, 49
   da reciprocidade, 32
Leis de Faraday, 269
Linha de base, técnica da, 116

Linhas, anti-Stokes, 12
   Stokes, 12
Logaritmo por amplificador operacional, 462
Luminosidade de uma rede, 26

Maçaricos, chama, 153
Manganês, determinação por absorciometria, 80
Massa molecular, determinação por dispersão da luz, 131
Máximo polarográfico, 240
Medida de corrente com um amplificador operacional, 465
Medidas de razão, 464
Meia-vida (radiatividade), 296
Meias-celas de referência, 257
Método, do íon-piloto, 251
   de Job, 76
      experiência, 480
   da razão, de inclinação, 76
      molar, 76
   das variações contínuas, 76
   de Yoe-Jones, 77
      experiência, 480
Métodos ópticos, 5
Mícron (unidade), 5
Microssonda eletrônica, 185
Mobilidade iônica, 281
Modulador eletroóptico, 195
Monocromatizador a vácuo McPherson, 30
Monocromatizadores, 20
   de raios X, 170
Montagem, de Czerny-Turner, 27
   de Ebert, 27
   de Littrow, rede, 27
Multivibrador, 471

Nanometro (unidade), 5
Nebulizador sônico, 154
Nefelometria, 130
Nefelômetros, 133
Nefluoro-Fotômetro Fischer, 69
Nernst, filamento de, 15, 108
Nessler, tubos de, 65
Nêutrons, absorção de, 309
   ativação por, 310
      sensibilidade da, 433
   contadores de, 308
Nitrofenóis, determinação por titulação fotométrica, 82
Número de onda, 5

Omegatron, 327
Onda triangular, 253
Ordem do espectro da rede, 24
Osciladores, 469
Oscilometria, 208, 291
Oxidantes para chamas, 154
Ozona, determinação por absorciometria, 78

512   Métodos instrumentais de análise química

Padrões, 435
   internos, 144
Partículas, alfa, absorção de, 309
   beta, absorção de, 309
Peneira molecular, 403
Penicilina, determinação por polarimetria, 192
Pentodo, 440
Perfluoroquerosene, 331
Perkin-Elmer, espectrofotômetro, de absorção
   atômica, 159, 164
   Modelo, <u>21</u>, 113
      <u>137</u>, 113
      <u>221</u>, 107
      <u>301</u>, 112
      <u>421</u>, 113
      <u>450</u>, 107
Permanganato, espectro de absorção no visível,
   53, 60
pH, 211
   coulométrico, 275
   estático, 228
pH-metros, 224, 458
Phoenix, espectrofotômetro de precisão de duplo
   comprimento de onda, 30
Pico de absorção crítico, 169
   análise por, 172
Placa teórica, 371
Poder de resolução, 22
Polarimetria, 189
Polarímetro Rudolph, 190
Polarímetros, 190
Polarização, eletroquímica, 206
   molecular, 290
Polarografia, 207, 231
   experiências, 492, 493
   orgânica, 251
Polarógrafo, 236
   correção para resistência, 245
   com corrente alternada, 254
   manual, 244
   de onda quadrada, 254
   registrador, 244
   Tast (*strobe*), 235
   de três elétrodos, 246
   de varredura rápida, 252
Polarógrafos Sargent, 236, 244
Polaróide, 15
Ponte de Wheatstone, 282
Ponto isosbéstico, 46
Potência da radiação, 6
Potenciais, formais, 201
   de meia-cela, 199
   de meia-onda, 238
Potenciais-padrão, 199, 295
   de elétrodos, 295
Potencial, medida do, com amplificadores operacionais, 464

   por potenciômetro, 221
Potenciometria, 207
Potenciômetros Leeds & Northrup Tipo K-3, 223
Potenciostatos, 267
Precisão, 434
   máxima (fotometria), 63
Prisma, de Littrow, 23
   dianteiro, 25
Prismas, dispersão por, 22
Propriedades nucleares, 295

Quantômetro, 148
Quantovac, 148
Quartzo, propriedades ópticas do, 23
Química da chama, 150
Quimiluminescência, 152

Radiação, de fundo, 305
   gama, 171
   polarizada, 13
   de ressonância, 9
Radiatividade, 295
   experiência, 503
Radicais livres, determinação por RSE, 347
Radioautografia, 298
Radiometria, análises por, 313
Raios X, 166
   absorção, 167, 172
   microssonda de, 185
Raman, dispersão de, 135
   espectrômetros de, 136
   espectros de, 11
Rayleigh, critério de, 22
   espalhamento de, 129
Razão, de distribuição, 364
   experiência, 503
   giromagnética, 337
   magnetogírica, 337
   sinal-ruído, 433
Reciclo, cromatografia com, 408
Redes, de difração, 24, 27, 28
   échelle, 27
   échelette, 26
Reflexão total atenuada, 121
Refração, 12
Refratômetro Diferencial, Phoenix, 399
   Waters, 399
Refratômetros, 398
Registradores, 472
Reguladores (fontes de energia), 452, 466
Resistência, medida da, por ponte, 282
   por amplificadores operacionais, 463
Resolução, 22
   em cromatografia, 373
   em espectrometria de massa, 317
   em polarografia, 254
Ressonância magnética, 337
   nuclear, 337

Índice alfabético

Reststrahlen, 114
Retificadores, 451
Reversibilidade, 215
Riboflavina, determinação por fluorescência, 97
Ringbom, curva de, 60
Romboedro de Fresnel, 195
Rotação específica, 189
Ruído, 434
Rutênio, determinação por fluorescência, 96

Sacarose, determinação por rotação óptica, 191
Safira como material para ultravioleta, 22
Semicondutores, 444
  detectores (radiatividade), 304
    de raios X, 183
  díodos, 444
  fotocelas, 35, 109, 465
  transístores, 446
Sensibilidade, 430
Separação, fator de, 365
Separações, 364
  em contracorrente, 366
    contínua, 370
  por corrente reversa, 365
Separatibilidade (polarografia), 255
Servomecanismos, 472
Sílica como material óptico, 22, 23, 108
Sobrevoltagem, 206, 232
Solventes, para infravermelho, 119
  não-aquosos, titulações em, 220
  para ultravioleta, 51
Spectronic-20, 30, 69
Spectronic-505, 30
Spin de elétron, ressonância de, 346
Steeloscope, 144
Sublação por solvente, 420
Suportes (CG), 377
Supressão da fluorescência, 95
Supressor de máximos polarográficos, 242

Tamanho das partículas, determinação por dispersão da luz, 132
Tampões, pH, padrões de, 212
  de radiação, 161
Tântalo, determinação por emissão de raios X, 183
Tast, polarógrafo, 235
Técnica de emulsão, 121
Telúrio, determinação por absorciometria, 79
Temperatura programada (CG), 390
Tempo, de transição em cronopotenciometria, 260
  ou volume de retenção (CG), 391
Termístores, 451
Termobalanças, 353
Termopilha, 37
Tetrametilsilano, padrão para RMN, 340

Tetrodo, gás, 443
  vácuo, 440
Tiamina, determinação por fluorescência, 97
Tiratron, 443
Titulação, 3, 434
  de alta freqüência, 289
  amperométrica, 255, 258
    experiências, 491, 494, 497
  biamperométrica, 258
    experiências, 491, 497
  condutométrica, 286
    experiência, 499
  coulométrica, 272
    experiência, 497
  por entalpia, 362
  de fase, 134
  fotométrica, 81
  oscilométrica, 291
  de ponto morto, 258
  potenciométrica, 219
    derivada, 227
    experiências, 490, 491
  termométrica, 359
    experiência, 500
  turbidimétrica, 133
Titulador, Automático Beckman, 225
  dicromático, 81
  Sargent-Malmstadt, 226
Tituladores, coulométricos, 275
  potenciométricos, 224, 225
Traçadores, em espectrometria de massa, 334
  em radiatividade, 310
Transdutores, 463
Transístores, efeito de campo (unipolar), 448
  gatilho isolado, 450
  junção (bipolar), 446
Transmitância, 38
  relativa, 62
Tríodos, a gás, 443
  transístor, 446
  a vácuo, 439
Troca iônica, cromatografia de, 405
  experiência, 502
  líquidos de, 217
  membranas de, 273
Turbidimetria, 130
  experiência, 485
Turbidímetro Du Pont, 132
Turbidímetros, 132
Turner, espectrofluorímetro de, 95
Tyndall, espalhamento de, 129

Unidade Jackson de turbidez, 133
Unidades, de comprimento de onda, 5
  de freqüência, 5
Urânio, determinação, por fluorescência, 95
  por emissão de raios X, 183

514 Métodos instrumentais de análise química

Válvula, de descarga luminosa, 442, 453
de transferência luminosa, 305
Válvulas, eletrônicas, eletrômetros a, 456
a gás, 442
a vácuo, 439
cíclica, 253
Voltametria, 207, 231
cíclica, 253

Voltímetro eletrônico, 223

Weston, cela-padrão de, 223

Zeólitas, 403
Zero óptico, 111

GRÁFICA PAYM
Tel. [11] 4392-3344
paym@graficapaym.com.br